Hackl   Praxis des Selbstmanagements

Praxis des Selbstmanagements

Techniken und
Hilfsmittel für systematisches
Arbeiten im Büro

2. wesentlich überarbeitete und erweiterte Auflage, 1998

Herausgeber: Heinz Hackl

Autoren:
Heinz Hackl, Hans-Dieter Müller, Joachim Preilipper,
Henning Raufuß, Peter Zeitler

Publicis MCD Verlag

Die Deutsche Bibliothek – CIP-Einheitsaufnahme

Praxis des Selbstmanagements : Techniken und Hilfsmittel für
systematisches Arbeiten im Büro / [Siemens]. Hrsg.: Heinz Hackl.
Autoren: Heinz Hackl ... – 2., wesentlich überarb. und erw. Aufl. –
Erlangen : Publicis-MCD-Verl., 1998
    ISBN 3-89578-070-7

Zum Thema Kommunikation hat Herr Stabenau, Siemens Erlangen,
den Autoren wertvolle Hinweise gegeben.

Das Titelbild basiert auf dem Selbstmanagement-Regelkreis,
im Buch dargestellt auf Seite 18.

ISBN 3-89578-070-7

2. Auflage, 1998
Herausgeber: Siemens Aktiengesellschaft, Berlin und München
Verlag: Publicis MCD Verlag, Erlangen und München

Vorwort zur 2. Auflage

Maßgeschneiderte Produkt- und Service-Qualität, kürzere Durchlaufzeiten aller Prozesse und hohe Innovationsfähigkeit bestimmen den Erfolg eines Unternehmens oder einer Verwaltung. Dafür unerläßlich sind die Fähigkeiten und die Bereitschaft der Mitarbeiter, ihre Aufgaben zuverlässig und rationell zu erfüllen sowie untereinander und mit Externen produktiv zusammenzuarbeiten.

Häufig ist die Entwicklung des persönlichen Arbeitsstils der Initiative des einzelnen überlassen, wobei selbstverständlich jeder bemüht ist, seine Arbeitstechnik ständig zu verbessern und mit der ihm zur Verfügung stehenden Zeit optimal umzugehen. Doch häufig fehlen dafür allgemeine Leitlinien. Vor dem Hintergrund dieser Situation ist es das Anliegen des vorliegenden Buches, Methoden und Techniken für systematisches Arbeiten vorzustellen, die von jedem einzelnen direkt in der Praxis angewendet werden können.

Obwohl das Buch als Ganzes die Gesamtthematik des Selbstmanagements behandelt, sind doch die einzelnen Kapitel so aufgebaut, daß sie auch eigenständig Lösungen für arbeitstechnische Probleme anbieten.

Basis für die Gliederung des Stoffangebots und die Wahl der Darstellungen bilden die Erkenntnisse und Erfahrungen der Autoren, die sie in langen Jahren intensiver Seminararbeit und ständigem Kontakt mit der Praxis gewonnen haben.

Neben den klassischen Techniken und Methoden zeigt das Buch auch, wie Sie – an Ihrem Arbeitsplatz und unterwegs – Ihren PC und moderne Software so einsetzen können, daß Sie für die Erfordernisse der Zukunft gerüstet sind.

Beim Bemühen, die persönliche Arbeit produktiver und die Zusammenarbeit wirkungsvoller zu machen, wünschen wir allen Lesern viel Erfolg – Erfolg durch die Umsetzung in der Praxis des Selbstmanagements.

München, im Januar 1998

Heinz Hackl

Hinweise für den Leser

Das Buch ist schwerpunktmäßig in zwei Teile gegliedert:

Im Teil 1 wird Situations- und Aufgabenanalyse betrieben. Außerdem werden typische Verhaltensweisen mit ihren Auswirkungen beschrieben. Um negative Folgen zu verhindern, ggf. zu begrenzen bzw. zu beseitigen, werden hier auch die wichtigsten Managementmethoden behandelt.

Im Teil 2 werden dann Verfahren (Techniken und Werkzeuge) vorgestellt, die man zur Beherrschung der im ersten Teil besprochenen Managementmethoden benötigt.

In neun Kapiteln wird Ihnen eine Fülle von Wissen und praktischen Erfahrungen auch aus langen Jahren intensiver Seminararbeit angeboten. Zu Beginn jedes Kapitels finden Sie eine ausführliche Gliederung und am Buchende (Seite 197 ff.) weiterführende Literaturempfehlungen. Beispiele, Checklisten und Abbildungen erleichtern die Arbeit mit dem Buch.

Obwohl die einzelnen Kapitel im Zusammenhang zu sehen sind, wurden sie so aufgebaut, daß jedes für sich unabhängig voneinander Lösungen für arbeitstechnische Probleme anbietet. Themenüberschneidungen bzw. Wiederholungen kurzer Textteile sind deshalb zwangsläufig und erwünscht. Das Buch ist auch als Nachschlagewerk zu verwenden. Zu diesem Zweck finden Sie auf den Seiten 200 ff. ein Stichwortverzeichnis.

Der besseren Lesbarkeit wegen beschränken wir uns auf die »männliche« Form von Personenbezeichnungen; der Mitarbeiter bzw. der Vorgesetzte usw. stehen grundsätzlich auch für die Mitarbeiterin bzw. die Vorgesetzte usw.

Wenn Sie mit dem Buch *arbeiten* wollen, dann sollten Sie *problemorientiert einsteigen.* Aus Erfahrung schlagen wir ein Vorgehen in folgenden Schritten vor:

1. Um sich die Problematik der selbständigen Arbeit und ihre prinzipielle Lösbarkeit zu verdeutlichen, lesen Sie bitte Kapitel 1.

2. Mittels Schnellanalyse (Kapitel 2.2.1) untersuchen Sie Ihr Arbeitsverhalten und Ihren Aufgabenbereich.

3. Sie werten unter Zuhilfenahme des Kapitels 9 Ihre Schnellanalyse aus und ermitteln Ihre wichtigste Maßnahme.

4. Für diese suchen Sie Lösungshilfen in den entsprechenden Kapiteln 2 bis 8.

5. Zur Absicherung Ihrer möglichen Aktionen gehen Sie so vor, wie es im Kapitel 9 weiter beschrieben ist.

6. Sie wählen entsprechend Schritt 3 Ihre zweitwichtigste Maßnahme aus und wiederholen den Durchlauf der Schritte 4 und 5. Gegebenenfalls behandeln Sie auf diese Weise auch eine dritte Maßnahme oder weitere.

**Flußdiagramm
zur Schnellanwendung**

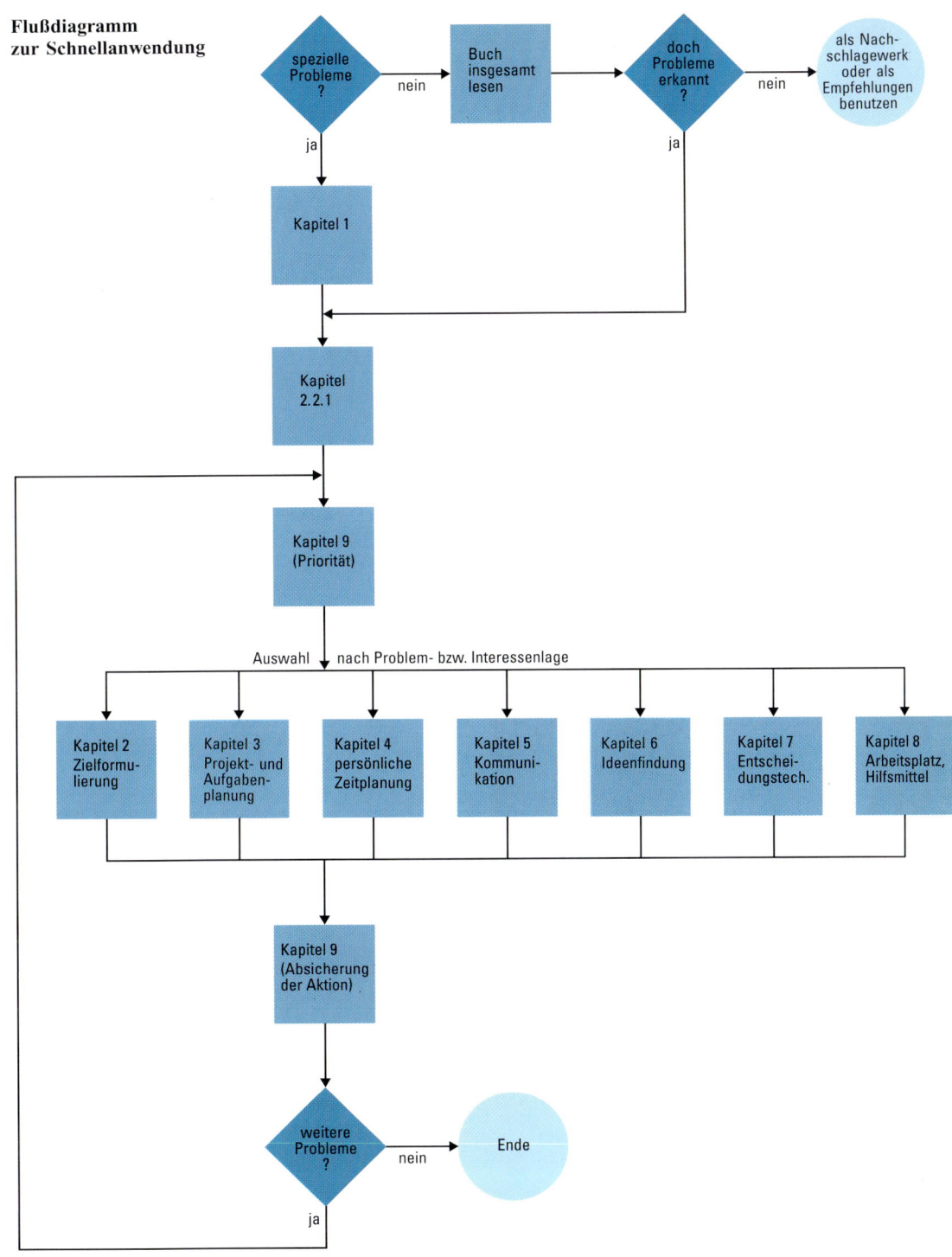

Inhalt

1 Die Problematik selbständiger Arbeit

Es gibt sicher kaum einen Bürotätigen, der nicht irgendwann einmal damit unzufrieden ist,

▷ was er arbeitet,
▷ wie er arbeitet und
▷ wieviel Zeit er für seine Arbeit braucht.

Daraufhin erhebt sich die Frage, was daran schuld ist und wer daran etwas ändern kann.

Das Kapitel setzt sich mit der Problematik der täglichen Arbeit auseinander. Wir sollen uns dabei bewußt werden,

▷ wodurch die tägliche Arbeit erschwert wird,

▷ was wir zur Beseitigung der Erschwernisse selbst beitragen können,

▷ daß es für das Bewältigen der Aufgaben geeignete Hilfsmittel und erlernbare Techniken gibt.

1.1 Der Büroarbeitsplatz und die Divergenzen in der Büroarbeit

Unter Büroarbeit sind nicht nur Arbeiten zu verstehen, die in einem als »Büro« bezeichneten Raum stattfinden. Als Büroarbeiten gelten alle gedanklich-produktiven und/oder ausführend-mechanischen Handlungen mit gesetzten Zielen, die in der Be- und Verarbeitung von Information und in Kommunikation bestehen. Dazu gehören Tätigkeiten wie Nachdenken, Abwägen und Planen, Besprechen und Verhandeln, Entscheiden, Anordnen und Kontrollieren, aber auch Lesen, Formulieren und Schreiben, Zeichnen, Rechnen, Ordnen und Übermitteln.

Sehen wir uns die Büros genauer an, dann erkennen wir *Arbeitsplätze ganz unterschiedlicher Ausprägung*. Im Vertrieb, in der Forschung und Entwicklung steht die Lösung jeweils einzelner komplexer Aufgaben unter Zeitdruck im Vordergrund,

während in der technischen und kaufmännischen Verwaltung die Anzahl der Vorgänge die Arbeit bestimmt. Eine Extremsituation finden wir am Arbeitsplatz des Vorgesetzten, der eine Vielzahl von Entscheidungsvorgängen ad hoc abzuwickeln hat. Alle diese Arbeitsplatzinhaber sind in der Gestaltung ihres Selbstmanagements relativ frei. Anders die Assistenzkräfte, z.B. Sekretärinnen, welche sehr stark »fremdgesteuert« werden, weil ihre Aufgabenfolge, ihre Prioritäten und die Art des Abarbeitens von anderen vorgegeben und gegebenenfalls laufend verändert werden.

Büroarbeit in einer Organisation zeichnet sich durch einen hohen *Grad an Nebenläufigkeit* aus[1]. An verschiedenen Stellen einer Organisation werden nebeneinander und voneinander unabhängig Aktivitäten durchgeführt, die dennoch Lösungsbeiträge zu einer gemeinsamen Aufgabe darstellen können (s. auch Kapitel 3.2 und 3.3).

Die Vorgehensweise, in welcher die einzelnen Mitarbeiter die ihnen gestellten Aufgaben bearbeiten, ist der »Organisation«, als Ganzes gesehen, im einzelnen unbekannt[1]. Auch bei einzelnen Mitarbeitern, die in einer Gruppe arbeitsteilig Büroaufgaben erledigen, ist der *Bekanntheitsgrad* der von den anderen Kollegen durchgeführten Aufgabenteile gering.

Aufgabenerledigung im Büro vollzieht sich in einem organisatorischen Kontext arbeitsteilig in Form von Vorgängen[1]. *Vorgänge sind aufgrund ihrer Struktur verschieden stark formalisierbar.* Gewisse Vorgänge, etwa Verhandlungen, können zu einem konkreten Ergebnis, z.B. zum Abschluß eines Vertrags führen, ohne daß jedoch der Ablauf (bei exakter Zieldefinition) im einzelnen vorhersehbar und damit planbar wäre. Andere Vorgänge sind aufgrund organisatorischer und/oder rechtlicher Regelung in ihrer Ablaufstruktur, ein-

---

[1] [1] Wißkirchen, P.: Informationstechnik und Bürosysteme, Kapitel 1.4, Seite 15ff, Einige Charakteristika der Büroarbeit, Stuttgart: Teubner (1983)

11

zelnen Teilergebnissen, der Art der Aufgabenerfüllung, ihrem Verbindlichkeitsgrad und der Art der zu verwendenden Hilfsmittel stark formalisiert. Ein typisches Beispiel dafür sind die Arbeiten in der Buchhaltung.

Eine bedeutende Rolle im Büro spielen auch die dort verwendeten *Arbeits- und Organisationsmittel* wie Papier und Bleistift, Telefon, Kommunikations- und DV-Systeme. Entsprechend den Aufgaben, für deren Lösung sie Werkzeug sind, werden sie im Arbeitsprozeß von Fall zu Fall sehr unterschiedlich gewichtet und konfiguriert.

Zusammenfassend stellen wir fest, daß der Büroarbeitsplatz und die Büroarbeit folgende divergenten Merkmale aufweisen:

– die Arbeitsplätze sind unterschiedlich
  ausgeprägt,

– viele Aktivitäten sind voneinander
  unabhängig und nebenläufig,

– benachbarte Büroarbeit hat einen geringen
  Bekanntheitsgrad,

– Vorgänge sind verschieden stark formalisiert,

– Arbeits- und Organisationsmittel werden
  unterschiedlich gewichtet und konfiguriert.

Diese Faktoren erschweren die Aufgabenerfüllung, verschaffen dem Bürotätigen aber auch relativ viel Bewegungs- und Entscheidungsspielraum.

1.2 Die Struktur der Bürotätigkeit

Neben der grundsätzlichen Betrachtung des Arbeitsplatzes hilft für die Praxis die Unterscheidung bei der *Strukturierung unserer Tätigkeiten.*

Unser Tun läßt sich überwiegend in drei Kategorien einordnen (eine Auflistung aller täglich anfallenden Arbeiten schafft uns das einzuordnende Material).

Wir erledigen Aufgaben

▷ verrichtungsorientiert
  (telefonieren, informieren, usw.),

▷ prozeßorientiert (planen, kontrollieren, usw.,
  siehe auch Bild 1.7),

▷ methodenorientiert
  (überlegen, nachdenken, entwerfen, usw.).

Ermitteln wir den zeitlichen Ablauf, so wird sich zeigen, daß wir für den verrichtungsorientierten Teil 30 bis 40% unserer Zeit aufwenden. Beim besseren Planen, Systematisieren und Rationalisieren unserer Arbeit lassen wir diesen (oft unbekannten) Wert außer acht. Dies führt dann zu den Zeitproblemen, in die wir täglich geraten. Ansätze zur Verbesserung des Arbeitsverhaltens finden Sie in den Kapiteln 2 bis 9.

Ein weiterer Aspekt ist der *Strukturierungsgrad* unserer Arbeit.

Sowohl im industriellen Geschehen als auch in Verwaltungen, Verbänden, usw. gibt es Ziele und Tätigkeiten mit sehr unterschiedlichen Strukturierungsgraden, z. T. beabsichtigt und z. T. durch Leitungs- und Führungsschwächen verursacht.

Die Büroarbeit hat im Vergleich zu den Tätigkeiten in der Produktion einen sehr niedrigen Strukturierungsgrad. Die Produktionsabläufe sind im allgemeinen qualitativ und quantitativ sehr weit strukturiert.

Es überwiegen dort:

– repetitive Teilarbeit,
– exakte Zielvorgaben,
– Ablaufvorschriften
  (was, wie, wer, wann, wo),
– routinemäßige und getaktete Abläufe,
– begrenzte Auswahl von Lösungsalternativen,
– leichte Kontrollierbarkeit.

Die Büroarbeiten sind dagegen in der Regel eher schwach strukturiert.

Wir treffen hier auf:

– globale, häufig wechselnde Aufgaben,
– große Schwankungen in der Aufgabenmenge,
  keine planbare Auslastung,
– Beteiligung an der Zielfindung und
  Zielsetzung,
– großen Dispositionsspielraum,
– teilweise werden die Arbeitsergebnisse
  nur benannt und nicht definiert,
– freie Wahl der Alternativen.

Aufgaben und Tätigkeiten mit hohem Strukturierungsgrad bewirken, daß der Ausführende in seinem Handlungsraum einen entsprechend niedrigen Freiheitsgrad hat (der Extremfall ist der Automat). Wie Bild 1.1 zeigt, bedingt demgegenüber die Bürotätigkeit mit ihrem niedrigen Strukturierungsgrad einen hohen Freiheitsgrad im Hand-

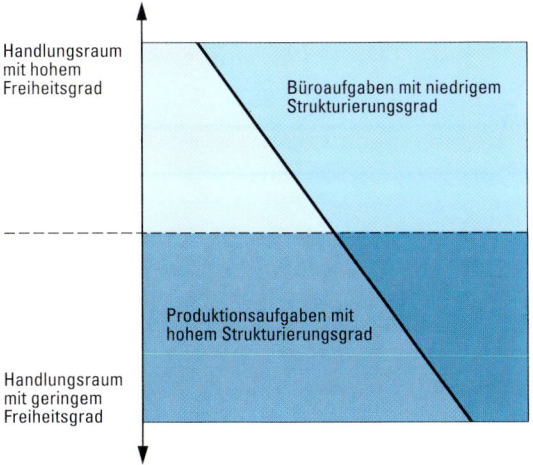

Bild 1.1
Bei jeder Tätigkeit ist der Freiheitsgrad im
Handlungsraum umgekehrt proportional zum
Strukturierungsgrad der Tätigkeit

lungsraum des Ausführenden. Dieser muß allerdings vom Ausführenden selbst völlig ausgefüllt werden, weil sonst weder produktives Arbeiten noch qualitativ hochwertige Ergebnisse zustande kommen, und eben darin besteht der Freiheitsgrad des selbständigen Mitarbeitens – eine Chance für Kreativität und eine hochgradige Belastung gleichermaßen.

1.3 Unsere Arbeitssituation

Mitarbeiter sind zum einen weisungsgebunden gegenüber einem hierarchisch über ihnen stehenden Vorgesetzten. Von dort werden ihnen Ziele vorgegeben. Zum anderen arbeiten sie selbständig, indem sie selbst Ziele formulieren, Wege und Verfahren für das Erreichen der Ziele festlegen, die Disposition der Kapazitäten und Termine selbständig vornehmen, Entscheidungen über Arbeitsabläufe und Kooperationsformen treffen, Zuständigkeiten klären sowie den Einsatz von Hilfsmitteln planen.

Nun gibt es in jedem Unternehmen eine horizontal arbeitsteilige und eine vertikal hierarchische Organisationsstruktur. Durch die so geartete Doppelstruktur von vertikaler Hierarchie und horizontaler Arbeitsteilung für das Unternehmen als Ganzes, für jede Organisationseinheit und für jede Stelle gibt es Arbeitsplätze, an denen die Funktionen des Führens und Durchführens inte-

griert ausgeführt werden müssen, damit »der Laden läuft«. An diesen Arbeitsplätzen befinden sich Mitarbeiter, an die zusätzlich eine ganz besondere Anforderung gestellt wird:

Ihre Energie darf nicht nur darauf gerichtet sein, selbst Sachergebnisse zu erzielen, sondern vor allem darauf, ihre Mitarbeiter zum Erzielen von Ergebnissen zu führen.

Für beide Mitarbeitergruppen gilt, daß ihre Aufgaben in angemessener Zeit und entsprechend den Ergebniserwartungen erfüllt werden müssen. Aus Erfahrung wissen wir jedoch, daß dies oft nicht gelingt, weil Schwächen im Umgehen mit der Aufgaben- und Zielstruktur vorliegen. Dies führt dann zu selbstgemachten Fehlern:

- Beim Setzen von Prioritäten werden keine oder falsche Methoden angewandt,
- Ziele werden nicht konkret formuliert und weitergegeben,
- Kommunikation wird nachlässig gehandhabt,
- Entscheidungen werden nicht systematisch vorbereitet,
- eingefahrene Abläufe werden nicht durch neue Ideen »geknackt«.

Darüber hinaus wird das Arbeiten an der Aufgabenerfüllung auch von außen behindert. Häufige Unterbrechungen und Störungen sind der Normalfall. Ausgelöst durch Telefonanrufe, Besuche, Zeitbedingungen (Termine) werden die Aufgaben laufend gewechselt.

Als Folge wird nicht produktiv genug gearbeitet, d. h. mit zu geringer *Effizienz* (Wirkungsgrad: zu wenig Leistung aus dem Input) und/oder mit zu geringer *Effektivität* (Outputfähigkeit: zu wenig Ergebnis aus der Leistung). Bezogen auf die Bürotätigkeit heißt dies, daß die Dinge *nicht richtig*, bzw. nicht die *richtigen* Dinge getan werden. Typische Symptome von Produktivitätsmängeln sind, daß für wichtige Aufgaben nicht die erforderliche Zeit bleibt, daß Aufgaben unerledigt liegen bleiben, daß planlos gearbeitet wird, daß man sich verzettelt oder nur noch auf äußere Anstöße reagiert.

Dieser unbefriedigende Zustand führt zu Unsicherheiten, Konflikten und zu Belastungen, die sogar zu gesundheitlichen Schäden führen können. Die Gefahren, daß sich die geschilderten Probleme vermehren, wachsen mit zunehmendem Umfang an Selbständigkeit und Verantwortung.

Probleme treten immer dann auf, wenn sich der Mitarbeiter für die Aufgaben, welche die selbständige und eigenverantwortliche Bürotätigkeit nun einmal stellt, nicht ausreichend ertüchtigt, denn das Spektrum dessen, was ein selbständig tätiger Mitarbeiter für sein Selbstmanagement leisten können muß, ist ähnlich dem, was er auch als Manager im Prozeß des Führens von Mitarbeitern zu leisten hat (vergl. Kapitel 1.7). Diese Aufgaben sind so vielseitig, vielfältig und umfangreich, daß er ohne systematische Verfahren für das Abarbeiten eines komplexen Aufgabenkorbs nicht auskommt.

Zum systematischen Umgehen mit Aufgaben gehört:

1. Man muß sich klar werden über die verschiedenen Aufgabenklassen, die der Korb enthält, zu welcher der Klassen die jeweilige Aufgabe gehört und welches Ziel zu welchem Zweck mit der Erfüllung dieser Aufgabe erreicht werden soll. Dazu braucht man die *Zielformulierung* und die *Aufgabenanalyse* (Arbeiten an der Ziel- und Aufgabenstruktur).

2. Man muß wissen, wie man das Ziel erreichen, d.h. die Aufgabe erfüllen will, kann und soll. Dazu braucht man die *Aufgabenplanung* (Arbeiten an der Tätigkeitsstruktur).

3. Man muß sich darüber klar werden, wie viel man aus dem Aufgabenkorb in welcher Zeit »abarbeiten« kann, wie die Termin- und Kapazitätssituation ist und welche Aufgaben Vorrang haben. Dazu braucht man die aufgabenbezogene und persönliche *Zeitplanung* (Arbeiten an der Ablaufstruktur).

4. Und man muß schließlich die Verfahren für das Erfüllen der Aufgaben aus 1. bis 3. kennen und verfügbar haben, d.h. man muß die Werkzeuge und Mittel, die Methoden und die Prozeduren, aus denen die Verfahren bestehen, wissen und beherrschen. Zu den wichtigsten Verfahren gehören die *Kommunikation*, die *Kreativitäts-* und *Entscheidungstechnik* und die *Arbeitsplatzgestaltung*.

1.4 Anforderungen an den selbständigen Mitarbeiter

Selbständige Mitarbeit kann so beschrieben werden:

– Aufgaben werden von unterschiedlichen Stellen veranlaßt und sind ohne fremden Anstoß in einen integrierten Arbeitsplan umzusetzen.

– Da die Vorgehensweise für die Bearbeitung oft nicht festgelegt oder durch Richtlinien geregelt ist, muß sie zur erforderlichen Vollständigkeit ausgearbeitet werden.

– Die zeitliche Disposition der Tätigkeiten kann innerhalb vorgegebener Grenzen selbst bestimmt werden.

– Aufgaben wiederholen sich selten. Deshalb ist der Aufgabenkorb quantitativ und qualitativ sehr variabel. Folglich kann der Umfang der Tätigkeiten nicht exakt vorgeplant und die Vorgehensweise nicht standardisiert werden.

Die so gekennzeichneten Anforderungen setzen voraus: Der einzelne arbeitet

aus eigenem Antrieb
Er muß Probleme und Aufgaben erkennen und von sich aus aufgreifen, vorgegebene Ziele strukturieren und gegebenenfalls ergänzen und sich für die Aufgabenerfüllung eigene Unter- oder Teilziele setzen; er muß für sich selbst planen und sich selbst kontrollieren.

verläßlich und effizient
Er erarbeitet fachlich und sachlich richtige Ergebnisse, um damit die gesetzten Ziele (Qualität) zu erfüllen; er bearbeitet neue Aufgaben zur rechten Zeit unter Einhaltung vorgegebener Randbedingungen.

kooperativ
Er muß die ihm gestellten Aufgaben im Zusammenhang mit der Struktur des Gesamtziels des Unternehmens sehen und deshalb über seinen Arbeitsbereich hinausdenken; er muß sich mit anderen Personen und Stellen korrekt und sachlich verständigen und die Zusammenarbeit mit ihnen fördern.

kreativ
Er muß gegenüber seiner Arbeit und seinen Problemen eine konstruktiv-kritische Einstellung ha-

ben; er bemüht sich um Verbesserung, Rationalisierung und Innovation und bringt Ideen dazu ein.

verantwortungsbewußt
Er achtet darauf, daß die Arbeitsbedingungen optimal genutzt werden; er geht mit seinen Ressourcen sorgfältig um.

1.5 Die Aufgaben des Bürotätigen und ihre Randbedingungen

Jeder Bürotätige ist an vielen verästelten Arbeitsabläufen beteiligt. Solche Arbeitsabläufe bezeichnet man als *Büroprozesse* und ihre Ergebnisse als *Büroprodukt*. Der einzelne Bürotätige ist also mit seinem Aufgabenkorb an vielen verschiedenen Büroprozessen beteiligt und liefert mit seinen Aufgabenerfüllungen für das jeweilige Büroprodukt diejenigen Teil- bzw. Zwischenergebnisse, die in seine Zuständigkeit fallen.

Die Mehrzahl der Büroprozesse verläuft horizontal von einem Startpunkt (z. B. Anfragen und Angebotsbearbeitung) über mehrere Arbeitsplätze bis zu einem Endpunkt (z. B. Montage und Inbetriebnahme). Im Verlauf eines Büroprozesses erfährt das Büroprodukt von Stufe zu Stufe einen »Wertzuwachs« (Bild 1.2).

Das Ziel des *horizontalen Prozesses* ist entweder ein Büroprodukt oder eine produktbegleitende Dienstleistung; z. B. kann eine in Auftrag gegebene Projektierungsunterlage das vom Kunden in Auftrag gegebene Endprodukt sein, während die

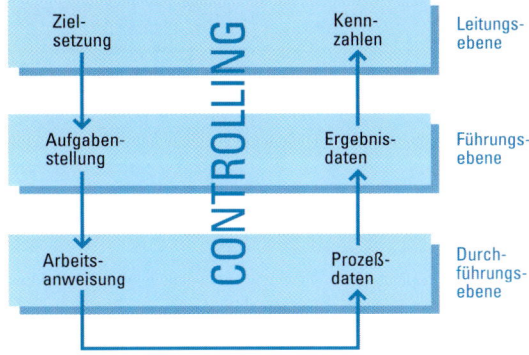

Bild 1.3
Vertikale Büroprozesse führen immer zu Büroprodukten, die das Unternehmen selbst und nicht der Kunde des Unternehmens verwendet.

Bedienungsanleitung für ein Gerät produktbegleitende Dienstleistung ist.

Es gibt aber auch *vertikale Büroprozesse*, z. B. das Controlling (Bild 1.3).

Wenn wir uns (unseren Arbeitsplatz) als Teil solcher Büroprozesse erkennen, wird dadurch sichtbar, daß wir uns ständig mit unserer Arbeitsweise, der Technikausstattung und unserem Selbstverständnis in viele unterschiedliche Büroprozesse einfügen müssen. Laufend sind also zahlreiche Aufgaben aus unterschiedlichen Büroprozessen zu bewältigen.

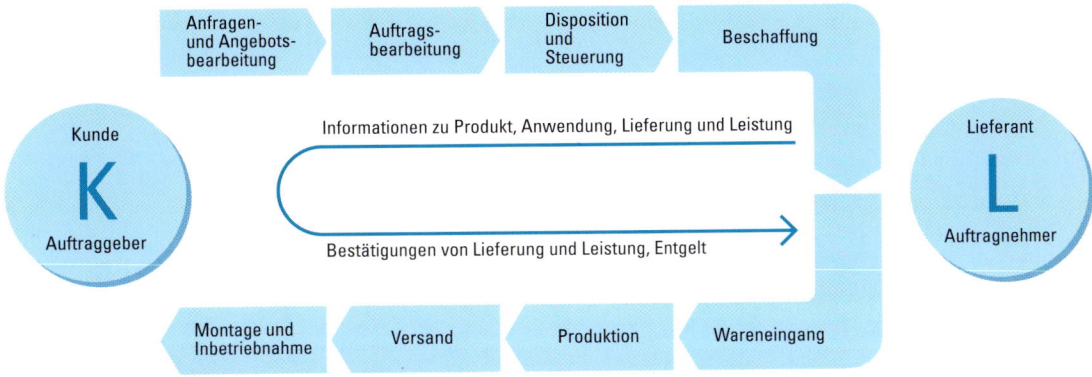

Bild 1.2
Horizontale Büroprozesse ereignen sich entweder unternehmensintern zwischen Organisationseinheiten oder zwischen zwei selbständigen Organisationssystemen als Kunde und Lieferant.

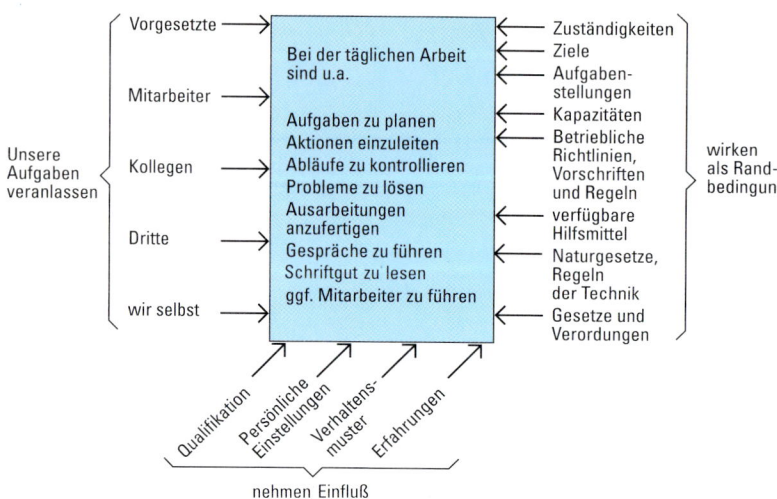

Bild 1.4
Unsere Aufgaben
und ihre Einflußgrößen

Die tägliche Arbeit umfaßt dabei u. a. nachstehend aufgeführte typische Komponenten:

– Aufgaben und Abläufe planen,

– Arbeiten veranlassen, Aktionen einleiten, Verabredungen treffen, Abläufe kontrollieren,

– Probleme analysieren sowie Aufgaben sachlich und fachlich lösen,

– Informationen beschaffen und Entscheidungen treffen,

– Briefe, Berichte und Protokolle schreiben, Ausarbeitungen anfertigen,

– Gespräche führen, an Besprechungen teilnehmen,

– empfangenes Schriftgut lesen und verarbeiten,

– gegebenenfalls Mitarbeiter führen.

Dabei wird das Vorgehen durch Randbedingungen bestimmt und eingegrenzt, nämlich durch

▷ zugewiesene und akzeptierte Zuständigkeit,
▷ vorgegebene Ziele und Aufgabenstellungen,
▷ vorhandene Kapazität im Verhältnis zur Leistungsanforderung,
▷ betriebliche Richtlinien, Vorschriften und Regeln,
▷ verfügbare Hilfsmittel,
▷ Vorschriften, Grundsätze und Regeln der Technik,
▷ Gesetze und Verordnungen.

Einen weiteren entscheidenden Einfluß auf das Vorgehen hat die Befindlichkeit des Mitarbeiters selbst, d. h. seine

▷ Qualifikation,
▷ persönliche Einstellung (Motivation),
▷ Verhaltensmuster,
▷ Erfahrungen.

Da die verschiedenen Aufgaben unabhängig voneinander durch Vorgesetzte, Mitarbeiter, Kollegen und Dritte veranlaßt oder von uns selbst im Rahmen unserer Zielsetzungen und Dispositionen vorgegeben werden, bedarf ihr nebenläufiges Abarbeiten ein synergieorientiertes Koordinieren und Disponieren. Die hohen Anforderungen an den selbständigen Bürotätigen resultieren also nicht daraus, daß die gestellten Einzelaufgaben besonders schwierig wären (angemessene Qualifikation vorausgesetzt), sondern daraus, daß der Aufgabentopf als Ganzes gemanagt werden muß. Fehlt dafür die organisatorische Qualifikation, dann führt Büroarbeit zu einem Durcheinander, ohne Produktivität und Ergebnisqualität (Bild 1.4).

1.6 Konsequenzen unsystematischer und planloser Arbeit

Bei unserem Bemühen, alle Aufgaben rasch und möglichst »ohne Zeitverlust« zu lösen, disqualifizieren wir uns selbst ohne Not, wenn wir es unterlassen, vorher folgendes zu klären:

▷ Welches Ziel soll erreicht werden; welchen Zweck soll das Ergebnis erfüllen?

▷ In welcher Reihenfolge sind die Detailaufgaben zu bewältigen?

▷ Wie sind die Zuständigkeiten verteilt; mit welchen Stellen muß man sich abstimmen; wer ist zu informieren?

▷ Welche Störungen sind zu erwarten; was kann zur Abwehr vorbereitet werden?

▷ Sind noch andere Vorbereitungen erforderlich (z. B. Einschaltung von Erfahrungsträgern, Vorbereitung mitwirkender Stellen, Schulung von Mitarbeitern)?

▷ Welche Hilfsmittel wären optimal, welche stehen zur Verfügung; welche können verfügbar gemacht werden?

Wenn die sorgfältige Planung der Arbeit so unterschätzt wird, daß man meint, sie reduzieren oder ganz entbehren zu können, dann führt der daraus resultierende Aktionismus zu Reibungsverlusten, Parallelarbeit und unkoordiniertem Durcheinander mit Mehraufwand und Hektik und in der Folge zu Ergebnissen, die in ihrem Wert unvertretbar gemindert sind. Wie eine Aufgabe nicht gelöst werden sollte, zeigt Bild 1.5.

Je nach Ausprägung des tatsächlichen Arbeitsverlaufs weitet sich bei planloser Bearbeitung die Menge überflüssiger Leistung ins Unerträgliche aus; dagegen weicht beim richtigen Lösen der tatsächliche Bearbeitungsablauf so geringfügig vom idealen Bearbeitungsablauf ab, daß sich die Menge überflüssiger Leistung auf das unvermeidbare Minimum reduziert (s. Bild 1.6).

Einleuchtend ist, daß hektische und zeitweilig erfolglose Arbeit

▷ für uns aufreibend und unbefriedigend ist,

▷ für das Unternehmen nicht effektiv ist und wertvolle Kraft nutzlos verzehrt.

Umgekehrt gilt:

Allein durch planvolle, systematische Arbeit können erheblicher Mehraufwand vermieden und gebundene Bearbeitungsreserven freigesetzt werden.

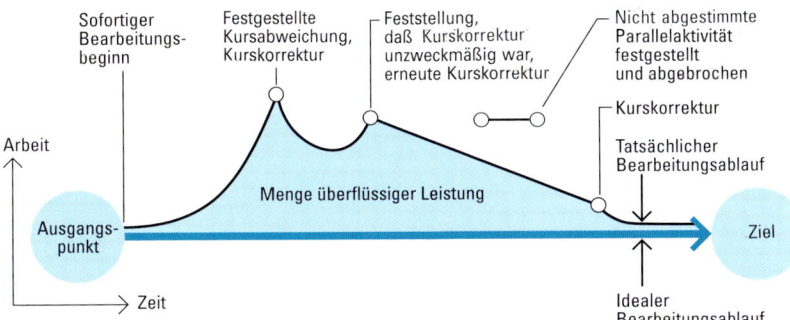

Bild 1.5 Planlose Bearbeitung einer Aufgabe.
Der blaue Pfeil stellt den Arbeitsaufwand dar, der bei einem Idealverlauf des Zielerreichens aufgewendet wird. Die darüberliegende blaue Fläche zeigt den Mehraufwand, der durch planlose Bearbeitung der Aufgabe entsteht.

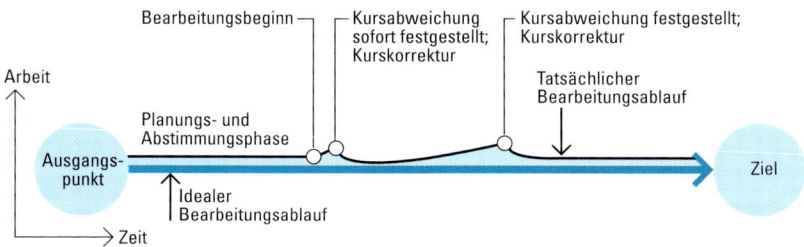

Bild 1.6 Richtiges Lösen einer Aufgabe.
Der blaue Pfeil zeigt wieder den idealen Arbeitsaufwand, die darüberliegende blaue Fläche den zusätzlichen Arbeitsaufwand, der durch systematisches Lösen oft unvermeidbar, aber doch wesentlich geringer als in Bild 1.5 ist.

1.7 Verbesserung des Arbeitsverhaltens

Machen wir uns bewußt, daß ein Unternehmen oder eine Behörde nur durch das Zusammenwirken *aller* Mitarbeiter funktioniert, von denen alle mit den gleichen Anforderungen konfrontiert sind! Wir können uns leicht vorstellen, was geschähe, wenn nicht ordnend eingegriffen würde. Doch dieses Ordnen kann nicht nur von außen kommen.

Vielmehr muß *jeder einzelne* das Seinige zur planvollen Arbeit im Unternehmen beitragen. Wir *müssen* unseren Aufgabenbereich innerhalb gegebener Randbedingungen selbst ordnen. Dadurch wird sich automatisch eine positive Wirkung auf andere Stellen ergeben.

Unsere Einzelaufgaben sollten stets in nachstehender Reihenfolge bearbeitet werden:

▷ Analyse der Aufgabenstellung,

▷ Klärung und Definition des angestrebten Ziels (»Ziele setzen«),

▷ Analyse der Vorgehensmöglichkeiten und Planung der zweckmäßigsten Vorgehensweise (»Planen«),

▷ Vorbereitung der Ausführung durch Schaffen unterstützender Maßnahmen (»Konzipieren und Einleiten«) und Bereitstellen von geeigneten Verfahren (»Organisieren«),

▷ Durchführung der aufgabenerfüllenden Tätigkeit (»Realisieren«),

▷ Kontrolle des Prozeßablaufs, ob nach dem jeweils aktuellen Zwischenstand das Ziel eine Chance hat, erreicht zu werden (»Prozeßablauf kontrollieren«),

▷ Prüfung des Ergebnisses, ob das Ziel erreicht wurde (»Ergebnis kontrollieren«).

Bei jedem Teilschritt müssen wir

▷ mit anderen kommunizieren,

▷ auftretende Probleme erkennen und Ideen zu ihrer Lösung entwickeln,

▷ Entscheidungen treffen.

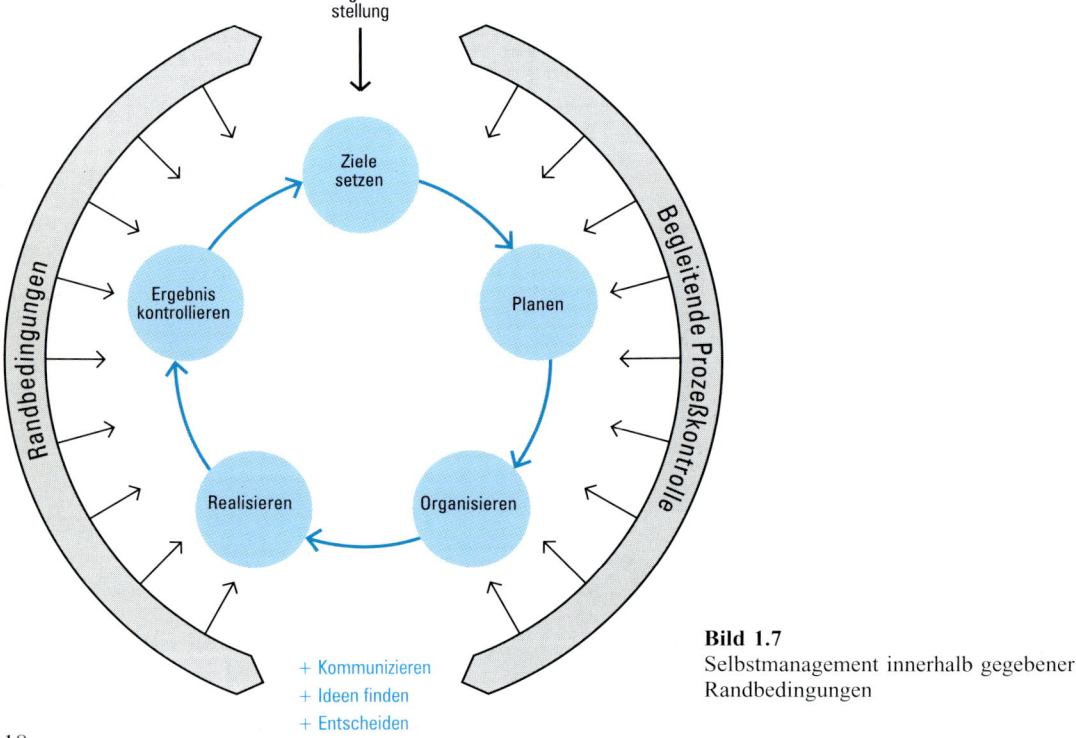

Bild 1.7
Selbstmanagement innerhalb gegebener Randbedingungen

18

Diese Bearbeitungsschritte entsprechen den Stufen des Managementprozesses, so daß analog folgende Aussage gemacht werden kann:

Wir müssen uns beim Erledigen jeder einzelnen Aufgabe innerhalb von Randbedingungen selbst managen (Selbstmanagement). Dies ist in Bild 1.7 veranschaulicht.

Voraussetzungen für die selbständige Arbeit sind dabei:

— Stellenziel und Aufgabenbereich *müssen* definiert und organisatorisch abgegrenzt sein (Zuständigkeit).

— Informationen *müssen* abrufbar, Verfahren *müssen* verfügbar sein.

— Selbstkontrolle *muß* möglich sein (z. B. durch Datenrückfluß, Rückkopplung).

> Das Bewältigen unserer Aufgaben wird erfolgreich, wenn wir
>
> ▷ komplexe, unübersichtliche Aufgabenbündel strukturieren,
>
> ▷ jede Einzelaufgabe in der beschriebenen Weise systematisch behandeln,
>
> ▷ jederzeit Übersicht über die gestellten Aufgaben haben (Inhalt des Aufgabenkorbs).

Selbstmanagement muß unser Bestreben einschließen, eigene Führungslosigkeit und fremdbestimmte Aufgabenerledigung durch das systema-

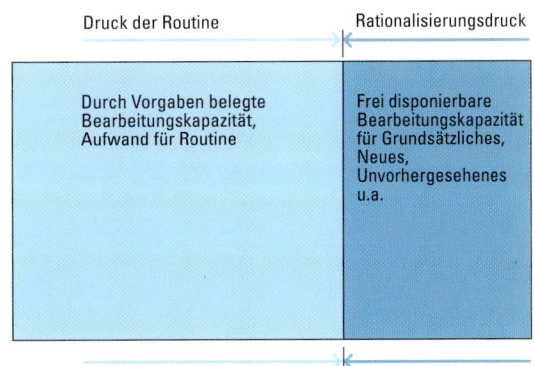

Bild 1.8
Schaffen freier Bearbeitungskapazität durch Systematisieren und Rationalisieren

tische Strukturieren, Planen und Erfüllen der gestellten Aufgaben zu ersetzen; also:

agieren statt reagieren!

Wir unterliegen ständig der Gefahr, daß wir uns durch die tägliche Arbeitsroutine und die Arbeitsflut den Raum für Grundsatzarbeit und kreatives Einlassen auf neue und unvorhergesehene Herausforderungen verbauen. Dem müssen wir entgegenwirken, indem wir Routinearbeit systematisieren und rationalisieren und uns dadurch freie Bearbeitungskapazität schaffen und *erhalten* (Bild 1.8). Nur so werden wir Selbstmanagement verwirklichen können und mit unserer Arbeit zufrieden sein.

2 Zielformulierung und Aufgabenanalyse

Zielsetzung ist die unabdingbare Voraussetzung für die Aufgabenplanung (vergl. Kapitel 1.7 und 3.4.1).

Wenn sich Unternehmen großen Herausforderungen stellen wollen, könnten sie im Sinn von »Lean Management« z. B. folgende Formulierungen als Ziele ausgeben:

Wir wollen
– Kosten sinnvoll senken
– betriebliche Strukturen und Prozesse ständig verbessern
– Organisationseinheiten straffen
– Kundennähe praktizieren
– Durchlaufzeiten reduzieren
– Ressourcen ausschöpfen
– Verschwendungen und nichtwertschöpfende Tätigkeiten vermeiden

Reicht diese Willensbezeugung aber zum richtigen Handeln aus?

Zielsetzung bedeutet Vorausschau in die Zukunft und Ausrichtung und Konzentration unserer Kräfte und Aktivitäten auf das, *was erreicht werden* soll. Es ist also nicht damit getan, sach- und personengerechte Organisationspläne zu erstellen und Aktionen als Ziele vorzustellen. Wichtig sind vielmehr auch Angaben darüber, welche *Ziele* der *Einzelne* zu welchem *Zweck* im *Zusammenspiel* mit den anderen zu verfolgen hat und wie hoch *seine Beteiligung* am Erfolg des Unternehmens sein soll.

Sind *Zielvorgaben* bezüglich der Ergebnisse zu vage, ungenau, inkonsistent, dann müssen wir als Mitarbeiter und Stelleninhaber dafür sorgen, daß sie entweder bestimmter, genauer, konsistenter gemacht werden oder wir müssen das Ergebnisziel ersatzweise selbst definieren. Nur wenn uns bereits eindeutig formulierte Ziele vorgegeben sind, die es uns im weiteren nicht mehr erlauben, eigene Vorstellungen einzubringen (die Aufgabe und der Auftraggeber lassen keinen Spielraum zu), hört die selbständige Tätigkeit auf.

Stimmen die *Ergebnisse* unserer Arbeit nicht mit den Erwartungen unserer Auftraggeber überein oder haben wir dringende oder wichtige Aufgaben unbearbeitet liegengelassen und in der Zwischenzeit andere Dinge erledigt, die auch hätten später bearbeitet werden können, dann haben wir ebenfalls versäumt, exakte Ergebnisziele rechtzeitig einzuholen oder selbst zu formulieren.

In diesem Kapitel werden wir uns mit der Zielformulierung und der Analyse unseres Aufgabenbereichs beschäftigen. Wir sollen dabei erkennen,

▷ warum der Erfolg der Arbeit von klaren Zielen und definierten Aufgabenstellungen abhängt,

▷ wie Ziele festgelegt und formuliert werden,

▷ wie sich unser Aufgabenbereich und unser Arbeitsverhalten analysieren lassen,

▷ wie die Erkenntnisse der Ziel- und Aufgabenanalyse in Maßnahmen zum Verbessern der eigenen Arbeit umgesetzt werden können.

2.1 Ziele

Zum erfolgreichen Bewältigen unserer Aufgabe benötigen wir – außer geeigneten Arbeitstechniken – als wesentliche Basis:

▷ klare Informationen über die von uns erwarteten Ergebnisse und darüber, welche Zwecke die Ergebnisse haben, d. h. wozu sie verwendet werden sollen,

▷ einen ständigen Überblick über unsere Aufgaben sowie Angaben über ihre zeitliche Dringlichkeit und sachliche Wichtigkeit.

Diese Informationen erhalten wir aus Zielen; sie beschreiben angestrebte Zustände und zu erbringende Arbeitsergebnisse. Ziele sind Leistungsansporn und zugleich Maßstab zur Beurteilung und Bewertung von Leistungen, denn

ohne Ziel ist jedes Arbeitsergebnis richtig.

Damit wir bei unserer Arbeit nicht Zeit für Unwesentliches verschwenden oder unsere Aufgaben zur falschen Zeit erledigen, müssen wir unsere Aktivitäten ständig an

▷ unseren generellen *Stellenzielen,*
▷ den Zielsetzungen unserer Einzelaufgaben, also an *Aufgabenzielen*

orientieren. Als zielorientierte Mitarbeiter bearbeiten wir nicht nur einfach Aufgaben; vielmehr bringen wir sie in den Zusammenhang mit den obengenannten Zielsetzungen. Wir richten unsere augenblicklichen Aktivitäten an langfristigen Absichten (Stellenziele) und an speziellen Einzelzielen (Aufgabenziele) aus. Damit ersparen wir uns Bearbeitungsumwege, Aufwand für Unwichtiges und Unsicherheit bei der Arbeit.

> *Denken in Einzelaufgaben* verleitet dazu, sich in Einzelheiten zu verlieren.
>
> *Denken in Zielen* führt zum konsequenten Erreichen von Ergebnissen, weil es die kritische Frage nach der Zweckmäßigkeit des augenblicklichen Tuns herausfordert und nahelegt, sich auf das Wesentliche zu beschränken.

Wir unterscheiden nach *strategischen, taktischen* und *operativen* Zielen (Bild 2.1).

Im täglichen Geschäftsablauf bewegen wir uns mit der Erledigung von Einzelaufgaben überwiegend auf der operativen Ebene. Solche operativen Ziele brauchen Grundsätze bei den Zielfestlegungen.

2.1.1 Grundsätze der Zielfestlegung

• Ziele müssen eindeutig, ihr Erreichen muß prüfbar sein. Sie müssen den angestrebten Endzustand und die einzuhaltenden Randbedingungen exakt beschreiben. Soweit möglich, sind qualitative durch quantitative Aussagen zu ersetzen. Erst dann sind Ziele handlungsbestimmend.

• Ziele müssen einen bestimmten Zweck erfüllen. Zwecke bestimmen den Grad der Erfüllung (Nutzen, Qualität), zu dem das Zielerreichen führen soll.

• Ziele müssen mit allen Betroffenen gemeinsam erarbeitet werden. Dadurch bewirken wir, daß sich die ausführenden Stellen mit ihnen identifizieren und sie als verbindlich akzeptieren. Nur als realisierbar erkannte Ziele haben Aussicht, auch erreicht zu werden.

• Die formulierten Ziele sollen schriftlich fixiert werden.

Häufig fällt es schwer, quantifizierbare Ziele auch quantitativ zu formulieren. Wir benötigen aber möglichst meßbare und kontrollierbare Ziele. Hier können wir uns so helfen:

▷ Wir müssen *abstrakte* Begriffe durch konkrete Aussagen ersetzen.
▷ Wenn wir keine Meßgrößen für das, was wir erreichen wollen, angeben können, sollten wir bestimmen, was wir vermeiden oder ausschließen wollen.

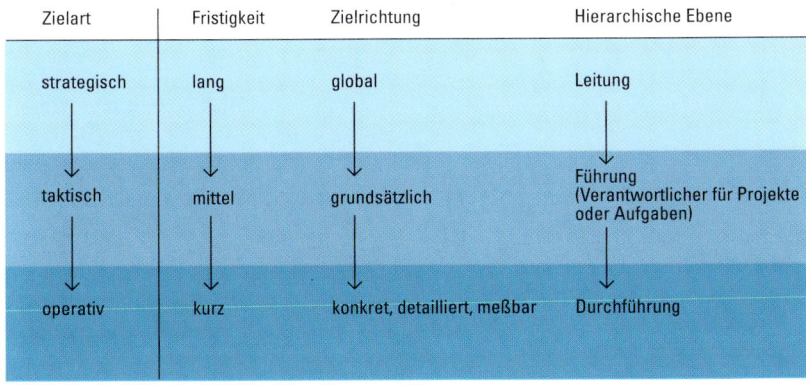

Zielart	Fristigkeit	Zielrichtung	Hierarchische Ebene
strategisch	lang	global	Leitung
taktisch	mittel	grundsätzlich	Führung (Verantwortlicher für Projekte oder Aufgaben)
operativ	kurz	konkret, detailliert, meßbar	Durchführung

Bild 2.1
Zielkategorien nach einem organisatorischen Ansatz. In den hierarchischen Ebenen bildet die jeweils aufgeführte Zielart den Schwerpunkt. Die Abgrenzung der einzelnen Zielarten bereitet oft Schwierigkeiten, weil die Grenzen fließend sind.

▷ Wir können Annahmen treffen und sie durch die Kontrolle der späteren »*Ist*-Werte« auf ihre Zweckmäßigkeit überprüfen. Bei späteren Zieldefinitionen kann mit den *Ist*-Werten weitergearbeitet werden.

Beispiel Zielkonkretisierung

Angenommen, wir haben mit Reparaturen zu tun und setzen uns zum Ziel, die Kundendienstleistungen weiter zu verbessern. Da es nicht möglich ist, anzugeben, wie »gut« der Kundendienst werden soll, entschließt man sich dafür, die Anzahl der Reklamationen als Maß für seine Güte anzunehmen. Daraufhin werden während eines bestimmten Zeitraums alle Reklamationen nach Grund und Häufigkeit sorgfältig registriert.

Da nicht alle Reklamationsgründe als gleich schwerwiegend erkannt werden, bringt man sie zunächst in eine Rangfolge (Gewichtung). Man ermittelt daraufhin für jede Reklamationsart das Produkt aus ihrer Bedeutung (Gewicht) und der Anzahl der festgestellten Beanstandungen und erhält so die »gewogene« Anzahl der Reklamationen. Verglichen mit der Gesamtzahl der im betrachteten Zeitraum ausgeführten Reparaturaufträge ergibt sich auf diese Weise der »gewogene Anteil« der Reklamationen. Im aufgeführten Beispiel beträgt er 6,1%. Ausgehend von diesem Wert kann nun festgelegt werden, wie groß der Anteil der Reklamationen im nächsten Planungszeitraum sein soll. Der angestrebte Wert ist 4,5%.

2.1.2 Stellenziele

Als Stelle wird allgemein die Summe der Tätigkeiten und Aufgaben bezeichnet, die einem Arbeitsplatz im Unternehmen zugeordnet werden. Das Stellenziel gibt an, welchen Anteil eine Stelle zum Erreichen der Unternehmensziele beitragen soll. Je nach Organisationsform werden Stellenziele auch durch Team- oder Gruppenziele ergänzt bzw. ersetzt. Projektziele vgl. Kapitel 3.

In den gängigen *Stellenbeschreibungen* werden zwar Aktivitäten aufgelistet, aber nicht die zu erwartende oder anzustrebende Effektivität am Arbeitsplatz. Was letztendlich aber zählt, ist nicht die Beschäftigung und das Bemühen, sondern das Ergebnis und seine Qualität. Deshalb müssen wir unsere Tätigkeiten und die Stelle, die wir innehaben, nach den *Zwecken* hinterfragen und das Ergebnis in unser Stellenziel einbringen. Stellenziel in diesem Sinn ist aber nicht mit der Arbeitsplatzbeschreibung oder einer differenzierten Stellenbeschreibung zu verwechseln. Diese beinhalten i. d. Regel auch das Anforderungsprofil des jeweiligen Stelleninhabers. (Wenn nach tarifvertraglichen Kriterien Arbeitsplatzbewertungen damit verbunden sind, unterliegen diese den Mitbestimmungsvereinbarungen.)

Das Festlegen der Stellenziele ist ein Prozeß, der im Idealfall sämtliche Stellen eines Unternehmens – von der Firmenleitung bis zur untersten Ebene – erfaßt. Jedes Stellenziel ist aus überge-

Zum Beispiel *Zielkonkretisierung*

Gründe für Reklamationen	Gewichtung	Anzahl der Reklamationen	»gewogene« Anzahl der Reklamationen	Bemerkungen
Nicht eingehaltene Reparaturzusagen	2	21	42	
Lange Wartezeiten bei unangemeldeten Reparaturen	1	28	28	
Fehlerhaft ausgeführte Reparaturen *mit* Auswirkung auf die Sicherheit	5	8	40	darf in Zukunft nicht mehr auftreten!
Fehlerhaft ausgeführte Reparaturen *ohne* Auswirkung auf die Sicherheit	3	32	96	
Ausführung nicht bestellter Arbeiten ohne Rückfrage beim Kunden	2	15	30	
Falsche Berechnung	2	12	24	
Unfreundliche Beratung	1	43	43	
Beanstandung aus nichtigem Grund	1	27	27	

»gewogener« Anteil der Reklamationen = »gewogene« Anzahl der Reklamationen/Anzahl ausgeführter Reparaturaufträge = 330/5394 = 6,1%

ordneten Zielen abgeleitet. So ist jede Stelle unmittelbar oder – durch übergeordnete Stellen mit benachbarten zusammengefaßt – mittelbar mit den (obersten) Unternehmenszielen verknüpft. Es ergibt sich eine von der Unternehmensstruktur abhängige hierarchisch gegliederte Zielpyramide (Bild 2.2). Je mehr die Ziele nach unten gebrochen werden, desto stärker müssen operationale Formulierungen verwendet werden, s. dazu auch Seite 26.

Durch sein Stellenziel erhält ein Mitarbeiter Richtung und Freiraum für sein selbständiges Handeln und Entscheiden. Gleichzeitig wird ihm damit die Möglichkeit zur Selbstkontrolle eröffnet; er kann immer wieder überprüfen, ob er sich beim Erledigen seiner Aufgaben und beim Wahrnehmen seines Ermessensspielraums innerhalb der Vorstellungen bewegt, die das Unternehmen mit der Stelle verbindet. Die Kontrolle wird um so leichter und zweifelsfreier möglich sein, je exakter das Stellenziel formuliert ist. Existiert kein Stellenziel oder ist es unklar beschrieben, bleibt es dem Stelleninhaber überlassen, sich selbst die Ziele zu setzen. Diese können dann jedoch von den Zielvorstellungen der Vorgesetzten abweichen oder zu diesen gar im Widerspruch stehen.

Stellenziele gelten meist langfristig und beschreiben, wie wir unsere Aufgaben erfüllen sollen. Da

oft nur inhaltliche, nicht jedoch quantitative Aussagen gemacht werden können, sind sie auch nur im Zusammenhang mit aktuellen Plänen, fallspezifischen Vorgaben und anderen, ergänzenden Angaben quantifizierbar. Aus ihnen werden alle wiederkehrenden, zum Erreichen der Ziele notwendigen Aufgaben sowie das Vorgehen abgeleitet, wie unvorhergesehene Aufgaben erledigt werden müssen.

Bei der Zielformulierung hinterfragen wir als *Zielgegenstand* alle Hauptaufgaben nach den *Zwecken* (Nutzen, Qualität), nehmen – soweit nötig – *Abgrenzungen* vor und beschreiben die wichtigsten *Randbedingungen.* Je nach Geltungsdauer sind die terminlichen Angaben exakt oder auch allgemeiner formuliert.

Beispiel 1

Ziel der Stelle des Vertriebsleiters »Elektrische Anlagen« ist es zu erreichen, daß

1. sich für das vom Stelleninhaber zu betreuende Vertriebsgebiet … Auftragseingang, Umsatz und Vertriebsergebnis gemäß den jeweils gültigen und genehmigten Plänen entwickeln.

2. sich durch die flexible, die Marktveränderungen frühzeitig erfassende Marktstrategie die Marktanteile entsprechend den Planvorgaben entwickeln und daß diese dauerhaft gesichert werden. Der Stammkundenanteil ist gleichzeitig so zu vergrößern, daß damit 40% des Jahresumsatzes erreicht werden.

3. ein Produktsortiment bereitgehalten wird, das den fertigungstechnischen und kostenmäßigen Gegebenheiten und Möglichkeiten der Werke entspricht, das regelmäßig unter Ertragsgesichtspunkten bereinigt und/oder durch zukunftsweisende Produkte ergänzt wird. Hierzu ist jeweils zum 1.10. jährlich einmal eine Optimierungsuntersuchung vorzulegen.

4. die Aufträge entsprechend den in den Lieferverträgen festgelegten Konditionen zur vollen Zufriedenheit der Kunden abgewickelt werden und daß durch bestmögliche Leistungen im Service- und Gewährleistungsbereich bestehende Kundenbeziehungen gefestigt werden.

Die volle Zufriedenheit der Kunden sei dann erreicht, wenn diese keinen Anlaß haben, die gelieferten Anlagen und die mit ihnen angestrebten Problemlösungen, die Projektabwicklung oder den Service zu beanstanden und wenn das Unter-

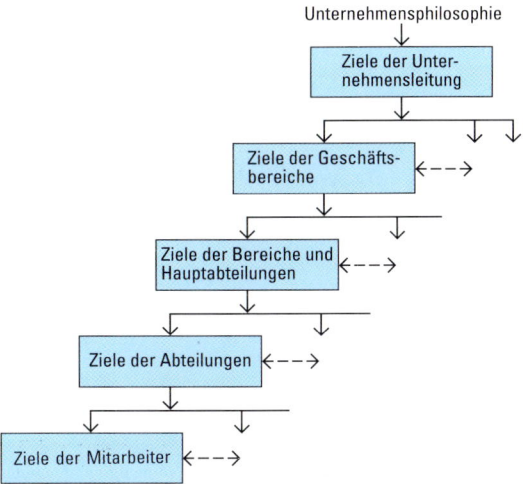

Bild 2.2
Zielhierarchie/Zielpyramide (nach: »Management für alle Führungskräfte in Wirtschaft und Verwaltung«)

nehmen stets an neuen Ausschreibungen beteiligt wird. Wegen Mängeln an Produkten sowie aufgrund von Mängeln bei der Projektabwicklung und beim Service dürfen Aufträge nicht an die Konkurrenz verlorengehen.

5. durch Anwendung der Führungsgrundsätze und durch weitgehende berufliche Förderung der Mitarbeiter die Fluktuation im Außendienst … % nicht übersteigt;

Weitere Beispiele sind im Anhang unter 2.5.1, Seite 31, zu finden.

Stellenziele dürfen nicht unzulässig eingrenzen. In der Regel müssen sie in Tenor und Prägung so formuliert sein, daß sie aufzeigen, wo die Verantwortung des Stelleninhabers beginnt, und nicht, wo sie aufhört [1]. Es werden auch nur solche Abgrenzungen und Randbedingungen angegeben, die der Mitarbeiter aus zwingenden Gründen in jedem Fall beachten bzw. einhalten muß.

Durch entsprechendes Formulieren (ggf. unterstützt durch die Einbeziehung des Mitarbeiters) kann der Vorgesetzte die Innovations- und Kooperationsbereitschaft des Stelleninhabers auch über dessen Aufgabenbereich hinaus steuern und nutzen und verschafft ihm dadurch Entfaltungsmöglichkeiten.

Die Veränderungen der Arbeitsformen und die Varianten zeitlich begrenzter Organisationsstrukturen verlangen eine dynamische Handhabung und damit ggf. Korrekturen an den Stellenzielen.

Dieser gelegentliche Änderungsaufwand erhöht sich aber, wenn die Stellenziele zu eng und zu detailliert abgefaßt werden.

Insgesamt bringen die Stellenziele für alle Beteiligten folgende Vorteile: sie

– sind Voraussetzung für ergebnisorientiertes Arbeiten,
– ermöglichen und zeigen Kompetenzabgrenzungen,
– lassen gezieltere Stellenbesetzungen zu,
– führen zu schnellerem Einarbeiten neuer Mitarbeiter,
– steuern eine wirksame Stellvertretung,
– sorgen für sichere Bewegung des Stelleninhabers,
– verhindern, daß Mitarbeiter aneinander vorbeiarbeiten und vermeiden somit Doppelarbeit,
– reduzieren Konflikte,
– fördern die Bereitschaft zur Verantwortungsübernahme,
– erlauben dem Mitarbeiter die Selbstkontrolle,
– sind Voraussetzung zur Ableitung von operativen Zielen,
– helfen bei Organisationsänderungen und Arbeitsplatzanalysen.

Sie bieten außerdem eine solide Grundlage für das Mitarbeitergespräch zur Zielerreichung und für Förderungsüberlegungen.

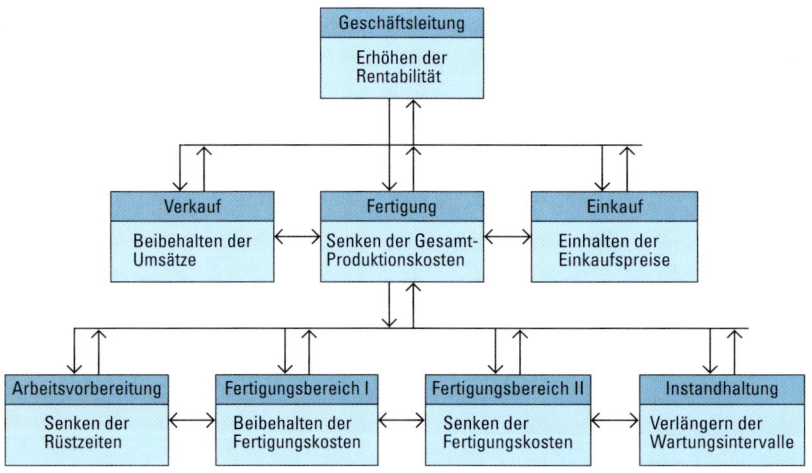

Bild 2.3
Zielabhängigkeiten (nach: »Management für alle Führungskräfte in Wirtschaft und Verwaltung«)

Das Ineinandergreifen der Ziele wird besonders bei geschäftspolitischen Zielvorgaben, z. B. »Erhöhung der Rentabilität«, deutlich. Abhängig vom jeweiligen Stellenziel leiten die Beteiligten ihren unterschiedlichen Realisierungsanteil ab. Dies wiederum führt dann zur Formulierung unterschiedlicher Aufgabenziele (Bild 2.3).

2.1.3 Aufgabenziele

In Unternehmungen bzw. Verwaltungen werden im Rahmen der Organisation die Tätigkeiten der Mitarbeiter normalerweise über Aufgabenbeschreibungen fixiert. Diese Aufgabenbeschreibungen sind eher global angelegt und beschreiben nicht für jeden Einzelfall konkret, wie die Einzelaufgabe erledigt werden muß.

In der Praxis hat es sich deshalb als sinnvoll erwiesen, für wichtige und komplexe Einzelaufgaben die Ziele jeweils zu präzisieren (insbesondere, wenn es sich um Nicht-Routinefälle handelt). Ein Aufgabenziel beschreibt also in diesem Sinn das anzustrebende Ergebnis einer konkreten Einzelaufgabe. Es muß im allgemeinen mit jedem neuen Auftrag auch neu formuliert werden (ausgenommen davon sind wiederkehrende bzw. Routinearbeiten, die vorgeplant und standardisiert gehandhabt werden; typische Hilfsmittel dafür sind Checklisten, Ablaufpläne, Flußdiagramme, Entscheidungstabellen usw., siehe dazu auch Kapitel 6.4). Im beruflichen Alltag haben wir es je nach Tätigkeitsgebiet fast täglich mit der Formulierung von Aufgabenzielen zu tun. Aufgabenziele sind konkreter als Stellenziele. Stellenziele bestimmen die generelle Richtung unseres Handelns im Rahmen der Aufbauorganisation, während Aufgabenziele Grundlage für unser Vorgehen im Einzelfall sind.

Aufgabenziele erhalten wir

– »automatisch« vorgegeben (durch Vorgänge und Maßnahmen, die im Rahmen der Stellenziele und der generellen Aufgabenstellungen von uns zu bearbeiten sind – »Zuständigkeit«)

– durch Vereinbarung (im Einzelfall – mit unserem Vorgesetzten, Kollegen, Dritten)

– durch eigene Vorgabe (z. B. als Folge unserer Aufgabenanalyse, Seite 26 ff).

Aufgabenziele beinhalten

Zielgegenstand
was erledigt werden soll,

Zweck (Begründung), *Abgrenzung*
wozu, warum die Maßnahme durchgeführt wird, in welchem Zusammenhang das Ziel ggf. mit übergeordneten oder benachbarten Zielen steht und was nicht getan werden soll,

Termine, Randbedingungen
bis wann (ggf. mit Angabe von Zwischenterminen) und wie die Arbeiten durchgeführt werden müssen und welche Randbedingungen zu beachten und einzuhalten sind.

Beispiel
Eine Firma will alle technischen Abteilungen, die bisher in Außenstellen untergebracht waren, in ein neues Bürogebäude verlegen. Der mit der Planung und Ausführung dieses Vorhabens Betraute erhält das Aufgabenziel:

Zielgegenstand
Es ist eine Umzugs- und Belegungsplanung für alle technischen Abteilungen in den bisherigen Außenstellen zu erstellen.

Zweck (Begründung), *Abgrenzung*
Der Umzug soll die teure Anmietung der Außenstellen überflüssig machen und ein rationelleres Arbeiten ermöglichen. Er wird unabhängig von den durch die vorgesehene Umorganisation u. U. notwendig werdenden Platzneuverteilungen abgewickelt. Die Auflösung der freiwerdenden Außenstellen erledigt das Betriebsbüro.

Termine, Randbedingungen
1. Die Planung ist allen betroffenen Stellen bis zum 15.02.1999 vorzulegen und mit diesen abzustimmen. Abwicklung und Abschluß des vollständigen Umzugs muß bis zum 15.06.1999 erfolgen,

2. Der Abwicklungszeitraum beträgt zwei Kalenderwochen,

3. Der Arbeitsausfall soll je Mitarbeiter nicht mehr als zwei Tage betragen,

4. Die Abteilungen ziehen jeweils geschlossen um,

5. Die Umzugsgesamtkosten dürfen maximal 450.000 DM betragen,

6. Während der Umzugsphase ist sicherzustellen, daß der Kontakt zu den Kunden nicht darunter leidet,

7. Den Umzug soll eine externe Spedition durchführen. Es sind mindestens drei Vergleichsangebote einzuholen. Auf bestehende Referenzen ist zu achten. Vor Vertragsabschluß ist die kaufmännische Abteilung einzuschalten,

8. Parallel zum Umzug sind die üblichen Stellen wie Hauspost, Telefonzentrale usw. zu informieren.

Wenn eine Zielformulierung solche für eine selbständige und reibungslose Abwicklung notwendigen Daten – die nicht in dieser strengen Reihenfolge festgehalten werden müssen – enthält, ist das Ziel operational (nachvollzieh-/überpüfbar). Im Vergleich mit anderen Aufgabenzielen ergeben sich daraus bereits Prioritäten; sie ermöglichen es, sich auf das Wichtigste zu konzentrieren.

Vorrangig werden die Arbeiten erledigt, die sachlich am wichtigsten und zeitlich am dringlichsten sind.

Außerdem schaffen operational formulierte Aufgabenziele die Voraussetzungen zur laufenden Selbstkontrolle im Sinne des »agieren statt reagieren« (s. 1.7 Verbesserung des Arbeitsverhaltens, Seite 19). Entsprechend unseren Stellenzielen können auch unsere Aufgabenziele mit über-, neben- und nachgeordneten Aufgabenzielen zusammenhängen (Bild 2.3). Daraus ergibt sich, daß sie zum Erreichen der Gesamtzielsetzung und zum Vermeiden von Zielkonflikten ggf. mit der vorgesetzten Stelle und den angrenzenden Stellen abzustimmen sind. Unsere Arbeitsergebnisse müssen so beschaffen sein, daß sie mit anderen Arbeitsergebnissen in das Gesamtergebnis integriert werden können (s. hierzu auch 5.1 Kommunikation in der betrieblichen Zusammenarbeit, Seite 91 u. 92).

Beispiel

Es soll ein Bericht über »Maßnahmen zur Vorbereitung von Schwertransporten« angefertigt werden. Hierfür wird folgendes Aufgabenziel formuliert:

Bis zum ... sollen 200 Exemplare des Berichtes mit dem genannten Titel für den Versand an externe Stellen bereitgestellt werden. Der Berichtsentwurf muß bis zum ... vorgelegt und nach abteilungsinterner Freigabe mit der Projektleitung für Großtransporte und mit der Versandabteilung abgestimmt sein.

Der Bericht soll bei Kundenanfragen dazu verwendet werden, über unsere Planung und Ausführung von Schwertransporten in geeigneter Form zu informieren. Hinsichtlich Gliederung, Umfang, Gestaltung und äußerer Form soll er sich am Bericht »Einrichtung von Großbaustellen« orientieren; er soll nicht länger als 20 Seiten sein und nicht für die Beantragung von Transportgenehmigungen verwendet werden.

Am Beispiel des Transports des Maschinenhauskrans für die Anlage ... soll der Bericht insbesondere auf folgende Punkte eingehen:

– Transportplanung und Transportversicherung,
– Bereitstellung von Transportfahrzeugen und Begleitpersonal,
– Verpacken, Verladen und Transport,
– Sicherung des Transportweges,
– Unterrichtung der Polizei und ggf. des Rundfunks,
– Umladen auf der Baustelle.

In den Bericht sind etwa fünf informative Farbbilder aufzunehmen.

Operationale Zielvorgaben sind der wichtigste Faktor zur Einsparung von Zeit!

2.2 Verfahren zur Analyse des eigenen Aufgabenbereichs und Arbeitsverhaltens

Im Hinblick auf das Erreichen unseres Stellenziels und der Aufgabenziele müssen unser Verhalten und unsere Aufgaben regelmäßig überprüft werden. Hierzu benutzen wir die Methoden der Aufgabenanalyse. Diese ermöglichen festzustellen, ob

▷ die von uns bearbeiteten Aufgaben auch wirklich (noch) notwendig sind,
▷ die Aufgaben zielgerecht und zweckmäßig bearbeitet werden,
▷ wir uns bei der Aufgabenerledigung richtig verhalten.

Diese Methoden der Aufgabenanalyse sind in erster Linie als *persönliche* Arbeitstechniken zu sehen.

2.2.1 Schnellanalyse

Die Schnellanalyse stellt eine Methode zur Analyse des persönlichen Arbeitsverhaltens dar, ohne dabei zunächst auf Einzelaufgaben einzugehen;

sie beruht auf der Beantwortung von »harten« Fragen zu unserem Aufgabenbereich und zum Arbeitsverhalten. Diese Fragen müssen so definiert sein, daß sie mit »ja« oder »nein« beantwortet werden können.

Beispiele für Fragen zur Schnellanalyse sind:

Ziele und Aufgaben
Kenne ich mein Stellenziel?
Weiß ich, was mein Vorgesetzter von mir erwartet?
Sind meine Ziele mit meinem Vorgesetzten abgestimmt?
Kenne ich die zu meinem Arbeitsgebiet gehörenden routinemäßig wiederkehrenden Aufgaben?
Plane ich meine Aufgaben?
· · · · · · ·

Delegation
Mache ich Dinge, die andere tun könnten?
Habe ich Lieblingsbeschäftigungen, an denen ich hänge?
· · · · · · ·

Information
Informiere ich von mir aus und regelmäßig?
Informiere ich umfassend und sachdienlich?
· · · · · · ·

Ein ausführlicher Fragenkatalog ist vor den Formblättern zur Schnellanalyse auf Seite 34 ff zu finden.

Auswertung der Schnellanalyse

Entsprechend den Ja- oder Nein-Antworten (siehe Formblatt »Schnellanalyse«, Seite 36) lassen sich Rückschlüsse auf gegebene Vorteile oder vorhandene Mängel ziehen. Diese werden, jeweils mit Erläuterungen über

▷ mögliche positive Auswirkungen
   der Vorteile,
▷ Ursachen und Folgen der Mängel,

in eine Vorteil- und Mängelliste (siehe Formblatt »Ergebnisprotokoll der Schnellanalyse«, Seite 37) eingetragen.

Für das Auswerten der Schnellanalyse werden nach Feststellen der Prioritäten Aktionen zur Behebung der Mängel und zum Ausbau der vorhandenen Vorteile eingeleitet (siehe Formblatt »Kontrolliste zur Durchführung von Maßnahmen«, Seite 41).

2.2.2 Systematische Analyse

Das relativ aufwendige Analyseverfahren ist immer dann zwingend erforderlich, wenn z. B.

– Aufgaben neu strukturiert werden oder umorganisiert wird,
– eine Ablauf-Nutzen-Analyse gefragt ist (so auch bei Ertragsschwierigkeiten),
– Zielvorgaben sich ändern oder neu in unser Stellenziel aufgenommen werden,
– wir allgemein große Zeitprobleme haben,
– häufig Pannen auftreten oder wir Aufgaben erledigen, die uns nicht weiterhelfen.

Während die Schnellanalyse das persönliche Arbeitsverhalten durchleuchtet und ausschließlich global nach Stärken und Schwächen forscht, werden mit der systematischen Analyse Einzelaufgaben untersucht. Hierfür muß ein Katalog der zu analysierenden Aufgaben erstellt werden. Zunächst werden vom Stellenziel alle Hauptaufgaben abgeleitet. Dies ist zweckmäßig, damit man einen klaren Überblick über das Aufgabengebiet erhält.

Beispiel

Erster Schritt: Zielformulierung
Ein Mitarbeiter der bautechnischen Abteilung des Bereiches »Kraftwerksbauten« hat als Teil seines Stellenziels, entsprechend den jeweiligen Projektrandbedingungen, alle Turbosatzfundament-Daten und -Unterlagen so zusammenzustellen, daß danach die Planung und Berechnung des Maschinenhauses möglich ist.

Zweiter Schritt: Definition der sich hieraus ergebenden Hauptaufgaben
Prüfen der vorläufigen Lastangaben und des Turbosatzfundament-Vorentwurfs auf Vollständigkeit bzw. Realisierbarkeit (durch Vergleich mit früheren Ausführungen),

Zeichnen eines Entwurfs mit allen Hauptabmessungen,

Durchführen der statischen und dynamischen Vorberechnung.

Nach Auflisten der Hauptaufgaben wird untersucht, ob diese

▷ ausreichend gegeneinander abgegrenzt sind (z. B. darf eine Hauptaufgabe nicht Unteraufgabe einer anderen Hauptaufgabe sein),

▷ vollständig erfaßt wurden und die z. Z. bearbeiteten Aufgaben beinhalten.

Für die Analyse wird aus dieser Aufstellung die wichtigste Hauptaufgabe ausgewählt und weiter untersucht. Dies deshalb, weil Verbesserungen beim Bewältigen der wichtigsten Hauptaufgabe meist den größten Erfolg bringen. Außerdem ist es zweckmäßiger, sich zu beschränken und einige wenige Verbesserungen tatsächlich zu erreichen, als sich durch viele Vorhaben zu verzetteln.

Bei der Auswahl der wichtigsten Hauptaufgaben kann man sich des Gedankenganges der ABC-Analyse bedienen; sie wird sowohl bei Dispositionsaufgaben innerhalb der Materialwirtschaft als auch bei Problemen der Fertigung angewendet (s. Anhang 2.5.2).

Dritter Schritt:
Festlegen der wichtigsten Hauptaufgabe
Durchführen der statischen und dynamischen Vorberechnung.

Diese Hauptaufgabe wird anschließend weiter untergliedert. Hierbei listet man der Reihe nach *alle* Teilaufgaben auf, die zur Erledigung der Hauptaufgabe ausgeführt werden müssen.

Vierter Schritt: Feingliederung anfertigen
Analyse des Systems und Aufbau eines Rechenmodells,

Iteratives Ermitteln der optimalen Anzahl und Anordnung von Federkörpern und Stützen,

Ermitteln der Auflagekräfte und Festlegen der Abmessungen der Unterkonstruktion,

Berechnen der Eigenfrequenzen und Eigenformen und – abhängig vom Ergebnis des Fundamententwurfs,

Ermitteln der Schnittlasten und vorläufiges Bemessen maßgebender Querschnitte.

Es ist wichtig, dabei kurze, aber ganze Sätze zu formulieren. Die Angabe von Schlagworten hierbei, z.B. »Eigenfrequenzen und Eigenformen«, ist sinnlos, da sie keine eindeutigen Aussagen über Aufgaben zulassen.

Auswertung der systematischen Analyse

Der jetzt vorliegende Aufgabenkatalog »*Ist*-Aufnahme« (Formblatt »Systematische Analyse«, Blätter 1 und 2, Seiten 38 und 39) stellt die Grundlage dar für folgende Untersuchungen:

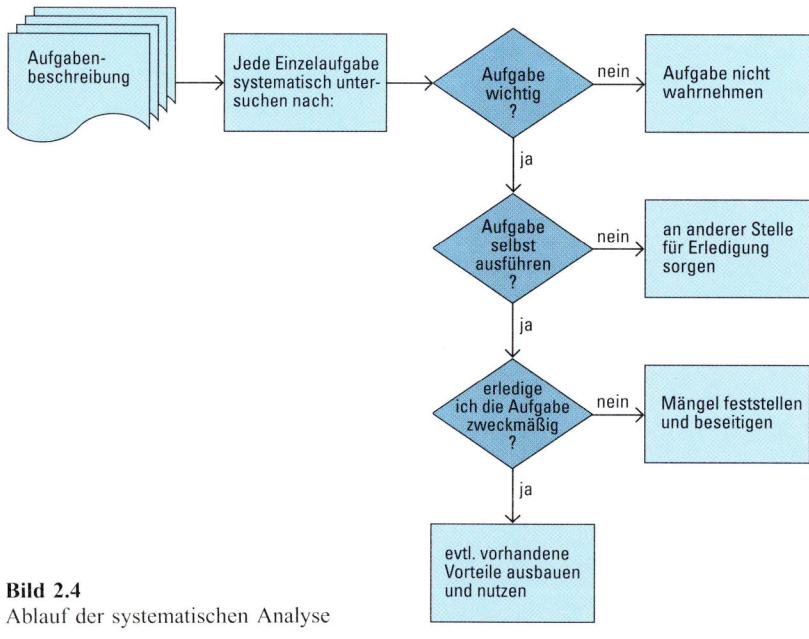

Bild 2.4
Ablauf der systematischen Analyse

▷ Nehme ich alle wichtigen Aufgaben wahr oder vernachlässige ich bedeutsame?

▷ Sind die Aufgaben wirklich wichtig und gehören sie in meinen Aufgabenbereich oder beschäftige ich mich mit nebensächlichen Dingen oder Aufgaben anderer Stellen?

▷ Welche Mängel oder Vorteile treten bei diesen Aufgaben hervor? Welche Konsequenzen entstehen hierdurch?

▷ Welche periodisch überprüfbaren Teilziele lassen sich ableiten, um – entsprechend den Konsequenzen – Maßnahmen zum Abbau der Mängel oder zum Ausbau der Vorteile zu ergreifen?

Hierbei kann nach entsprechendem Schema vorgegangen werden (Bild 2.4):

Die systematische Analyse wird ähnlich wie die Schnellanalyse ausgewertet (siehe auch Formblatt »Ergebnisprotokoll der systematischen Analyse«, Seite 37). Hierbei leitet man aus den erkannten Stärken oder Schwächen Aktionen zum weiteren Ausbau der Vorteile oder zum Beheben der Mängel ab (siehe Formblatt »Kontrolle zur Durchführung von Maßnahmen«, Seite 41).

2.2.3 Aufgabenprotokoll

Als weitere Methode zur Aufnahme des IST-Zustandes bei der eigenen Aufgabenbewältigung bietet sich das Aufgabenprotokoll an. Hierbei werden während eines bestimmten, stichprobenartig festgelegten Zeitraums – z.B. eine Woche – alle in Bearbeitung befindlichen Aufgaben oder Ereignisse und die hierfür benötigten Zeiten chronologisch festgehalten. Es ist wichtig, *alle* Aufgaben aufzuführen und dabei auch Störungen oder Unterbrechungen zu vermerken (siehe auch Formblatt »Aufgabenprotokoll«, Seite 40).

Für welche Tätigkeiten Mitarbeiter und Führungskräfte ihre Zeit verwenden, ersehen Sie aus den Bildern 2.5 und 2.6.

Beim Auswerten des Aufgabenprotokolls wird für jede bearbeitete Aufgabe festgestellt,

▷ ob und ggf. wie sich ihre Erledigung verbessern (z.B. rationalisieren) läßt,

▷ ob die hierfür eingesetzte Zeit zweckmäßig und im richtigen Verhältnis zur Bedeutung der Aufgabe steht,

▷ ob der Zeitpunkt ideal gewählt war.

17%	**Verwalten**	
	Planen	Arbeit am Terminal
	Berechnen	Präsentation erstellen
	Analysen	

25%	**Dokumenten-Erstellung**	
	Diktieren	Kopieren
	Schreiben	Korrekturlesen
	Zusammentragen	Textsystem benutzen

12%	**Kommunikation**	
	Telefonieren	Informelle Kommunikation
	Besprechen	Reisen

24%	**Informationsbeschaffung**
	Suchen/Abfragen
	Auswählen
	Warten
	Bewerten

22%	**Informations-Dokumentation**
	Sortieren
	Ablegen
	Verteilen von Post

Bild 2.5
Arbeitszeitverteilung bei Fach- und Servicekräften in Dienstleistungsunternehmen
(nach: Dr. Materna GmbH)

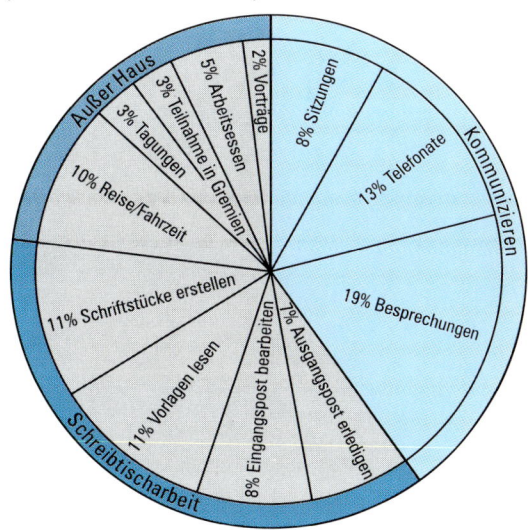

Bild 2.6
Wofür Manager ihre Arbeitszeit verwenden (nach: Müller-Böling, D./E. Klautke/I. Ramme: »Manager-Alltag«. In: Bilder der Wissenschaft 1989, S. 105)

2.3 Konsequenzen aus der Zielformulierung und Aufgabenanalyse

Mit Hilfe der Analyse eines *Ist*-Zustandes sollen die im Vergleich zum *Soll*-Zustand festgestellten Abweichungen behoben werden. Hierzu sind geeignete Maßnahmen zu planen und durchzuführen.

Beim Verwirklichen von Vorhaben, die unser Verhalten beeinflussen, geht es vor allem darum, die (meist schon seit längerer Zeit und wiederholt) beabsichtigten Maßnahmen tatsächlich zu realisieren und sich dabei zu kontrollieren. Hierbei müssen mitunter sehr starke persönliche Hindernisse überwunden werden. In der Praxis hat sich nachstehendes Vorgehen bewährt:

• Es werden nicht zu viele (z.B. fünf) wichtige Maßnahmen auf ein stets im Blickfeld befindliches Merkblatt notiert (siehe auch Formblatt »Kontrolliste zur Durchführung von Maßnahmen«, Seite 41). Bei der täglichen Aufgabenkontrolle wird dann kritisch festgestellt, ob diese Maßnahmen tatsächlich ergriffen wurden.

• Die Maßnahmen bleiben so lange auf der Kontrolliste notiert, bis deren regelmäßige Durchführung oder Berücksichtigung gewährleistet sind. Erst danach dürfen neue Maßnahmen in die Kontrolliste aufgenommen werden.

2.4 Zusammenfassung

Wie schon im Kapitel »Problematik selbständiger Arbeit« erläutert, müssen wir unseren Aufgabenbereich innerhalb gegebener Randbedingungen selbst ordnen (Selbstmanagement). Das vorliegende Kapitel »Zielformulierung und Aufgabenanalyse« vermittelt hierzu das Wichtigste.

Das Tätigwerden für eine Aufgabe darf erst beginnen, wenn beim Durchführenden die Ziel- und Zweckangaben mit den Randbedingungen so vollständig vorhanden sind, daß er den Weg auf ein klares Ziel mit konvergenten Zwecken einschlagen kann, sonst wird die Qualität des Ergebnisses zum puren Zufall.

Werden Stellen- und Aufgabenziele nicht oder nur unzureichend vorgegeben, dann müssen wir diese selbst formulieren und mit den Beteiligten durchsprechen. Den dafür investierten Zeitaufwand holen wir anschließend durch die zügige Aufgabenerledigung um ein Vielfaches wieder herein. Und umgekehrt: Werden Aufgaben delegiert, dann sind richtige Ergebnisse nur in dem Maße zu erwarten, wie die Aufgabenstellungen klar und eindeutig formuliert waren.

Die Schnellanalyse eignet sich dazu, spontan nach Mängeln im eigenen Aufgabenbereich zu forschen und Ansatzpunkte für Verbesserungen abzuleiten. Wir können entweder die eigene Person oder einzelne Aufgaben betrachten. Jedem werden auf Anhieb Mängel einfallen, die schon längst hätten behoben werden müssen. Etwa in Abständen von sechs Monaten sollte eine solche Untersuchung durchgeführt werden.

Die systematische Analyse bewährt sich immer dann, wenn Aufgabengebiete neu strukturiert, neue Aufgaben gestellt werden oder wenn der Eindruck entsteht, daß wir Aufgaben erledigen, die eigentlich nicht weiterhelfen. Einmal im Jahr sollte man sich dieser Mühe unterziehen. Ein guter Anlaß hierzu ist das nächste Planungsgespräch mit dem Vorgesetzten.

Und sollten wir der Meinung sein, daß wieder einmal X Sachen zur gleichen Zeit zu erledigen sind, festgelegte Erledigungstermine häufig überschritten oder wir durch Störungen bei der Arbeit laufend unterbrochen werden, dann ist es Zeit, ein Aufgabenprotokoll anzufertigen; es dient dazu, sich darüber Rechenschaft abzulegen, wie und für welche Aufgaben die Zeit verwendet wird.

2.5 Anhang

2.5.1 Beispiele Stellenziel

Beispiel 2
Ziel der Stelle im Referat »Personaleinsatz«

1. Zur Deckung des genehmigten Personalbedarfs sind Akquisitionswege festzulegen, Akquisitionsmaßnahmen durchzuführen und Bewerbergespräche zu führen. Dazu sind ständig Abstimmungen mit den betreffenden Abteilungen und dem Betriebsrat vorzunehmen. Als Basis gelten die Zahlen der Personalplanung.

2. Offene Stellen sind nach Abstimmung mit dem Betriebsrat intern auszuschreiben, um Mitarbeitern im Hause die Gelegenheit zu geben, sich beruflich zu verbessern.

3. Mitarbeiter und Vorgesetzte sind in arbeitsrechtlicher Hinsicht zu informieren und zu beraten, wenn Probleme und Fragen auftauchen. Dabei sind auch die hausinternen Richtlinien zu beachten, die eine Gleichbehandlung der Mitarbeiter im ganzen Hause gewährleisten sollen.

4. Im Zusammenhang mit der Beendigung von Arbeitsverhältnissen durch

– firmenseitige Kündigung,
– Kündigung des Mitarbeiters,
– Pensionierung/Frühpensionierung

sind die notwendigen rechtlichen und administrativen Maßnahmen durchzuführen. Bei der Frühpensionierung und Pensionierung sind Berechnungen erforderlich, die die wirtschaftliche Situation des Pensionärs und die Kosten der Maßnahme für die Firma verdeutlichen sollen. Vorgaben von der Kostenseite für das Geschäftsjahr sind zu beachten.

5. In Gesprächen mit dem Personalleiter sind Festlegungen zu treffen und Maßnahmen einzuleiten, die aufgrund einer neuen Rechtssituation oder aus einer besonderen wirtschaftlichen oder Personalsituation der Firma resultieren (Überstunden, Kurzarbeit, Personalabbau, Neueinstellungen in größerem Umfang). Dabei sind einzelne Maßnahmen mit der Firmenleitung und ggf. mit dem Betriebsrat vorher zu vereinbaren. Hierzu ist ein ständiges aktuelles Wissen über die Veränderung arbeitsrechtlicher und hausinterner Vorschriften sicherzustellen.

Bei allen Aufgaben müssen laufend die gesetzlichen und tariflichen Vorschriften und Richtlinien beachtet werden.

Beispiel 3
Ziel der Stelle eines Sachbearbeiters in der Hauptbuchhaltung

Die Hauptbuchhaltung, ein Teil der Geschäftsbuchhaltung, ist eingebunden in den Bereich Rechnungs-, Berichtswesen und Controlling.

Ziel der Stelle ist es,

1. laufend alle von der Kontierungsgruppe und den kaufmännischen Bearbeitern kontierten Belege abschließend zu prüfen und termingerecht entsprechend vorgegebenen Terminplänen zur Datenerfassung weiterzuleiten, um eine einheitliche Vorgehensweise (Gleichbehandlung der einzelnen Geschäftsvorfälle) zu gewährleisten und den gesetzlichen Bestimmungen bzgl. Jahresabschluß (HGB-Aktienrecht, Steuerrecht) sowie den entsprechenden internen Vorschriften (Berichtswesen) zu genügen.

2. die im Außenwirtschaftsgesetz vorgeschriebenen Meldungen an die Landeszentralbank für den Vertrieb zu koordinieren und termingerecht zu erstellen, um die gesetzlichen Anforderungen zu erfüllen. Dazu gehören auch die Erstellung von Rundschreiben, Formularen etc.

3. festgelegte Teile der Monats-, Quartals- und Geschäftsjahresabschlüsse gemäß dem HGB (Bilanzrichtliniengesetz), den Steuergesetzen und entsprechenden internen Richtlinien zu erstellen, um den gesetzlich vorgeschriebenen Pflichten zu genügen und um die Grundlage für unternehmerische Entscheidungen zu schaffen.

4. die Betreuung der durchlaufenden Auszubildenden für den Bereich Rechnungs-, Berichtswesen und Controlling in Zusammenarbeit mit der Abteilung Kaufmännische Ausbildung zu planen, zu koordinieren und, soweit erforderlich, die Ausbildung selbst durchzuführen. Grundlage hierfür sind die geltenden Richtlinien, z. B. die aktuellen Lernzielkataloge. Dazu gehören auch die Planung und Durchführung von Seminaren über das Rechnungswesen für kaufmännische Auszubildende.

2.5.2 ABC-Analyse

Grundlage der ABC-Analyse ist z. B. die Erkenntnis, daß eine relativ geringe Anzahl der Materialien, die in einer Fabrik benötigt werden, den größten Anteil am Gesamtmaterialwert ausmachen. Diese Materialien werden als A-Materialien bezeichnet. 20% der Materialarten stellen etwa 80% des Materialwertes dar. Die nächsten 30 bis 40% der Materialarten (B-Material) machen etwa 15% des Materialwertes aus und die restlichen 50% nur noch etwa 5%. Das Ziel der ABC-Analyse ist es, diejenigen Materialarten herauszufinden, die den größten Materialwert ausmachen und bei denen daher ein großer Planungs- und Kontrollaufwand gerechtfertigt ist. Dabei darf jedoch nicht der Gedankenfehler gemacht werden, daß C-Teile (»geringwertig«) planerisch vernachlässigt werden können. Auch das Fehlen von 2-Pfennig-Schrauben kann im Extremfall den Stillstand der Produktion bedeuten.

Den Gedankengang der ABC-Analyse können wir auch auf die Aufgabenanalyse übertragen. Wir kommen dann zu der Aussage, daß eine relativ geringe Anzahl von Aufgaben einen großen Aufgabenwert hat, d. h. einen großen Beitrag zum Erreichen unserer Ziele beisteuert.

In der folgenden Graphik (Bild 2.7) weisen z. B. 20% der Aufgaben einen Aufgabenwert von 70% auf. Diese Aufgaben sind die Hauptaufgaben, denen bei der systematischen Analyse unser Hauptaugenmerk gilt.

Beispiel

Angenommen wir stellen uns die Aufgabe, in unserem Verantwortungsbereich (5 Mitarbeiter) die Gemeinkosten zu senken. Aus zeitlichen Gründen können wir nicht alle Kostenfaktoren systematisch angehen. Wir wollen deshalb wissen, wo die Schwerpunkte liegen. Man verwendet dazu eine ABC-Analyse.

Eine Jahresstatistik (aufgelaufene Kosten) dient uns als Informationsquelle. In der dort vorgefundenen Reihenfolge werden Kostenart und -wert aufgelistet. Die durch das geraffte Beispiel schon jetzt sichtbare Transparenz dürfte in der Praxis allerdings nicht ohne weiteres gegeben sein.

Gemeinkosten-Übersicht

Lfd. Nr.	Kostenart	Wert (DM)
1	Reise	30 420
2	Telefon, Fax	5 980
3	Büromaterial	2 735
4	Miet- und Leasing	11 790
5	Materialtransport	1 710
6	Aus- und Weiterbildung (inkl. Ausfallzeit)	17 940
7	DV, Rechner	1 280
8	Kopier- und Vervielfältigung	3 590
9	Reinigung	2 135
10	Büroinstandhaltung	855
11	Literatur	585
12	Mitgliedsbeiträge	610
13	Repräsentation	430
14	Werbeartikel	425
15	Bewirtung	4 955
		85 440

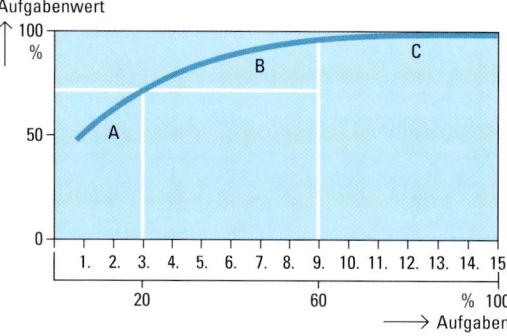

Bild 2.7   ABC-Analyse

Vorgehen

1. Zunächst ermitteln wir, wie groß der Prozentanteil jeder einzelnen Kostenart an der Gesamtsumme ist:

Lfd. Nr.	Kostenart	Wert (DM)	% der Gesamtsumme
1	Reise	30 420	35,6
2	Telefon, Fax	5 980	7,0
3	Büromaterial	2 735	3,2
4	Miet- und Leasing	11 790	13,8
5	Materialtransport	1 710	2,0
6	Aus- und Weiterbildung (inkl. Ausfallzeit)	17 940	21,0
7	DV, Rechner	1 280	1,5
8	Kopier- und Vervielfältigung	3 590	4,2
9	Reinigung	2 135	2,5
10	Büroinstandhaltung	855	1,0
11	Literatur	585	0,7
12	Mitgliedsbeiträge	610	0,7
13	Repräsentation	430	0,5
14	Werbeartikel	425	0,5
15	Bewirtung	4 955	5,8
		85 440	100,0

2. Als nächstes ordnen wir die Kosten nach der Größe ihrer %-Anteile in fallender Reihenfolge und addieren diese Prozentanteile auf:

Rangfolge	Lfd. Nr.	Kostenart	Wert (DM)	% der Gesamtsumme	Addition der %-Anteile
1	1	Reise	30 420	35,6	35,6
2	6	Aus- und Weiterbildg.	17 940	21,0	56,6
3	4	Miet- und Leasing	11 790	13,8	70,4
4	2	Telefon, Fax	5 980	7,0	77,4
5	15	Bewirtung	4 955	5,8	83,2
6	8	Kopier- und Vervielfältigung	3 590	4,2	87,4
7	3	Büromaterial	2 735	3,2	90,6
8	9	Reinigung	2 135	2,5	93,1
9	5	Materialtransport	1 710	2,0	95,1
10	7	DV, Rechner	1 280	1,5	96,6
11	10	Büroinstandhaltung	855	1,0	97,6
12	12	Mitgliedsbeiträge	610	0,7	98,3
13	11	Literatur	585	0,7	99,0
14	13	Repräsentation	430	0,5	99,5
15	14	Werbeartikel	425	0,5	100,0

3. Sodann tragen wir über jeder Kostenart den akkumulierten %-Anteil auf und verbinden diese Punkte zur ABC-Kurve (Bild 2.8):

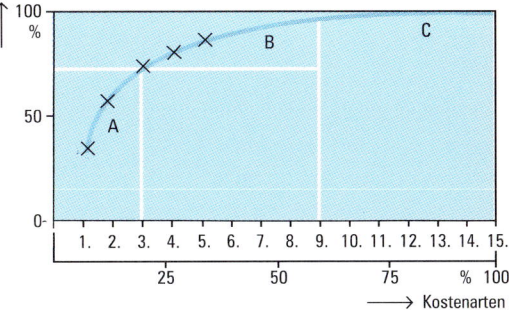

Bild 2.8
ABC-Analyse, Beispiel »Senken der Gemeinkosten«

Aus der ABC-Analyse ist zu erkennen, daß 20% der Kostenarten etwa 70% der Gesamtgemeinkosten ausmachen; im vorliegenden Fall würde es also genügen, wenn wir uns mit drei Kostenarten (Rangfolge 1 bis 3) intensiv befassen.

2.5.3 Fragenkatalog zur Schnellanalyse (s. 2.2.1)

ja | nein

Ziele und Aufgaben

Kenne ich mein Stellenziel?

Weiß ich, was mein Vorgesetzter von mir erwartet?

Sind meine Ziele mit meinem Vorgesetzten abgestimmt?

Kenne ich die zu meinem Arbeitsgebiet gehörenden routinemäßig wiederkehrenden Aufgaben?

Plane ich meine Aufgaben?

Habe ich jederzeit Überblick über die zur Bearbeitung anstehenden Aufgaben?

Kenne ich die Dringlichkeit und Wichtigkeit meiner Aufgaben?

Setze ich Prioritäten?

Erledige ich meine Aufgaben rechtzeitig?

Muß ich von anderen Stellen an die Erledigung von Aufgaben erinnert werden?

Schiebe ich Aufgaben vor mir her?

Greife ich Aufgaben selbständig auf?

Erledige ich meine Aufgaben vollständig?

Erhalte ich oft Rückfragen oder Reklamationen?

Kenntnisse

Beherrsche ich alle Wissensgebiete, die derzeit für meine Aufgaben wichtig sind?

Kann ich Fachgesprächen anderer im allgemeinen folgen?

Verfolge ich die einschlägigen Fachpublikationen?

Besuche ich Weiterbildungsseminare?

Zusammenarbeit

Arbeite ich mit meinen Vorgesetzten, Kollegen und unterstellten Mitarbeitern gut zusammen?

Gibt es bei der Zusammenarbeit oft Mißverständnisse?

ja | nein

Überschneiden sich meine Aufgaben mit denen anderer Stellen?

Bleiben wegen mangelnder Aufgabenabgrenzungen Arbeiten oft liegen?

Werden meine Leistungen oft kritisiert?

Information

Informiere ich von mir aus, regelmäßig und rechtzeitig?

Informiere ich umfassend und sachdienlich?

Informiere ich bewußt, um die Zusammenarbeit zu fördern?

Erhalte ich Klagen darüber, daß ich andere Stellen unzureichend informiere?

Zustand des Arbeitsplatzes und Einsatz von Hilfsmitteln

Ist mein Arbeitsplatz zweckmäßig eingerichtet?

Ermöglicht er das rationelle Bewältigen meiner Aufgaben?

Gestattet die Ordnung meines Arbeitsplatzes jederzeit einen Überblick über alle zu bearbeitenden Aufgaben?

Verfüge ich über die für meine Arbeit erforderlichen Hilfsmittel?

Ermöglicht die Ordnung meines Arbeitsplatzes einen raschen Zugriff auf alle erforderlichen Hilfsmittel?

Reicht die Anzahl der Hilfsmittel aus?

Ist der Zustand der Hilfsmittel einwandfrei?

Einsatz elektronischer Hilfsmittel (EH)

Erledige ich Arbeiten manuell, die mittels EH rationeller erledigt werden könnten (z. B. das Erstellen von Berichten, Folien, Terminlisten, ggf. eine Ablageverwaltung etc.)?

Kann ich beurteilen, welche meiner Aufgaben ich mit Hilfe von EH besser erledigen könnte?

	ja	nein

Benutze ich beim Telefonieren elektronische Hilfen (z. B. Rufnummernspeicher, automatische Wahlwiederholung und Gesprächsumleitung, ggf. Anrufbeantworter etc.)?

Nutze ich die Möglichkeiten, die mein PC bzw. Schreibautomat bietet, weitgehendst aus?

Habe ich entsprechend der Dringlichkeit auch einen raschen Zugriff auf meine EH?

Habe ich am PC unnötigerweise Eigenprogrammierungen durchgeführt bzw. habe ich deren Aufwand unterschätzt?

Werden meine Dateien auch von anderen Stellen benötigt und haben diese einen direkten Zugriff darauf?

Habe ich verbotenerweise private Programme im Einsatz?

Habe ich Dateien, die dem Datenschutz unterliegen (z. B. solche mit personenbezogenen Angaben), dem Datenschutzbeauftragten gemeldet?

Zustand der Arbeitsunterlagen

Verfüge ich über alle laufend benötigten Unterlagen mit neuestem Stand?

Erhalte ich für meine Aufgaben alle erforderlichen Informationen?

Muß ich zu viel Zeit aufwenden, um die für meine Aufgaben notwendigen Informationen zu beschaffen?

Ist meine Ablage auf dem neuesten Stand?

Finde ich in der Ablage alle erforderlichen Unterlagen ohne wesentlichen Zeitaufwand wieder?

Delegation

Mache ich Dinge, die andere tun könnten?

Überschätze ich meine eigenen Möglichkeiten?

Delegiere ich erst, wenn es anders nicht mehr geht?

Habe ich Lieblingsbeschäftigungen, an denen ich hänge?

	ja	nein

Überschätze ich Bedeutung und Schwierigkeitsgrad von Aufgaben?

Muß ich an Besprechungen selbst teilnehmen?

Entscheidungsfindung

Treffe ich Entscheidungen rechtzeitig?

Kenne ich die Ziele anstehender Entscheidungen?

Habe ich alle erforderlichen Informationen für die Entscheidungsvorbereitung?

Werden mehrere Alternativen betrachtet?

Bin ich auf Risiken bei der Realisierung getroffener Entscheidungen vorausschauend vorbereitet?

Kreativität

Werden bei der Aufgabenbewältigung neue Lösungen gefordert?

Werden von mir Verbesserungsvorschläge erwartet?

Nehme ich gern an kreativen Problemlösungssitzungen teil?

Kann ich schnell gewohnte »Denkwege« verlassen?

Überwindung unvorhergesehener Schwierigkeiten

Gelingt es mir im allgemeinen, mit plötzlich auftauchenden Schwierigkeiten technischer, wirtschaftlicher oder menschlicher Art fertigzuwerden?

Weiteres Vorgehen:

Siehe hierzu
2.2.1 »Auswertung der Schnellanalyse«, Seite 27 ff

2.3 »Konsequenzen aus der Zielformulierung und Aufgabenanalyse«, Seite 30

2.5 »Ergebnisprotokoll der Schnellanalyse«, Seite 37

2.5 »Kontrolliste zur Durchführung von Maßnahmen«, Seite 41

Schnellanalyse   Datum:

Fragen zum persönlichen Aufgabenbereich und Arbeitsverhalten	Ja	nein

siehe hierzu 2.2.1 Schnellanalyse, Seite 26 ff. und Fragenkatalog, Seite 34 ff.

Ergebnisprotokoll der Schnellanalyse/systematischen Analyse

Datum:

Vorteile, Stärken	Bemerkungen (z. B. ob Weiterentwicklung sinnvoll)	Nachteile, Mängel	Bemerkungen (z. B. über Ursachen und Abhilfemaßnahmen)

siehe hierzu 2.2.1, Auswertung der Schnellanalyse, Seite 27

Systematische Analyse   Datum:

Blatt 1

Ziel der Stelle	

Aufgabenbeschreibung (Hauptaufgaben)	Prozentverteilung bzw. Priorität

siehe hierzu 2.2.2, erster und zweiter Schritt, Seite 27

Systematische Analyse   Datum:

Blatt 2

Aufgabenbeschreibung	
Hauptaufgabe	
Einzelaufgaben	Bemerkungen (z. B. zur Aufgabenerledigung)

siehe hierzu 2.2.2, dritter und vierter Schritt, Seite 28

Aufgabenprotokoll   Datum:

Uhrzeit (von–bis)	Tätigkeiten (auch besondere Ereignisse, Störungen)	Bemerkungen (z. B. Verbesserungsmöglichkeiten)

siehe 2.2.3, Aufgabenprotokoll, Seite 29

Datum:

Kontrollliste zur Durchführung von Maßnahmen

Vorhaben, Maßnahmen	1. Woche						2. Woche						3. Woche					
	Mo	Di	Mi	Do	Fr		Mo	Di	Mi	Do	Fr		Mo	Di	Mi	Do	Fr	

siehe 2.3, Konsequenzen aus der Zielformulierung und Aufgabenanalyse, Seite 30

41

3 Projekt- und Aufgabenplanung

Wir haben Aufgaben unterschiedlicher Art und Dauer zu bearbeiten. Bei einigen beginnen wir sogleich mit der Ausführung, ohne daß wir uns vorher noch irgend welche Gedanken über den möglichen Verlauf machen. Wir kennen diese Art von Aufgaben und greifen deshalb auf unsere Erfahrungen zurück. Wir meinen also, die für jede zweckbestimmte Ausführung erforderliche Vorbereitung, nämlich das Planen, schon bei früheren vergleichbaren Aufgaben ausreichend geleistet zu haben und dieses gelernte Planungsergebnis routinemäßig auch diesmal wieder anwenden zu können: Wir wissen, wie es geht.

Aber dann stellen wir immer wieder fest, daß die Ausführung der Aufgabe doch anders verläuft, als wir es erwartet haben. So ähnlich die Aufgabe einer anderen bereits ausgeführten auch sein mag, von dieser Ähnlichkeit allein hängt der Verlauf der Aufgabenerfüllung nicht ab. Immer wieder kommen fallspezifische Besonderheiten hinzu. Und bei näherem Überprüfen des beabsichtigten Vorgehens hätten wir für den vorliegenden Fall die richtige Ausführung mit den dazugehörenden Maßnahmen in der richtigen Reihenfolge durchaus konzipieren können. Auch bekannte Arbeitsgänge bedürfen also immer wieder der Prüfung, ob sie noch richtig, rationell und produktiv sind.

Zwar eher selbstverständlich – aber deshalb noch nicht öfter – sehen wir die Notwendigkeit zur »gründlichen« Planung, wenn wir vor neuen oder komplexen Aufgaben stehen. Auch hier unterliegen wir dem Druck des schnellen Handelns und überspringen den doch so notwendigen Schritt des Planens.

An dieser Stelle wollen wir uns mit dem systematischen Planen von Aufgaben befassen. Hierzu werden wir

▷ erkennen, daß systematisches Planen Voraussetzung für das rationelle Bearbeiten von Aufgaben und Projekten ist,

▷ uns Klarheit darüber verschaffen, welche Teilfunktion unsere Aufgabe in einem arbeitsteiligen Prozeß erfüllt,

▷ Bestandteile und Begriffe des Planungsprozesses kennenlernen,

▷ Planungstechniken erlernen und diese anwenden können.

3.1 Planen: Notwendigkeit und Widerstände

In einem arbeitsteiligen System erfordert die zunehmende Spezialisierung, daß die Aufgaben in viele Einzelvorgänge zerlegt und miteinander wieder verknüpft werden müssen, was sehr schnell unüberschaubar werden kann, wenn die Einzelvorgänge neben- und nacheinander liegen und auf vielfache Weise voneinander abhängig sind.

Durch die Planung legen wir in einer zielorientierten Vorschau das Verfahren für den Ablauf einer Aufgabenerfüllung und der dazu erforderlichen Tätigkeiten, Kapazitäten, Kosten und Termine fest. Hieraus sollen Aktionen vorbereitet werden; auch Vorkehrungen für das Überwinden eventuell auftretender Hindernisse sind mit einzubeziehen (…was ist zu tun, wenn…?).

Planung ist also die Voraussetzung für die Steuerung von Arbeitsabläufen. Denn bevor man steuern kann, muß man wissen, wohin. Erst aufgrund von Planungsergebnissen lassen sich nämlich beim Steuern über Soll/Ist-Vergleiche Abweichungen erkennen und korrigierende Maßnahmen einleiten.

Planung ist die gedankliche Vorwegnahme des Realisierens von Vorhaben!

Es ist falsch, anzunehmen, daß Planung nur bei größeren Aufgaben erforderlich ist. Auch für die typischen alltäglichen Aufgaben ist Planung unerläßlich, wie uns die nachstehende Aufzeichnung zeigt:

Für Donnerstag habe ich das Schreiben des Berichts an die Projektleitung über die Planungsänderung FZ ... eingeplant. Während ich den Bericht ausarbeite, stelle ich fest, daß eine Änderungszeichnung noch nicht vorliegt. (Ich hatte versäumt, diese Zulieferung zu veranlassen.) Ein Gespräch mit dem Konstrukteur bewirkt die Zusage, daß die Zeichnung am Nachmittag zugeleitet wird. Ich unterbreche diese Arbeit. Am Nachmittag trifft die Zeichnung ein; es fehlt jedoch die Kostenschätzung. (In meinem Auftrag an den Konstrukteur hatte ich unterstellt, daß sie mitgeliefert wird; dies aber nicht ausdrücklich verlangt.) Meine Nachfrage beim Konstrukteur ergibt, daß dieser hierfür nicht zuständig ist und ich mich an den Kalkulator wenden sollte. Da ich diesen nicht erreichen kann, muß ich die Ausarbeitung des Berichtes verschieben. Am Abend mache ich mir Gedanken darüber, was ich meinem Chef morgen sagen soll, wenn ich den zugesagten Termin für den Bericht nicht einhalten kann.

Die Verrichtung von Aufgaben ist sicher nicht allein aufgrund von Erfahrungen möglich. Ergebnisse, die ausschließlich aus intuitivem und improvisiertem Vorgehen zustande kommen, sind im allgemeinen Zufallsergebnisse. Wenn wir solche Zufälligkeit nicht wünschen, müssen wir *vor* das Handeln das Planen setzen!

Innere und äußere Widerstände tragen dazu bei, daß nicht oder nur ungenügend geplant wird.

Mögliche Gründe hierfür können sein:

▷ Wir sind »überlastet«; Planen bzw. Nachdenken ist so zeitraubend, daß wir wünschen, zur »Arbeit« zurückzukehren.

▷ Denken scheint nicht produktiv zu sein; wir werden an unseren Ergebnissen gemessen, und Planung bedeutet nur Vorbereitung der Ergebnisse.

▷ Wir sind ungeduldig, weil wir sofort Ergebnisse sehen wollen.

▷ Es fehlt uns an Phantasie und Ideen für den »Zukunftsentwurf«.

▷ Wir gewöhnen uns an Vorgänge und Wiederholungen, ohne zu überlegen, daß sich Voraussetzungen geändert haben könnten.

▷ Wir haben eine Aversion gegenüber zusätzlichem Papierkram.

▷ Wir messen der Planung nicht den hohen Stellenwert bei, den sie hat.

Für erfolgreiche Aufgabenerledigung müssen wir diese Widerstände überbrücken oder ausschalten. Die Kenntnissse über Methoden und Techniken der Planung helfen uns dabei.

3.2 Aufgaben, betriebswirtschaftlich betrachtet

Bevor wir »Aufgaben planen«, wollen wir uns einmal ansehen, was unter »Aufgaben« aus betriebswirtschaftlicher Sicht[1] zu verstehen ist.

Schon der kleinste Betrieb erfordert zum Erreichen seines Unternehmensziels eine zweckorientierte Arbeitsteilung, was betriebswirtschaftlich als die Aufteilung des Arbeitssystems in Aufgaben beschrieben wird. Die sich hieraus ergebenden »Teilfunktionen« bezeichnen wir allgemein als »Stellen«.

Diese Stellen beinhalten nicht immer nur prozeßbedingte Aufgaben, also Aufgaben, die *direkt* für die Zweckerreichung erforderlich sind, wie Produzieren, Verkaufen, usw., sondern auch Aufgaben mit übergeordneten betriebswirtschaftlichen und organisatorischen Funktionen, wie Leiten, Planen, Kontrollieren, Buchführen. Diese Funktionen wirken unterschiedlich im Arbeitsprozeß mit. Sie stehen in einer bestimmten Beziehung zueinander.

Aufgabe als »Teilfunktion« in einem arbeitsteiligen System (Aufbauorganisation)

Wir erhalten durch eine Aufgabenanalyse des Betriebs ein Bild über die Zerlegung der Gesamtaufgabe des Betriebs (Ergebnis ist z. B. ein Organisations- oder ein Geschäftsverteilungsplan) und durch die Aufgabensynthese die »Stellen«, in denen die Einzelaufgaben zusammengefaßt sind (Stellenbeschreibungen). Die in einer Stelle zusammengefaßten Funktionen ergeben ein neues Arbeits(sub)system, quasi auf der Arbeitsplatzebene (siehe Bild 3.1).

---

[1] Wöhe, G., Einführung in die Allgemeine Betriebswirtschaftslehre, 19. Aufl., München

Die Zerlegung des Arbeitssystems in Aufgaben und Funktionen erfordert, daß sich das gesamte betriebliche Geschehen in einer bestimmten Ordnung bzw. nach bestimmten Regeln vollziehen muß. Der Ordnungsrahmen wird geprägt durch die Aufgabenstellung und sich daraus ergebende Beziehungszusammenhänge zwischen den unterschiedlichen betriebswirtschaftlichen Funktionssystemen. Durch dieses *Aufgabengefüge* wird nun sichtbar, welche Stellen mit welchen Aufgaben betraut werden und nach welchen Kriterien diese Aufgabenzuordnung vorgenommen wurde (sachlich, formal, räumlich, zeitlich, personell).

Die verschiedenen Systeme übernehmen folgende Funktionen:

Das *Arbeitssystem* hat die eigentliche Aufgabenerfüllung, also die zweckbezogene Verrichtung am Arbeitsobjekt zum Inhalt.

Das *Kommunikationssystem* zeigt die Beziehungen zwischen den einzelnen Stellen im Sinne des Austauschs von Nachrichten.

Das *Leitungssystem* bildet die Beziehungen der einzelnen Stellen unter dem Gesichtspunkt der Weisungen ab (Rangordnung).

Stellt man alle Aufgaben, die der betrieblichen Planung dienen, zusammen, so erhält man das *Planungssystem*.

Im *Kontrollsystem* wird die Gesamtheit aller in den Arbeitsabläufen eingebauten Kontrollen abgebildet.

Wie der betriebliche Alltag zeigt, wird uns die Komplexität des Aufgabengefüges nur selten bewußt. Sie birgt aber erhebliches Problempotential in sich, welches sich täglich auf die Aufgabenplanung und -erfüllung und damit auf die Qualität unserer Arbeit auswirken kann. Für die Organisation unserer Arbeit bedeutet dies, daß wir insbesondere bei der Ablauforganisation die Zuständigkeiten sowie Art und Umfang der Beziehungen erkennen und berücksichtigen müssen.

Der Arbeitsablauf (Ablauforganisation)

Arbeitsaufgaben werden dadurch erfüllt, daß Arbeitsabläufe vollzogen werden. Es genügt dabei keinesfalls, Aufgaben zu formulieren und sie bestimmten Aufgabenträgern zu übertragen, ihnen einige Hinweise für die Erfüllung zu geben, ihnen einen Arbeitsplatz zuzuweisen und dann zu hoffen, es wird sich schon ein Ablauf »einspielen«. Betriebliche Ziele bestehen nämlich auch darin, daß Aufgaben möglichst reibungsfrei, d.h. ohne größere Störungen, in möglichst kurzer Zeit und mit möglichst geringem Mittelaufwand erfüllt werden. Die Organisation der Abläufe ist deshalb unerläßlich.

Theoretisch betrachtet liefert das Aufgabengefüge, also die Aufbauorganisation, die Vorgaben für die Gestaltung des Arbeitsprozesses (Ablauforganisation). Diese Vorgehensweise wird den

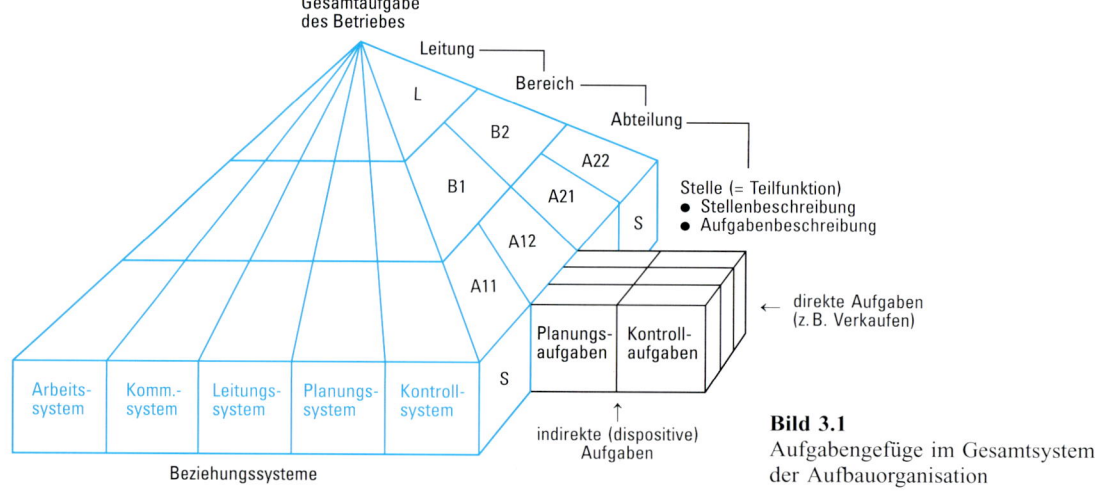

Bild 3.1
Aufgabengefüge im Gesamtsystem der Aufbauorganisation

44

Gegebenheiten in der Praxis nicht immer gerecht. Beim Arbeitsablauf unterscheiden wir

- die Ordnung des Arbeitsinhaltes (was und wie?)
- die Ordnung der Arbeitszeit (wann?)
- die Ordnung des Arbeitsraumes (wo?)
- die Arbeitszuordnung (wer?)

Die *Ordnung des Arbeitsinhalts* unterscheidet nach *Arbeitsobjekten* (Arbeitsprodukte) und *Verrichtungen*. Es muß deshalb festgelegt werden

- der Zweck des Arbeitssystems (z. B. Berechnung der Strömungsgeschwindigkeit in einem Rohrsystem zur Bestimmung von Rohrleitungsquerschnitten),
- die Arbeitsstruktur; sie zeigt die Vorgangsfolge und die Verbindungswege.

In allen Fällen, in denen sich aus der Aufgabenstellung die dazu notwendige Verrichtung nicht eindeutig ergibt, müssen wir im Rahmen der Aufgabenplanung festlegen, welche Verrichtung zur Erfüllung der Aufgabe vorzunehmen ist.

Die *Ordnung der Arbeitszeit* bestimmt zunächst, abgeleitet aus der Aufgabenanalyse, in welcher Zeitfolge die einzelnen Teilaufgaben verrichtet werden. Auch hier finden wir in der Praxis meistens nur Grobstrukturen vor, die sich aus gewissen Zwangsläufigkeiten ergeben. So ist z. B. klar, daß eine Endmontage nicht vor der Fertigung der Einzelteile möglich ist. Aber ob man Rohlinge erst fräst und dann bohrt und ob man für einzelne Bauteile eine Zwischenmontage vorsieht, ist Gegenstand unserer Aufgabenplanung. Hierin haben wir auch die Zeitdauer, die ja ebenfalls wesentlicher Kostenfaktor ist, für die Verrichtung festzulegen. Die höchste Stufe in der Ordnung der Arbeitszeit erreichen wir, wenn wir nach der Reihenfolge und der Zeitdauer der Arbeitsschritte die Zeitpunkte für Beginn und Ende der Verrichtung festlegen.

Im Rahmen der Ablauforganisation muß weiter die *räumliche Zuordung* der Aufgabenverrichtung bestimmt werden. Auch wenn es so scheint, als ob dieses Merkmal zunächst eine untergeordnete Bedeutung besitzt, so nimmt die räumliche Anordnung der einzelnen Stellen für die Erreichung einer größtmöglichen Wirtschaftlichkeit zunehmend an Bedeutung (z. B. eigenes Lager oder Lager beim Zulieferer, siehe »just in time«).

Die *Zuordnung der Teilaufgaben zu Stellen* ist bei ausführenden Arbeiten meist festgelegt, d. h. die einzelnen Verrichtungen sind nicht nur den hierfür bestimmten Stellen, sondern oft auch den in den Stellen beschäftigten Personen (Mitarbeitern) zugeordnet. Bei dispositiven Aufgaben und neuen Aufgaben wird die Zuordnung im Rahmen der Aufgabenplanung vorzunehmen sein. Dieser Gestaltungsraum nimmt in der Hierarchie der Leitungsebenen nach oben zu.

Wir erkennen deutlich, daß bei Berücksichtigung der Ordnungskriterien eine – allein aus der Aufbauorganisation und dem hieraus resultierenden Aufgabengefüge – entwickelte Ablauforganisation nicht automatisch paßt.

Die Gestaltung von Arbeitsprozessen ist eine ablauforganisatorische Aufgabe, an der sich auch die Aufbauorganisation orientieren muß. Die hieraus notwendig werdenden wechselseitigen Beziehungen führen in der Praxis dazu, daß es zweckmäßiger ist, erst die Arbeitsabläufe zu strukturieren und hinterher die Stellen der Verrichtung festzulegen oder diese, bei bereits vorhandener Aufbauorganisation, neu festzulegen.

Die Ablauforganisation regelt im allgemeinen die Grundlast der Aufgaben im Gesamtablauf des Betriebs als kontinuierliche, sich wiederholende Funktionen. Dies erfordert zusätzlich zu den organisatorischen Leistungen der einzelnen Stellen eine zentrale Organisationsleistung, die jeden Einzelablauf in den Gesamtablauf des Betriebs einfügt. Je nach Betriebsgröße gibt es dafür den »hauptamtlichen Organisator«, oder die Aufgabe wird von der Betriebsleitung übernommen.

So wir nicht hauptamtlich organisieren, arbeiten wir für die Realisierung und Aufrechterhaltung der Ablauforganisation dem hauptamtlichen Organisator als »Fachpartner« zu. Aber auch wir sind als Organisator gefordert, wenn es ausschließlich um die Organisation unserer Aufgaben an unserem Arbeitsplatz geht oder wenn uns einzelne Aufgaben oder Projekte zur Planung übertragen werden.

Darüber hinaus muß berücksichtigt sein, daß zur Gruppe der Grundlastaufgaben immer wieder auch Einzel- und Sonderaufgaben kommen werden, für die so viel Ablaufkapazität vorgesehen sein muß, daß ihr Abarbeiten im Ernstfall die Ablauforganisation nicht beschädigt oder zerstört.

3.3 Arbeitsplatzbezogene Aufgaben- planung

Der Arbeitsplatz ist ein örtlich fester oder ein örtlich wechselnder Bereich, in dem wir die vorgegebenen Aufgaben erledigen. Er ist damit – egal, wie flexibel er ist – der physische Bereich der Aufgabenverrichtung, während es sich bei der Stelle um die organisatorische Einheit (OE) innerhalb der Aufbauorganisation handelt[1].

Die Menschen, denen Aufgaben zur Verrichtung übertragen werden, sind somit einzelne oder zu Gruppen zusammengefaßte »Aufgabenträger«. Mit der Aufgabe muß auch die notwendige Kompetenz und Verantwortung übertragen werden. Nachfolgend betrachten wir unseren Arbeitsplatz als *Büroarbeitsplatz*. Hinsichtlich der physiologischen (Arbeitszeit, Umgebung), der physischen (Arbeitsmittel) und der informationstechnischen Gestaltung wird auf die Kapitel 4, 5 und 8 verwiesen.

Büroarbeitsplätze sind im allgemeinen von zwei Merkmalen charakterisiert:

---

[1] Deckert, K., Organisationen organisieren, Bonn/Erfurt 1991, S. 143

▷ Sie stellen soziotechnische Systeme dar, d. h. Systeme, in denen Menschen (als Aufgabenträger) und (technische) Arbeitsmittel zielgerecht zusammenwirken.

▷ Die Handlungen der Mitarbeiter (Bürotätige) beziehen sich im wesentlichen auf das Verarbeiten von Informationen.

Als Bürotätige haben wir die Aufgabe, unsere Aufgabenerfüllungen zu managen und auch dieses Management zu organisieren (Bild 3.2).

Die arbeitsplatzbezogene Aufgabenplanung unterstützt die Managementfunktion »Planen« und hat zum Inhalt, die Gesamtheit unserer Aufgaben am Arbeitsplatz als veranwortliches und selbständiges Arbeitssystem zu disponieren.

Für diese Disposition benötigen wir zunächst eine Übersicht über unsere Aufgaben. Wir erhalten sie aus unserer Stellenbeschreibung und aus einer systematischen Aufgabenanalyse, wie sie im Kapitel 2 beschrieben wird. Hier finden wir bereits eine Einteilung der Aufgaben in Haupt- und Nebenaufgaben.

Bei den Hauptaufgaben handelt es sich um den Bereich an Aufgaben, um derentwillen es den Ar-

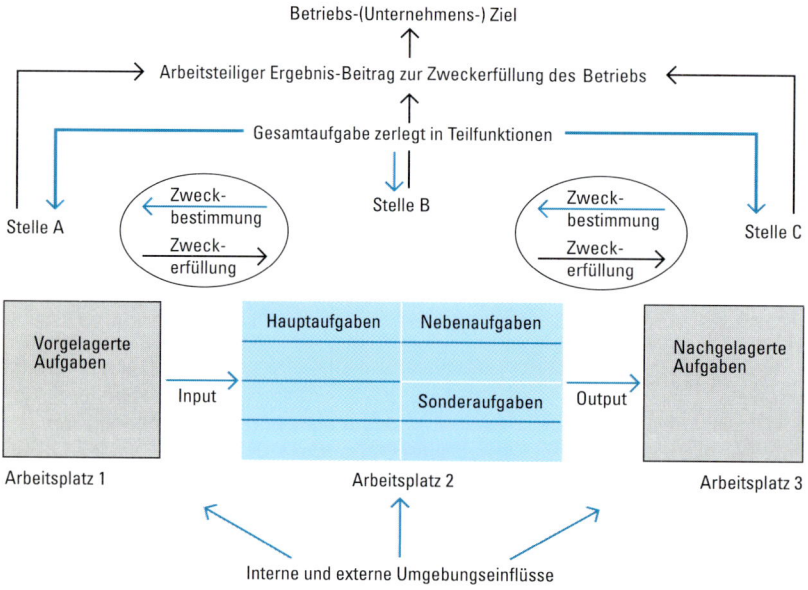

Bild 3.2 Unser Arbeitsplatz als soziotechnisches Arbeitssystem

beitsplatz gibt. Es sind dies – zur Unterscheidung zu Neben- und Sonderaufgaben – sogenannte Zielaufgaben, also Aufgaben, die sich unmittelbar an der Erreichung unseres Stellenziels orientieren.

Neben diesen Zielaufgaben fallen Nebenaufgaben an, die sich aus unserer organisatorischen Funktion (siehe Beziehungsgefüge) ergeben. Diese Aufgaben müssen wir erledigen, weil wir nicht »Allein«-arbeiter sondern »Mit«-arbeiter sind. Im Gegensatz zu Sonderaufgaben tragen die Ergebnisse der Nebenaufgaben aber indirekt zur Zielerreichung unserer Stelle bei. Nebenaufgaben können entweder als Einzelaufgaben oder auch durch Zusammenwirken mit Hauptaufgaben anfallen (siehe Aufgabenmatrix Bild 3.3).

Der Anteil an Haupt- und Nebenaufgaben wird entscheidend davon geprägt, ob die Stelle mehr ausführenden (operativen) oder mehr dispositiven (funktionalen) Charakter hat. Auch kann durch Vorgaben aus der Gesamtorganisation des Betriebes eine in der Matrix als Nebenaufgabe dargestellte Aufgabe zur Hauptaufgabe werden, z.B. Aufgaben eines Geschäftsführers, Organisators oder Revisors. Dies wirkt sich beispielsweise beim Mitarbeiter einer Organisationsabteilung, was die Organisationsaufgabe betrifft, in zwei Richtungen aus: Er hat dann zum einen »Organisieren für andere« als Hauptaufgabe und davon unabhängig als Nebenaufgabe »Organisieren des eigenen Arbeitsplatzes« (Routinebesprechungen, Postbearbeitung, Urlaubsmeldung usw.).

Für unsere arbeitsplatzbezogene Aufgabenplanung erstellen wir eine Übersicht über alle in einem bestimmten Zeitraum anfallenden Aufgaben. Hieraus soll ersichtlich werden,

– welche Aufgaben (unterteilt in Haupt-, Neben- und Sonderaufgaben) innerhalb dieses Zeitraums auftreten,

– welcher Zeitaufwand benötigt wird,

– wie die Bearbeitungsfolge (Arbeitsstruktur) ist,

– welche Aufgaben mit besonderen Prioritäten zu versehen sind,

– welche Input- und Outputinformationen vorliegen,

– welche Arbeitsmittel benötigt werden und verfügbar sind,

welche internen und externen Einflußgrößen bestehen bzw. auftreten können,

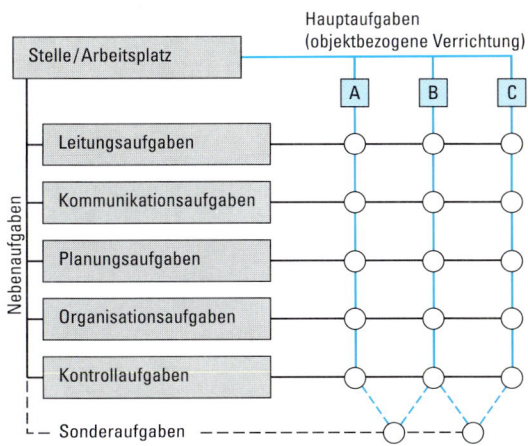

Bild 3.3
Matrix von Haupt- und Nebenaufgaben am Arbeitsplatz

– welche Beziehung die Aufgaben untereinander und/oder zu anderen Stellen haben.

Die so erstellte Übersicht wird umgesetzt in einen Arbeitsplan (s. Bild 3.4), an dem sich Detailpläne für das persönliche Zeitmanagement (siehe Kapitel 4) oder einzelne Aufgaben- bzw. Projektpläne orientieren.

Aufgabenübersicht (to-do-list) Techn. Bereich: E-Motoren Inland Angebotsabt.	für Monat *Febr. 1998* Stelleninhaber *E. Lektro*						**Bild 3.4** Beispiel einer Aufgabenübersicht

Aufgaben	Kommt von (input)	Auf-wand/ im Zeitraum	Ergebnis an (output)	Termin	Bearbei-tungs-folge	Bemerkungen zur Arbeitsstruktur, -mittel und Einflüsse
Hauptaufgaben:						
Angebote erstellen	*Kunde*	*8 MT*	*über NL an Kunde*	*15. 2.*	①	*Bearbeitung nach Standard-Ablaufplan* *Achtung: neue Vertriebs-broschüren*
Marketing-Strategie entwickeln	*TL*	*3 MT*	*TL*	*21. 2.*	②	*Verkaufsberichte rechtzeitig anfordern*
Nebenaufgaben:						
Kalkulationsschema auf Excel entwickeln	*selbst*	*3 MT*	*selbst*	*15. 2.*	④	*vorher Seminar besuchen*
Sonstiges		*3MT*		*20. 2.*	⑤	
Sonderaufgabe:						
Ausbildungsbetreuung	*PA*	*2 MT*	*Azubi*	—	*ständig*	
Belegungs- und Umzugs-planung für Umzug der Außenstelle in Erweiterungs-bau des Hauptgebäudes	*TL*	*?*	*TL/AL/ Beteiligte/*	*28. 2.*	③	*Projektplan erstellen* *Planung bis 15. 03. 98 vorlegen und abstimmen* *Umzug soll am 15. 06. 98 beendet sein.*

3.4 Planung von einzelnen Aufgaben und Projekten

Im nachstehenden betrachten wir nicht das »Managen unserer gesamten Aufgaben am Arbeitsplatz« sondern das »Managen einer Aufgabe«. Haben wir bei gemeinsamer Zielsetzung mehrere Aufgaben zu planen und zu realisieren, bei der eine große Komplexität darin besteht, daß Schnittstellen zwischen verschiedenen Fachdisziplinen koordiniert werden müssen, dann sprechen wir anstelle von Aufgaben auch von Projekten. Weitere Merkmale von Projekten sind:

- Einmaligkeit der Bedingungen,
- hoher Innovationsgrad,
- spezielle organisatorische Probleme,
- spezielle Personalproblematik,
- Bedarf an interdisziplinärem Know-how,
- überdurchschnittliches Risiko des Fehlschlags,
- begrenzte Mittel zeitlicher, finanzieller oder anderer Art.

Ein Projekt ist also ein in seiner speziellen Ausprägung einmaliger Ablauf zur Lösung einer definierten Aufgabe mit einem definierten Umfang und einem durch die Zielerreichung sachlich definierten Abschluß. Die hierfür erforderlichen Arbeitstechniken und Methoden finden wir sowohl in der Methodenlehre der Organisation[1] als auch in der Praxis des Projektmanagements.

---

[1] Methodenlehre der Organisation für Verwaltung und Dienstleistung, REFA, Teil 2, Ablauforganisation, München 1985

3.4.1 Optimierung von Planungsergebnissen

Methodisches Planen erfordert zunächst, die gegebene Ausgangssituation genau zu erfassen und das angestrebte Ziel zu definieren. Erst dann können die zur Zielerreichung notwendigen Schritte entwickelt werden.

Die Lösung einer Aufgabenstellung besteht grundsätzlich darin,

▷ entweder einen gegebenen Zustand zu verändern (Weiterentwicklung des Bekannten)

▷ oder eine neue Konzeption zu entwickeln (Entwicklung des Neuen)[1].

Zum einen orientieren wir uns am Bekannten, an den Gegebenheiten der Praxis, an unseren Erfahrungen (praxisorientierter Lösungsansatz). Der Praxisbezug ist dann stärker, wenn wir vorhandene Produkte verbessern wollen, Arbeitsabläufe rationalisieren und bewährte Methoden weiterentwickeln möchten.

Zum anderen suchen wir – möglichst frei von Bekanntem – neue Lösungen und Wege. Wir orientieren uns am Grundsätzlichen, an wissenschaftlichen Erkenntnissen, an spontanen Einfällen als Ergebnis kreativer Prozesse. Wir entwickeln Idealvorstellungen (theorieorientierter Lösungsansatz). Stärker an die Theorie werden wir uns an-

---

[1] Organisationsplanung, 8., überarb. Auflage, Siemens-Aktiengesellschaft, Berlin; München, 1992

lehnen, wenn wir nach neuen Produkten, neuen Märkten, neuen Fertigungsverfahren suchen sowie wenig Informationen oder Erfahrungen haben (oder diese bewußt ausschalten wollen).

Originelle, aber realisierbare und damit optimale Lösungen finden wir, wenn wir die Vorteile des Bewährten mit den Vorteilen des bewußt Neuartigen verbinden und damit gesteuert sowohl praxisorientierte wie theorieorientierte Lösungsansätze suchen und miteinander kombinieren (Bild 3.5). Wir folgen damit Louis Pasteur, dem großen französischen Chemiker und Biologen, der einmal sagte: »Praxis ohne Theorie ist nur Gewohnheit.«

3.4.2 Planungsprozeß (Vorgehensmodell)

Trotz zahlreicher individueller unternehmensspezifischer Vorgehensweisen gibt es für die Aufgaben- oder Projektplanung folgende gemeinsame Abfolge von aufeinander aufbauenden Arbeitsschritten (Bild 3.6):

▷ Vorbereitung
▷ Analyse
▷ Konzeption
▷ Realisierung

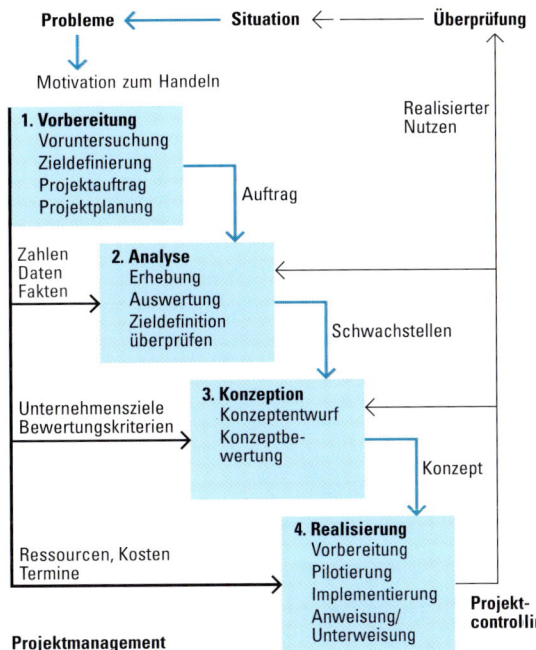

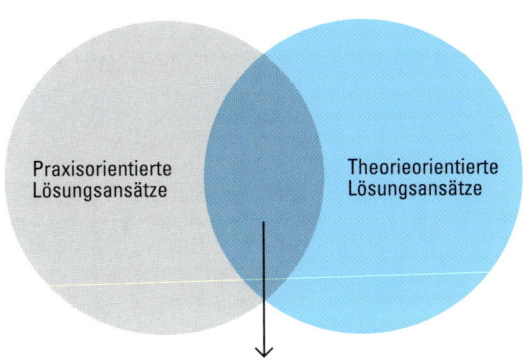

Bild 3.5
Optimierung von Planungsergebnissen durch Verbindung von Theorie und Praxis

Bild 3.6   Vorgehensmodell

Während wir bei der Aufgabenplanung meist alleinverantwortlich planen, sind bei einem Projekt mehrere Funktionsträger mit unterschiedlichen Interessenlagen – möglichst konfliktfrei – auf das gemeinschaftliche Erreichen des definierten Ziels zu fokussieren. An die Planung, Überwachung und Steuerung werden deshalb besondere Anforderungen gestellt. Nur ein in hohem Maße funktionstüchtiges Management kann dies sicherstellen. Im folgenden orientieren wir uns an den Grundlagen für ein erfolgreiches Projektmanagement.

Ausgelöst durch eine Ausgangssituation – bei der bereits Probleme erkannt und eingekreist werden – besteht die Absicht, daß »gehandelt werden muß«. Auf das »richtige Handeln« kommt es an, denn in dieser Phase findet oft die grundsätzliche Weichenstellung für den Prozeßablauf statt. Für den »Auftragnehmer« hat die Projektinitialisierung deshalb besondere Bedeutung. Erfahrene Projektleiter prägten folgende Aussage:

> »Sage mir, wie ein Projekt beginnt, und ich sage Dir, wie es endet!«

1. Vorbereitung

Im einzelnen umfaßt die Vorbereitung die

▷ Voruntersuchung,
– Sammlung aller verfügbaren Informationen, incl. Suche nach Alternativen,
– Formulierung von Problemen und Erwartungen,
– Grobbeschreibung der Schwachstellen (»durch Kritik des Ist-Zustands zu Verbesserungen«),
– Festlegung der Anforderungen,
▷ Formulierung der Aufgabenstellung bzw. des Auftrags,
▷ Definition des Ziels bzw. der Ziele,
▷ Planung des Projekts und »Planung der Planung«.

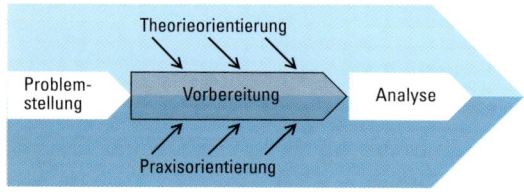

Bild 3.7 Erster Schritt des Planungsprozesses

In der Voruntersuchung prüfen wir auch, ob die Situation und der Auftrag eine sehr praxisorientierte Betrachtung fordern oder ob die Freiheit besteht, neue Entwicklungen und theoretische Lösungsansätze einzubinden (Bild 3.7).

Bei der *Zielformulierung* treten häufig folgende Schwierigkeiten auf:

▷ Die Voruntersuchung ist nicht genau oder überhaupt nicht erfolgt und die Aufgabenstellung ist nicht bekannt. Dies muß also nachgeholt werden.

▷ Aus der Unsicherheit oder aus dem Tatendrang (»Wir müssen erst mal was tun«) entschließt man sich zu einem voreiligen Einstieg in die Grobkonzeption.

▷ Die Phase der Zielformulierung wird in ihrer Bedeutung unterschätzt oder sogar für überflüssig gehalten.

Wichtig ist, daß das Ziel ebenso eindeutig verständlich, vollständig und aussagekräftig festgelegt wird, wie auch die Bedingungen, unter denen das Ziel erreicht werden soll.

Die Zielformulierung muß umfassen:

– die Ursachen des Problems (Ist-Zustand),
– die Planungsschwerpunkte,
– die Abgrenzung des Planungsfelds,
– die Minimalforderung (Mußbedingungen),
– die Nennung der Maximalforderung (anzustrebender Idealzustand/Wunschbedingungen),
– die Randbedingungen (Politik, Einflußgröße, Richtlinien), das weitere Vorgehen (folgende Schritte, Termine).

Stellt sich bei der Zielformulierung das Problem als zu vielschichtig heraus, so werden Problemkreise (Teilziele) gebildet.

Zu diesem Zeitpunkt können und sollten Endtermin und Kostenrahmen noch nicht »fixiert« werden; sie können erst nach der Konzeptentscheidung durch die Kosten- und Terminplanung ermittelt werden und sind dann zu verifizieren.

Die Zielformulierung kann oft zu diesem Zeitpunkt nicht endgültig erfolgen; sie muß nach Abschluß der Analysephase konkretisiert werden. Dies darf uns nicht davon abhalten, das Ziel in *meßbaren* Kriterien zu beschreiben.

Mit dem Auftraggeber des *Planungsauftrags* wird dann diese »vorläufige« Zielformulierung abgestimmt; der Auftraggeber hat die Zielformulierung zu bestätigen und die Genehmigung der weiteren Vorgehensweise zu erteilen sowie die Termine zu akzeptieren.

Die *Projektplanung* umfaßt die Projektorganisation, die Prozeßorganisation und die Projektstruktur:

Auswahl der Projektorganisation
z.B. autonome Projektorganisation mit Projektteam, Projektleiter als eine temporäre eigene Organisationseinheit mit voller Projektzuständigkeit und -verantwortung,
Projektgremien, z.B. Phasenverantwortliche, Teilprojektleiter, Projektcontroller, Entscheidergremien (Control Board, Review Board).

Prozeßorganisation
Die Prozeßorganisation beschreibt Einteilung des Ablaufs in Phasen und Abschnitte und die einzusetzenden Methoden. Es werden Meilensteine, Berichts- und Entscheiderzeitpunkte festgelegt.

Projektstruktur
Da ein Projekt meist umfangreich und unübersichtlich ist, kann ein Plan nicht auf Anhieb erstellt werden. Deshalb entwerfen wir zunächst ein Gliederungsschema, den Projektstrukturplan (Bild 3.8 u. 3.9). Er bietet ein einheitliches Ordnungssystem, einen für alle Beteiligten gemeinsamen Orientierungsrahmen, in dessen Grenzen sich die gesamte Planung, Überwachung und Steuerung des Auftrags vollzieht.

In den nachfolgenden Planungsbeispielen wird die Sonderaufgabe »Belegungs- und Umzugsplanung« (siehe Seite 48, Beispiel einer Aufgabenübersicht) ausgeführt, deren Zielbeschreibung im Kapitel 2, Seite 25 erfolgte.

Der Aufbau des Projektstrukturplans kann funktionsorientiert (siehe Bild 3.8) oder objekt-(erzeugnis-)orientiert (siehe Bild 3.9) sein.

Es empfiehlt sich, bereits jetzt Teilprojekte und Arbeitspakete zu numerieren, um eine eindeutige Zuordnung zu erreichen. Im späteren Planungsverlauf kann diese Numerierung für die Erstellung von Ablauf- oder Netzplänen übernommen und für einzelne Maßnahmen bzw. Vorgänge erweitert werden.

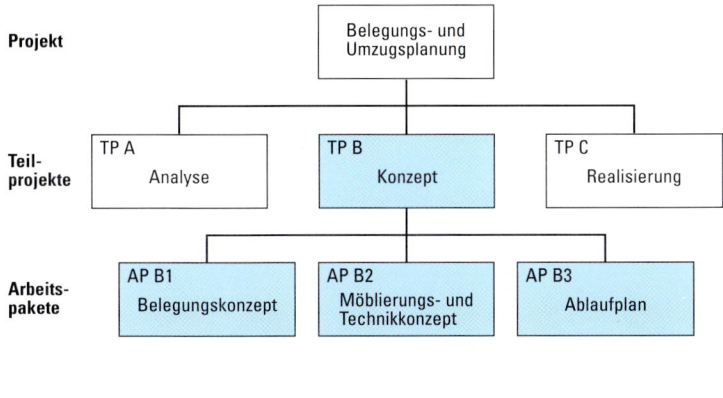

Bild 3.8
Zerlegung des Projekts in Teilprojekte und Arbeitspakete *(funktionsorientiert)*

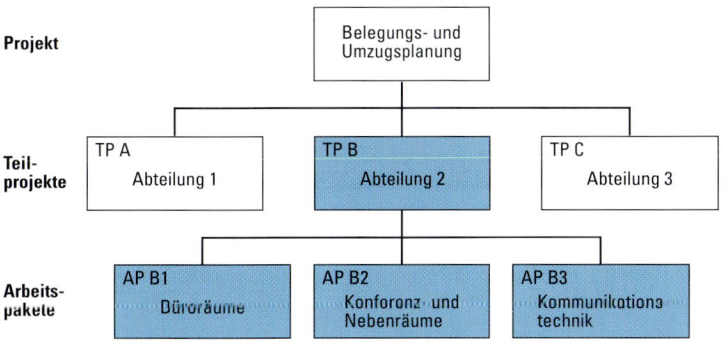

Bild 3.9
Zerlegung des Projekts in Teilprojekte und Arbeitspakete *(objektorientiert)*

51

2. Analyse

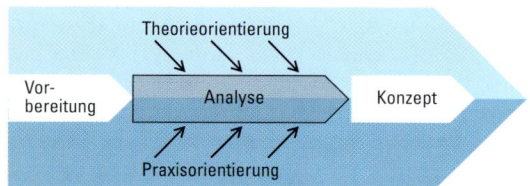

Bild 3.10   Zweiter Schritt des Planungsprozesses

Aus der Voruntersuchung und Zielformulierung erhielten wir

▷ das Untersuchungsproblem,
▷ das Untersuchungsfeld,
▷ die Untersuchungsschwerpunkte.

Analysepunkte können z. B. sein:

– Arbeitsergebnisse,
– Zuarbeit,
– Schwachstellen,
– Informationsquellen,
– Kommunikation intern / extern,
– Bearbeitungszeit, Durchlaufzeit,
– Technikausstattung, Hilfsmittel.

Als *Analysetechniken* können z. B. eingesetzt werden:

– ABC-Analyse,
– Kommunikationsanalyse,
– Aufgabenanalyse,
– Ablaufanalyse.

Die zu befragenden Personen bzw. die Mitarbeiter in den Untersuchungsbereichen sind zu informieren. Um die Untersuchungsakzeptanz zu gewährleisten, sollten Führungskräfte mitwirken.

Haben wir eine Situation der »grünen Wiese« und besteht die Freiheit zu einer Lösung, die auf vorhandene Gegebenheiten nicht oder nur wenig Rücksicht nehmen muß, dann beinhaltet die Analysephase das Suchen fremder Lösungen, neuer Entwicklungen oder auch das Auswählen von Methoden und Instrumente der Ideenfindung (Kreativitätstechniken), die für eine Konzeptentwicklung bereitgestellt werden.

Die *Auswertung* darf sich nicht auf eine bloße Darstellung der Situation beschränken, sondern muß zusätzlich fragen:

– Wie werden sich die Aufgaben im Untersuchungsbereich in der Zukunft entwickeln?
– Welche organisatorischen Abläufe verbergen sich hinter dem Untersuchungsbereich?

Hiermit wird gewährleistet, daß

– das Sollkonzept auch zukünftigen Anforderungen gerecht wird,
– unsinnige Abläufe z. B. nicht durch Technikeinsatz »effizienter« gemacht, sondern geändert werden.

3. Konzeption

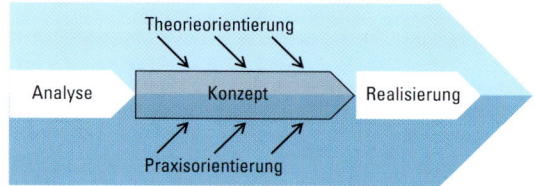

Bild 3.11   Dritter Schritt des Planungsprozesses

Das in den Vorphasen bereits begonnene Annähern zwischen theoretischen Überlegungen und praktischen Bedingungen wird bei der Erstellung des Grobkonzepts so lange konsequent weitergeführt, bis ein Konzept vorliegt, das in groben Zügen die Lösung der Aufgabe schildert. Dies bedeutet auch, daß zunächst Planalternativen entwickelt werden. Diese sind zu bewerten, damit eine Auswahl für das Ausarbeiten des Grobkonzepts getroffen werden kann.

Das Konzept und die daraus erwachsenden Konsequenzen müssen so deutlich sein, daß eine Grundsatzentscheidung getroffen werden kann. Diese Entscheidung muß dann für die Entwicklung des Feinkonzepts Gültigkeit behalten.

Der Übergang vom Grobkonzept zum Feinkonzept besteht überwiegend aus Detailarbeit bis zur Realisierungsreife. Die Qualität dieser Arbeit hat entscheidenden Einfluß auf den Erfolg der Realisierung.

Im Feinkonzept müssen die theoretischen und praxisbezogenen Betrachtungen vollständig miteinander verflochten sein. Für das Erreichen des angestrebten Ziels ist es erforderlich, daß alle geplanten Aktivitäten »machbar« werden. Hierbei kommt es besonders darauf an, daß an alle in der späteren Realisierungsphase anfallenden Aktivitäten und an mögliche Schwachstellen und Abweichungen gedacht wird.

Die einzelnen Schritte sind:

▷ Konzepte und Alternativen bewerten (Nutzen bewerten),

▷ Festlegen des Ablaufplanes,

▷ Festlegen der Verantwortungsbereiche mit Schnittstellen und Abgrenzungen,

▷ Schätzen der Zeiten und Festlegen von Eckterminen,

▷ Konzeptentscheidung und Verabschiedung,

▷ Erstellen eines Maßnahmenkatalogs mit Erläuterung (z. B. Arbeitsschwerpunkte, Prioritäten, Zuständigkeiten für die Realisierung).

Zeigt sich bei dieser Detaillierung, daß der Maßnahmenkatalog zu umfangreich und damit unübersichtlich ist, so empfiehlt es sich, weiter in Teilprojekte zu unterteilen und jedes Teilprojekt für sich zu planen.

3.5 Planungshilfsmittel

Im Abschnitt Planungshilfsmittel werden Hilfen für die Planungsarbeit angeboten; sie sind ohne großen Aufwand schnell einsetzbar. Heute werden üblicherweise Personal Computer hierfür eingesetzt. Die verfügbaren Planungsprogramme (siehe Kapitel 8.3.6, Seite 164, und Kapitel 8.8, Seite 189) haben nahezu alle einen sehr guten Leistungsstand. Dennoch ist bei jedem Einsatz zu prüfen, ob sich der höhere formale Aufwand gegenüber einer manuellen Planung lohnt.

Diese Grenze wird bestimmt von:

— Anzahl der zu betrachtenden Aktivitäten,
— Anzahl der Planungsrunden, -iterationen,
— Komplexität der Beziehungen der Aufgaben untereinander,
— Anzahl der am Planungsprozeß beteiligten Stellen,
— Häufigkeit ähnlicher Planungen (d. h. Übernahme alter Planungsmodelle).

Nr.	Maßnahmen/Aktivitäten	Priorität A B C	Zuständigkeit/ Durchführung von	Beginn	Fertig bis	Erledigungs- vermerk
B1	Arbeitspaket "Belegungskonzept"					
1	Mitarbeiterliste anfordern Personalplanung erstellen	A	PL. Pers.abt. u. T-Leit.	01. 02. 93	05. 02. 93	
2	Belegungsgrundsätze überprüfen und als Plan-Vorgabe erklären	B	Verwaltung, T-Leit.org.	01. 02. 93	03. 02. 93	
3	Bürogrundrisse erstellen	A	Verwaltung, (Bauabt.)	01. 02. 93	05. 02. 93	
4	Aussagen aus Kommunikations- untersuchung als Randkriterien erarbeiten	C	Verwaltung, PL	01. 02. 93	03. 02. 93	
5	Belegungsplan entwerfen	A	Projektleitung	06. 02. 93	15. 02. 93	
6	Entwurf an Abt.leiter und Info über Verfahrensweise	A	PL, TL, Abt.L.	16. 02. 93	16. 02. 93	
7	Überprüfen ggf. modifizieren des Entwurfs	B	Abt.L, PL	17. 02. 93	28. 02. 93	
8	Information Techn.L. und Betriebsrat	A	TL, PL, BR	01. 03. 93	10. 03. 93	
9	Belegungsplan verabschieden	A	TL	11. 03. 93	15. 03. 93	

Bild 3.12 Beispiel für einen Maßnahmen-/Aufgabenplan

3.5.1 Aufgabenplan

Zur Erstellung des Aufgabenplans werden aus dem Projektstrukturplan die Arbeitspakete herausgenommen und entweder vom Projektteam selbst detailliert oder zur Detaillierung einer Fachabteilung übergeben. Hierbei werden die Arbeitspakete in die kleinsten zu planenden Einheiten aufgelöst, Maßnahmen, Aktivitäten oder Vorgänge genannt. Zur einfacheren Indentifizierung werden die Maßnahmen numeriert und in einem Aufgabenplan nach Arbeitspaketen geordnet zusammengefaßt. Die Angabe von Prioritäten, Zuständigkeiten, Termine und Erledigungsvermerke vervollständigen die Übersicht (siehe Bild 3.12).

3.5.2 Zeitplan (Balkenplan)

Das bekannteste und am weitesten verbreitete Verfahren für eine Zeitplanung ist das Erstellen eines Balkendiagramms (nach dem Amerikaner Gantt auch Gantt-Diagramm genannt).

Im Balkenplan gibt der Balken mit seiner Länge die Dauer und mit seiner Lage – bezogen auf die Zeitachse – die zeitliche Einordnung einer Maßnahme/Aktivität wieder. Durch unterschiedliche Dicke der Balken kann z. B. auch die erforderliche Bearbeitungskapazität angezeigt werden.

Die Vorteile des Balkenplans sind:

▷ Übersichtlichkeit bei wenigen Maßnahmen,
▷ unmittelbare Aussage über Zeitdauer und zeitliche Einordnung.

Nachteilig ist, daß man nicht erkennt, in welcher Weise einzelne Maßnahmen miteinander verknüpft sind. So wird in dem vorstehenden Beispiel die Frage, welche Folgen entstehen, wenn sich die Maßnahme 3 »Bürogrundrisse erstellen« wesentlich verzögert, nicht spontan aus dem Plan beantwortet werden können. Vielmehr müssen zunächst alle nachfolgend geplanten Aktivitäten einzeln daraufhin untersucht werden, ob das Vorhandensein der Bürogrundrisse Voraussetzung für ihre Erledigung ist oder ob sie auch vorher erledigt werden können.

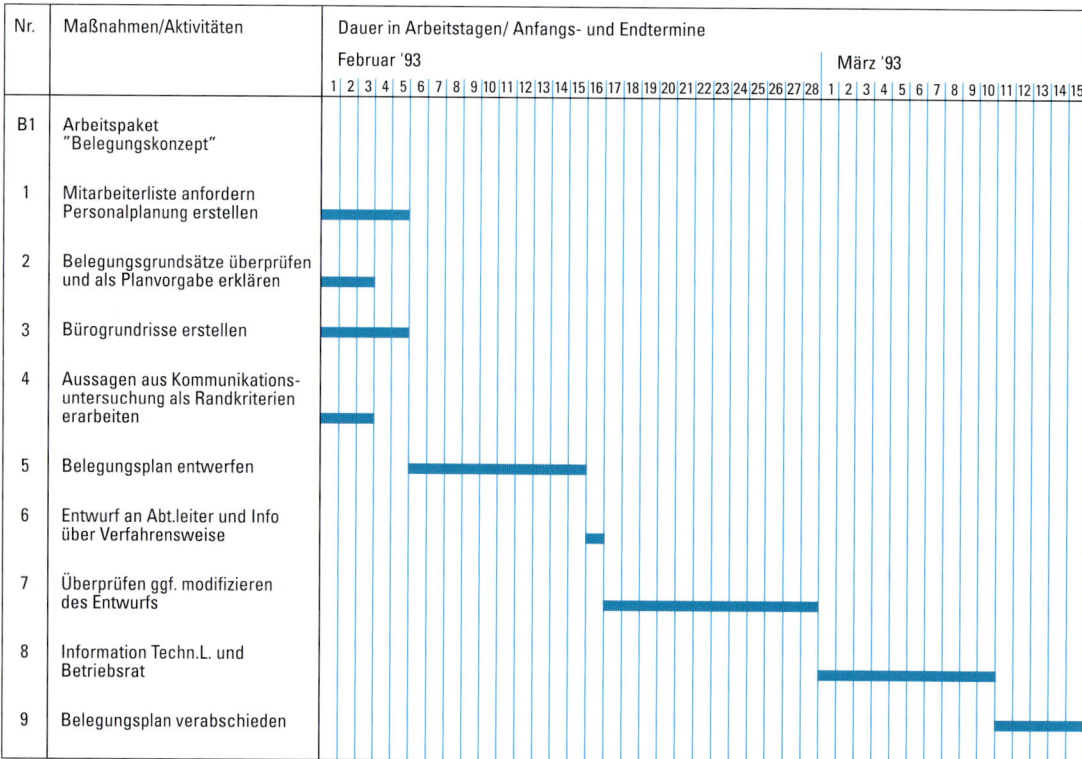

Bild 3.13   Beispiel für einen Balkenplan

3.5.3 Ablaufplan (Flußdiagramm)

Ob zur Analyse des Ist-Zustands oder zur Planung des Soll-Zustands: Zweck einer Ablaufdarstellung ist es, ein möglichst »naturgetreues« Abbild bzw. Modell eines Arbeitsablaufs zu erhalten. Dieses muß also die Gesamtheit der Bezie-

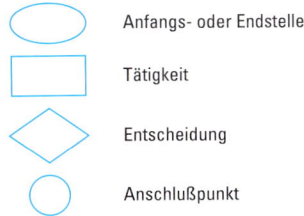

Anfangs- oder Endstelle

Tätigkeit

Entscheidung

Anschlußpunkt

Bild 3.15 Symbole im Flußdiagramm

Bild 3.14 Beispiel eines Flußdiagramms (Flow Chart)

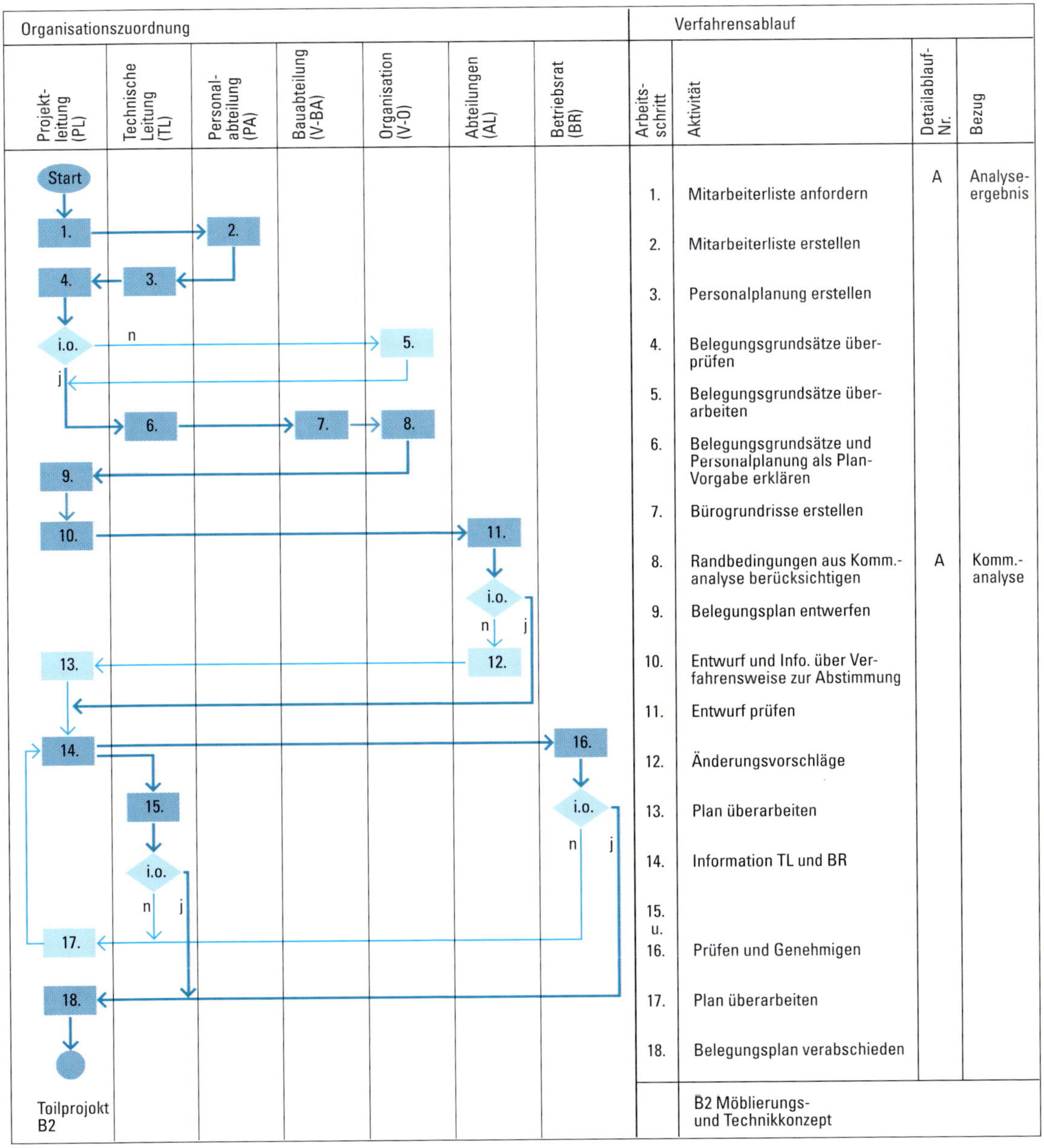

Organisationszuordnung							Verfahrensablauf			
Projekt-leitung (PL)	Technische Leitung (TL)	Personal-abteilung (PA)	Bauabteilung (V-BA)	Organisation (V-O)	Abteilungen (AL)	Betriebsrat (BR)	Arbeits-schritt	Aktivität	Detailablauf-Nr.	Bezug
Start							1.	Mitarbeiterliste anfordern	A	Analyse-ergebnis
1.		2.					2.	Mitarbeiterliste erstellen		
4.	3.						3.	Personalplanung erstellen		
i.o. n				5.			4.	Belegungsgrundsätze über-prüfen		
j							5.	Belegungsgrundsätze über-arbeiten		
6.			7.	8.			6.	Belegungsgrundsätze und Personalplanung als Plan-Vorgabe erklären		
9.							7.	Bürogrundrisse erstellen		
10.						11.	8.	Randbedingungen aus Komm.-analyse berücksichtigen	A	Komm.-analyse
					i.o. n j		9.	Belegungsplan entwerfen		
13.						12.	10.	Entwurf und Info. über Ver-fahrensweise zur Abstimmung		
							11.	Entwurf prüfen		
14.						16.	12.	Änderungsvorschläge		
	15.					i.o. n j	13.	Plan überarbeiten		
	i.o. n j						14.	Information TL und BR		
17.							15. u.			
18.							16.	Prüfen und Genehmigen		
							17.	Plan überarbeiten		
Teilprojekt B2							18.	Belegungsplan verabschieden		
								B2 Möblierungs- und Technikkonzept		

hungen darlegen, die für das Durchführen des Vorhabens erforderlich sind. Die Reihenfolge, in der diese Einzelarbeiten auszuführen sind, muß klar erkennbar sein.

Vielfach sind Arbeitsabläufe zu komplex, als daß wir sie gedanklich voll erfassen und textlich darstellen könnten, erst recht, wenn sie mehrere Arbeitssysteme betreffen. Eine Ablaufdarstellung kann dann auch nicht auf Anhieb erstellt werden. Deshalb verwenden wir zunächst den Projektstrukturplan (siehe S. 51), der den Rahmen bilden soll, innerhalb dessen die Planung des Arbeitsablaufs vollzogen wird. Für die graphische Darstellung bietet sich das Flußdiagramm (Flow Chart) an, das mit wenigen graphischen Symbolen die Darstellung der auszuführenden Tätigkeiten, der Reihenfolge und der Entscheidungsstellen unterstützt. Durch geschickte Anordnung können auch die jeweiligen Zuständigkeiten entnommen werden.

3.5.4 Netzplan

Mit der Netzplantechnik löst man das Problem der Darstellung von Abhängigkeiten. Das Konzept ist sehr einfach. Ein Projekt wird in Vorgänge zerlegt, deren Abhängigkeiten dargelegt werden. Die graphische Darstellung dieser Ablaufstrukturen veranschaulicht die logische und zeitliche Aufeinanderfolge von einzelnen Vorgängen.

Die Merkmale der Netzplantechnik sind:

▷ Sie zwingt zu einer klaren Gliederung der Projektstruktur.

▷ Planabweichungen während der Ausführung können schnell erkannt und ihre Folgen sicher beurteilt werden.

▷ Notwendigkeit und Umfang von Gegenmaßnahmen sind feststellbar; ihr Aufwand kann ihrer Wirkung gegenübergestellt werden.

▷ Projektabläufe werden transparent und überschaubar dargestellt.

▷ Vorgänge und Abhängigkeiten werden graphisch dargestellt oder in eine Netzplandatei aufgenommen.

▷ Alle routinemäßigen Planungsschritte und das Informationswesen können durch die Datenverarbeitung automatisiert werden.

Die Netzplantechnik ist zu einem universellen Planungsinstrument für große Projekte in Forschung, Verwaltung und Wirtschaft geworden. Sie ist aber auch in der täglichen Arbeit auf weniger umfangreiche Projekte und Aufgaben zu übertragen, da sie u. a. zur sachlogischen Durchdringung und Darstellung der Probleme und Teilaufgaben zwingt.

Allgemeines zur Netzplantechnik[1]

Jeder Netzplan setzt sich aus zwei formalen Elementen zusammen, den Knoten und den Pfeilen (Bild 3.16). Knoten sind Verknüpfungspunkte im Netzplan. Als Sinnbild (Symbole) werden wahlweise Rechtecke, Quadrate und Kreise verwendet. Pfeile sind gerichtete Verbindungen zwischen zwei Knoten (in der Graphentheorie als gerichtete Kante bezeichnet, DIN).

Durch die Knoten und Pfeile können entweder Vorgänge, Anordnungsbeziehungen oder Ereignisse dargestellt werden. Neben den beiden formalen Elementen eines Netzplans kann man nach

[1] aus: REFA-Methodenlehre der Planung und Steuerung, Bd. 1, S. 117

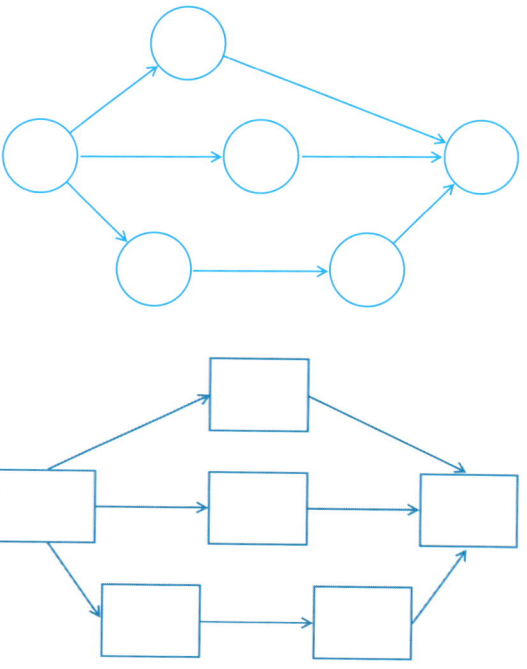

Bild 3.16 Formale Elemente eines Netzplanes

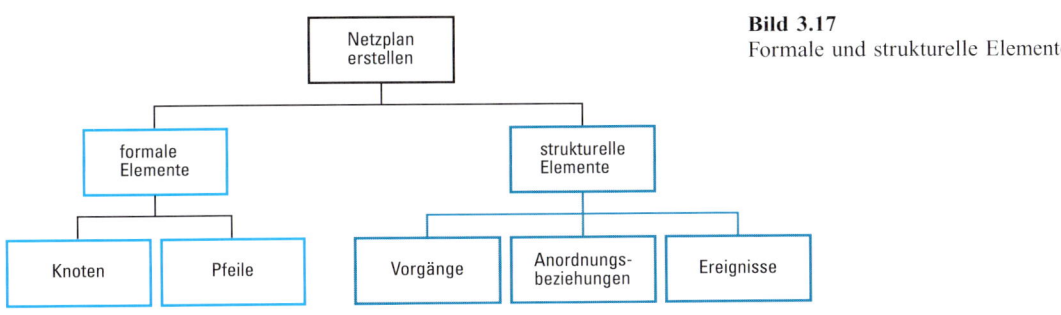

Bild 3.17
Formale und strukturelle Elemente

drei strukturellen Elementen unterscheiden (Bild 3.17).

Die wichtigsten Methoden der Netzplantechnik

CPM-Methode (Critical Path Method)

Die Methode des kritischen Wegs als Vorgangspfeil-Netzplan wurde 1956/57 von der Du Pont de Nemours & Co. und der Remington Rand Division (Univac) der Sperry Rand Corporation zur Planung der Revision und Instandhaltung sowie von Investitionsvorhaben in der chemischen Industrie entwickelt.

Bei der Vorgangspfeil-Netzplantechnik werden die Vorgänge – auch Tätigkeiten oder Aktivitäten genannt – beschrieben und als Pfeile dargestellt. Der Netzplan baut sich durch Aneinanderhängen solcher Vorgangspfeile auf.

Um den Vorgang für die weitere Bearbeitung zu definieren, muß man zu Beginn des Vorgangs eine Vorereignisnummer und am Ende eine Nachereignisnummer eintragen (Vor- und Nachereignis sind Anfang und Ende der Tätigkeit). Es ist so zu numerieren, daß jeder Vorgang eindeutig beschrieben wird, d.h., ein Nummernpaar darf nicht zweimal vorkommen (Bild 3.18).

Die Beschreibung des Vorgangs wird gewöhnlich über den Pfeil geschrieben, die Dauer darunter. Länge des Pfeils und Form der Knoten sind frei wählbar.

Scheintätigkeiten werden durch eine gestrichelte Linie mit Pfeil dargestellt. Scheintätigkeiten die-

nen zum Darstellen logischer Verknüpfungen, ihre Zeitdauer ist 0. Man spricht auch von fiktiven Tätigkeiten (Bild 3.19).

Ereignisse sind Anfangs- und Endpunkte von Vorgängen; sie werden durch Kreise mit drei Datenfeldern dargestellt (Bild 3.20). Bild 3.21 gibt den Auszug aus einem Netzplan (CPM) wieder.

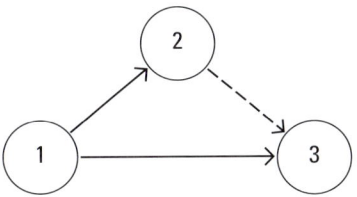

Bild 3.19
Scheintätigkeit, dargestellt durch gestrichelte Linie mit Pfeil

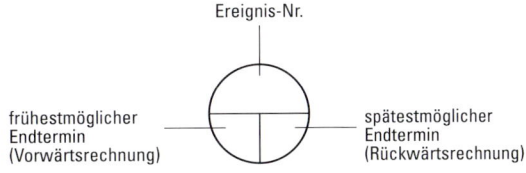

Bild 3.20 Ereignisse

Bild 3.18 Vorereignis (1) und Nachereignis (2)

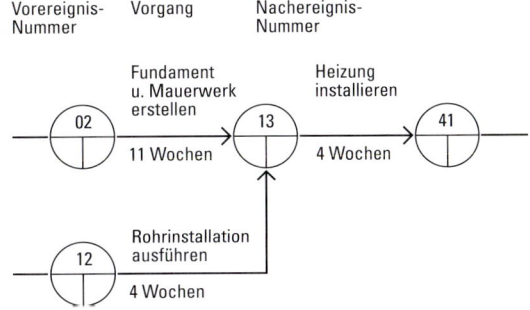

Bild 3.21 Auszug aus einem Netzplan (CPM)

Im vorstehenden Fall kann der Vorgang »Heizung installieren« erst dann begonnen werden, wenn die Vorgänge »Fundament und Mauerwerk erstellen« und »Rohrinstallation ausführen« abgeschlossen sind. Der Knoten 13 ist einerseits das Nachereignis von »Fundament und Mauerwerk erstellen« und »Rohrinstallation ausführen«, andererseits aber das Vorereignis von »Heizung installieren«.

PERT-Verfahren (Programm Evaluation and Review Technique)

Unabhängig von CPM wurde 1958 fast gleichzeitig PERT entwickelt. Das Verfahren zum Bewerten und Überwachen von Programmen entstand in Zusammenarbeit der amerikanischen Marine, der Lockheed Werke und der Beratungsgesellschaft Booz, Allen & Hamilton; es wurde zur Planung, Steuerung und Überwachung des Polaris-Raketen-Programms eingesetzt.

Beim PERT-Verfahren werden die Ereignisse wie beim CPM-Verfahren als Knoten dargestellt. Für die Dauer der Vorgänge werden jedoch drei Zeitschätzungen vorgenommen; und zwar für jeden Vorgang eine optimistische Dauer OD, eine häufigste HD und eine pessimistische Dauer PD. Man unterstellt, daß die Dauer der Vorgänge eine spezielle Wahrscheinlichkeitsverteilung (Beta-Verteilung) hat. Als mittlere Zeitdauer MD ergibt sich dann:

$$MD = \frac{OD + 4\,HD + PD}{6}$$

Die Anwendungsmöglichkeit des PERT-Verfahrens ist begrenzt; es bietet sich besonders für Forschungs- und Entwicklungsvorhaben an, bei denen zwar Vorstellungen über den Endtermin bestehen, aber keine Erfahrungen als Basis für praxisorientierte Zeitschätzungen vorliegen. Für Planungsarbeiten mit praxisnahen Zeitschätzungen sollte man das PERT-System nicht anwenden.

MPM-Methode (Metra Potential Methode)

Das schon 1958 von der französischen Gruppe Metra International entwickelte Verfahren MPM wurde 1964 veröffentlicht; eingesetzt wurde es erstmals beim Planen und Überwachen des Baues von Kernkraftwerken im Auftrage der Electricité de France.

Bei der MPM-Methode werden die Vorgänge des Projekts beschrieben und ebenso wie die Num-

mern und die Angaben der Dauer in den Knoten dargestellt. Die Größe oder Form der Knoten ist unerheblich. Die vordere Kante eines Knotens kennzeichnet den Anfang, die hintere Kante das Ende des Vorganges. In einzelnen Feldern kann man zusätzliche Angaben, wie zuständige Abteilung, Lieferfirma, oder Auftrags-Nr. eintragen (Bild 3.22).

Die Abhängigkeit der Vorgänge (Knoten) untereinander wird durch Pfeile dargestellt. (Bild 3.23).

Das Bild 3.23 stellt die Normalfolge (NF) als Minimalbedingungen dar; sie kommt in der Praxis am häufigsten vor (Ende-Anfang-Beziehung). Bei der Normalfolge werden das Ende des vorhergehenden Vorgangs mit dem Anfang des nachfolgenden in eine Beziehung gesetzt. Natürlich kann

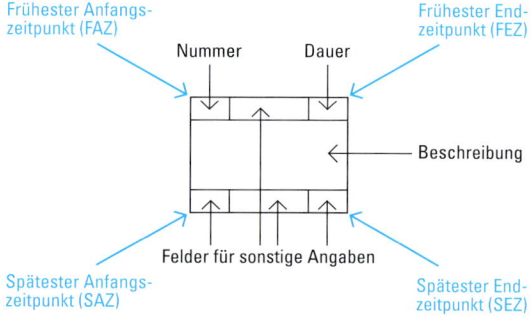

Bild 3.22
Beschreibung eines Vorgangs bei der MPM-Methode

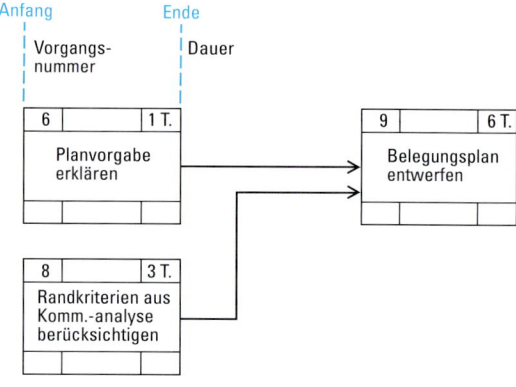

Bild 3.23
Auszug aus einem MPM-Netzplan – Normalfolge

auch ein Vorgang mehrere Vorgänger oder Nachfolger (mehrere Anordnungsbeziehungen) haben. Es entsteht so ein Ablaufplan (Netz).

Weitere Methoden

Aus dem Vorgangs-Knoten-Netzplan MPM wurden weitere Verfahren abgeleitet, so z. B.

▷ *PDM* (Precedence Diagramming Method) wird in IBM-Rechenprogrammen verwendet;

▷ *PPS* (Projekt-, Planungs- und Steuerungssystem) im Auftrag des Bundesverteidigungsministers von Dornier entwickelt und veröffentlicht;

▷ *SINET* (System für interaktive Anwendung der Netzplantechnik) vom Unternehmensbereich Energieerzeugung KWU der Siemens AG entwickeltes dialogorientiertes DV-Programm zur Planung und Überwachung von Projekten.

Beispiel eines Netzplans

Um unser Beispiel »Belegungskonzept« fortzuführen, bedienen wir uns der MPM-Technik. Für das Erstellen eines Netzplans müssen wir die Abhängigkeiten der einzelnen Vorgänge bestimmen. Dazu müssen für jede Tätigkeit die vorhergehende (Vorgänger) und nachfolgende Tätigkeit (Nachfolger) sowie die Verknüpfungen ermittelt werden. In der Praxis erfordert dies, daß wir uns einen Überblick über die Reihenfolge der Arbeiten und deren Ausführungszeiten verschaffen.

Zum Aufstellen eines Netzplans für unser Beispiel müssen wir den Aufgabenplan zu einer Vorgangsliste erweitern (Bild 3.24). Wir erkennen dabei, daß in unserem Aufgabenplan (Bild 3.12) noch nicht alle Aktivitäten in die »kleinsten« Bearbeitungseinheiten = Vorgänge zerlegt sind. Die Netzplantechnik erfordert hier noch eine weitere Durchdringung.

Nr.	Bezeichnung der Vorgänge	Dauer in Arb.tagen	Vorgänger	Nachfolger
B1	Arbeitspaket "Belegungskonzept"			
0	Start (=Ende von Teilprojekt A)	1	–	1, 4, 7, 8
1	Mitarbeiterliste anfordern	1	0	2
2	Mitarbeiterliste erstellen	1	1	3
3	Personalplanung erstellen	3	2	6
4	Belegungsgrundsätze überprüfen	1	0	5
5	Belegungsgrundsätze überarbeiten	1	4	6
6	Plan-Vorgabe erklären	1	3, 5	9
7	Bürogrundrisse erstellen	5	0	9
8	Randkriterien aus Kommunikationsanalyse berücksichtigen	3	0	9
9	Belegungsplan entwerfen	6	6, 7, 8	10
10	Entwurf an Abt.leiter u. Info. über Verfahrensweise	1	9	11
11	Überprüfen des Entwurfs	3	10	12
12	Änderungsvorschläge	4	11	13
13	Plan überarbeiten	5	12	14.1, 14.2
14.1	Information Techn.Leiter	1	13	15.1
14.2	Information Betriebsrat	1	13	15.2
15.1	Prüfen und Freigabe d. TL	6	14.1	16
15.2	Prüfen und Freigabe d. BR	6	14.2	16
16	Plan überarbeiten	2	15.1, 15.2	17
17	Belegungsplan verabschieden	1	16	–

Bild 3.24
Beispiel einer Vorgangsliste zum Arbeitspaket »Belegungskonzept«

Erst jetzt, nachdem Vorgänger, Nachfolger und Dauer jeder Tätigkeit bekannt sind, ist es möglich, den Netzplan graphisch zu entwickeln. Dabei wird die Ablaufstruktur eines Projekts so dargestellt, daß Vorgänge und Abhängigkeiten bzw. Anordnungsbeziehungen zwischen den Vorgängen ersichtlich werden. Hieraus ergibt sich ein wesentlicher Unterschied zum erstellten Ablaufplan (Bild 3.14), nämlich die Darstellung von Parallelvorgängen und die Möglichkeiten einer Zeitrechnung.

In dem Beispiel unterstellen wir, daß vorher das Teilprojekt A »Analyse« beendet wurde und die Vorgänge Mitarbeiterliste (2), Personalplanung (3) und Belegungsgrundsätze (5) nicht schon Vorgänge des Teilprojektes A waren (siehe Projektstrukturplan, Bild 3.8).

Bei unserem Beispiel beginnen wir mit dem Vorgang Nr. 0, da er keinen weiteren Vorgänger mehr hat. Als nächstes werden nun die Nachfolger von

0, nämlich die Vorgänge Nr. 1, 4, 7 und 8 dargestellt. Diesen parallelen Vorgängen folgen die jeweils nächsten. So stellen wir Vorgang nach Vorgang dar, bis die gesamte Vorgangsliste abgearbeitet ist. Der Netzplan endet mit dem Vorgang Nr. 17, weil dieser keinen Nachfolger mehr hat. Die Spalte »Vorgänger« in der Vorgangsliste dient jeweils zur Kontrolle (Bild 3.25).

Zeitrechnung
Bei der Zeitrechnung geht es darum, neben der Dauer der einzelnen Vorgänge und des gesamten Projekts die früheste und späteste zeitliche Lage der einzelnen Vorgänge und die Zeitreserven, die für die einzelnen Vorgänge verfügbar sind, zu ermitteln. Dies ermöglicht die Vorwärts- und Rückwärtsrechnung (Bild 3.26).

Vorwärtsrechnung
Ausgehend vom vorgegebenen (frühesten) Projektstarttermin wird durch Addition der Vor-

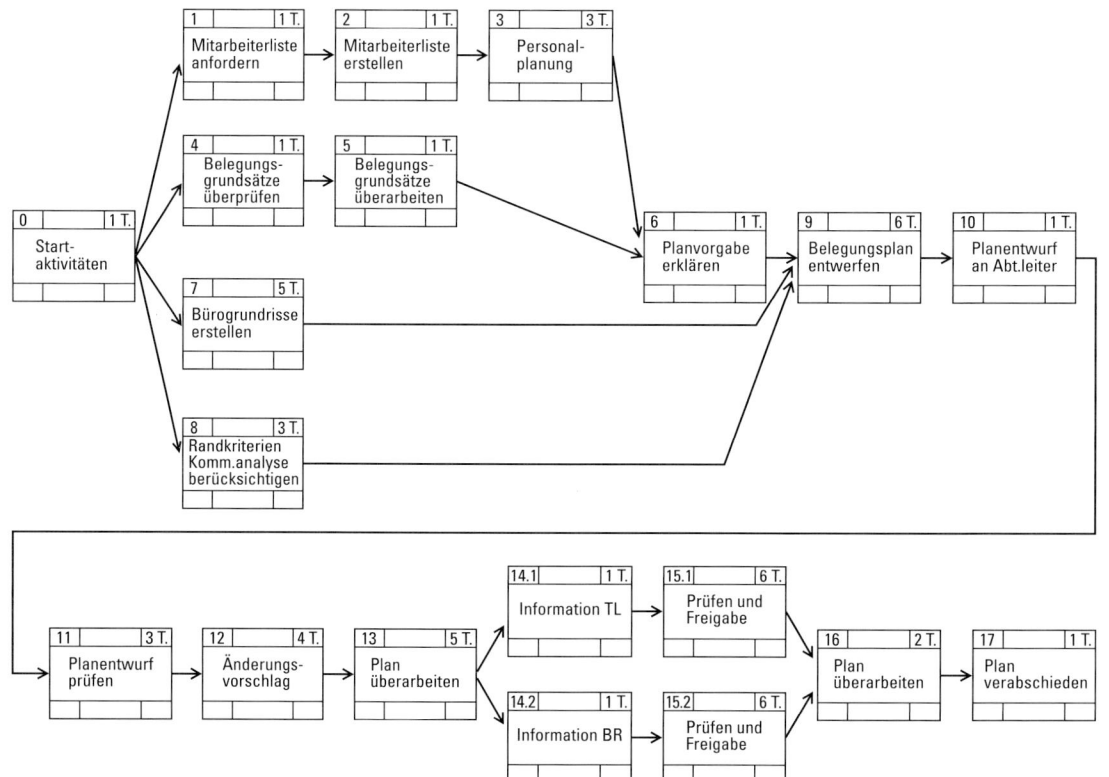

Bild 3.25 MPM-Netzplan am Beispiel des Arbeitspakets »Belegungskonzept«

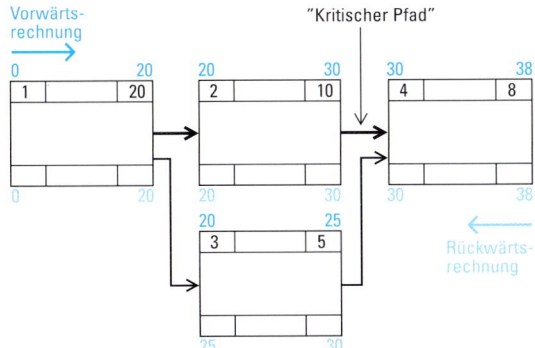

Bild 3.26 Zeitrechnung bei MPM-Plänen

gangsdauer der früheste Projektabschlußtermin errechnet. Bei einem Vorgang, an dem mehrere Wege zusammenlaufen, wird mit dem jeweils größten Wert weitergerechnet.

Rückwärtsrechnung
Ausgehend vom vorgegebenen Projektabschlußtermin wird durch Subtraktion der Vorgangsdauer der spätest zulässige Projektstartzeitpunkt errechnet. Treffen bei einem Vorgang mehrere Pfeile zusammen, dann wird mit dem jeweils kleinsten Wert weitergerechnet.

Pufferzeit
Die Differenz zwischen dem spätesten Wert der Rückwärtsrechnung und dem frühesten Wert der Vorwärtsrechnung ergibt – bezogen auf den einzelnen Vorgang – die Pufferzeit; sie gibt die Zeitreserve an, mit der ein Einzelvorgang spätestens eingeleitet werden muß.

Kritischer Pfad
Ist die Pufferzeit »0«, dann liegt dieser Vorgang auf dem kritischen Pfad; dieser stellt den Weg durch das Projekt dar, der keine Zeitreserven mehr enthält.

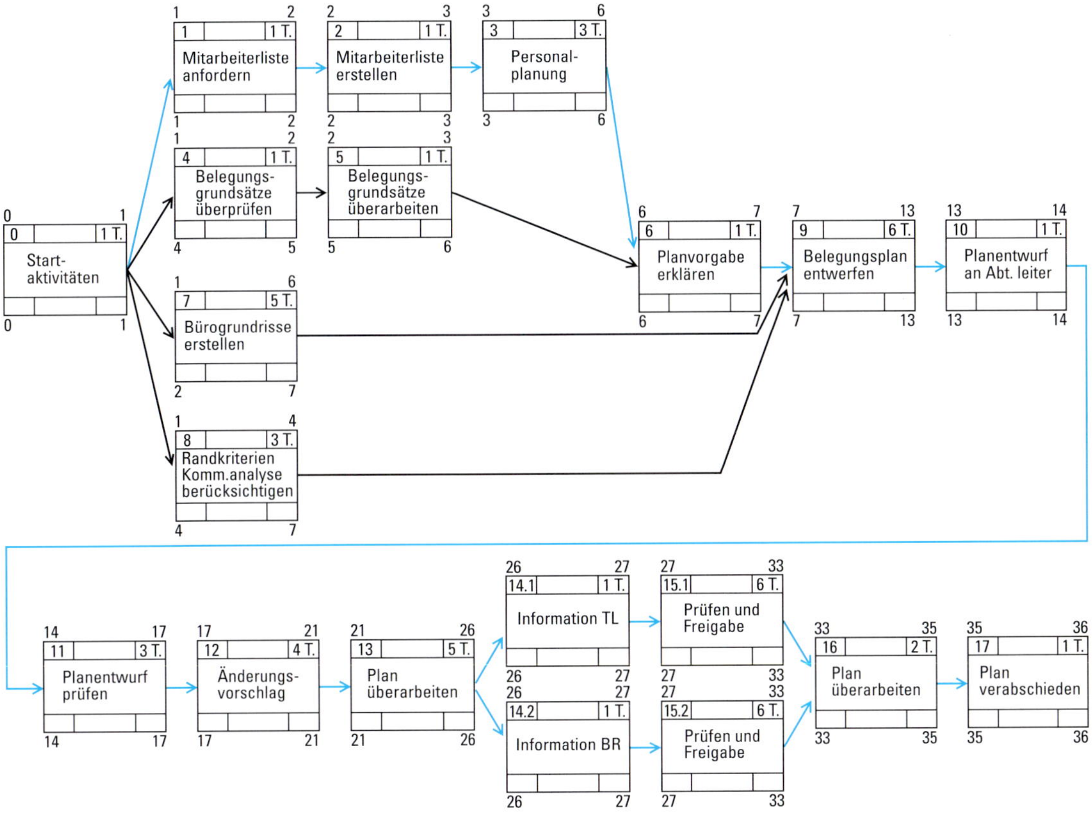

Bild 3.27 MPM-Plan mit Zeitrechnung und kritischem Pfad am Beispiel des Arbeitspakets »Belegungskonzept«

Entsprechend diesen Regeln führen wir auch die Zeitrechnung an unserem Netzplan für das Belegungskonzept durch (Bild 3.27). Wir erkennen, daß der Belegungsplan innerhalb von 36 Arbeitstagen ausgeführt werden kann und die Vorgänge Nr. 0, 1, 2, 3, 6, 9, 10, 11, 12, 13, 14, 15, 16, 17 sich auf dem »kritischen Pfad« befinden, d. h. eine Verzögerung bei diesen Vorgängen wirkt sich auf den Endtermin aus.

Phasenbezogenes Arbeiten mit dem Netzplan

Entsprechend dem Vorgehensmodell (Bild 3.6) lassen sich für alle Projektschritte einzelne Netzpläne erstellen. Jeder Netzplan ist dann Teil eines Übersichtsnetzplans (Bild 3.28).

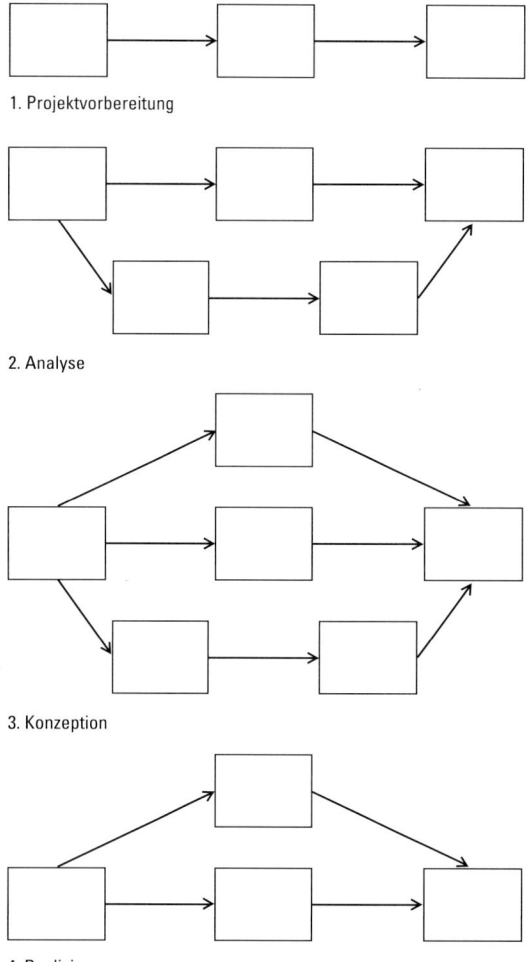

1. Projektvorbereitung

2. Analyse

3. Konzeption

4. Realisierung

Bild 3.28 Übersichtsnetzplan

Vorteile der Netzplantechnik

Das System der Netzplantechnik zwingt zu gründlichem Durchdenken des Projekts und des Projektablaufs.

Durch die eingehende Analyse des Projekts und die damit verbundene Aufteilung in einzelne Vorgänge, kann eine eindeutige Abgrenzung einzelner Kompetenzbereiche der am Projekt beteiligten Stellen erreicht und gleichzeitig deren Überwachung erleichtert werden.

Durch Angabe des kritischen Pfads sind die Wirkungen von Störungen und Verzögerungen frühzeitig zu erkennen und leicht in den Griff zu bekommen, da ihre Auswirkungen auf den ganzen Plan jederzeit durchgespielt werden können.

Nach dem Verabschieden des Netzplans können Balkenpläne aufgestellt und diese an die Kompetenzbereiche weitergeleitet werden.

Auf der Basis eines Terminplans ist es mit Hilfe der Netzplantechnik möglich, den Kosten- und Kapazitätsbedarf zu ermitteln und zu optimieren.

Dem etwas größeren Aufwand für Planung und Überwachung bei der Netzplantechnik stehen, wie bereits erwähnt, erhebliche Zeit- und Kostenersparnisse während der Ausführungsphase gegenüber.

3.5.5 Transplan (Balkennetzwerk)

Unter Transplan versteht man eine Weiterentwicklung des Balkenplans; er stellt die Dauer von Arbeitsvorgängen als maßstabsgerechte Balken in einem Zeitraster dar. Daneben verknüpft er auch die ineinandergreifenden Tätigkeiten gemäß ihrer Abfolge zu einer lückenlosen Darstellung. Der Transplan läßt – genau wie die bekannten Netzplanverfahren – den terminentscheidenden »kritischen Pfad« und etwaige Zeitreserven deutlich hervortreten. Auch der Zeitmaßstab bleibt klar und unverzerrt erhalten.

Die einzelnen Vorgänge werden wie beim Balkenplan dargestellt. Am Ende eines Vorgangs zeichnet man jedoch eine senkrechte »Ereignislinie« ein. Anhand der in der Vorgangsliste ausgewiesenen Verknüpfungen läßt sich leicht bestimmen, welches »Endereignis« eines Vorgangs zum »Anfangsereignis« eines anderen wird.

Die Pufferzeiten sind als gestrichelte Linien dargestellt. Der »kritische Pfad«, der alle Vorgänge

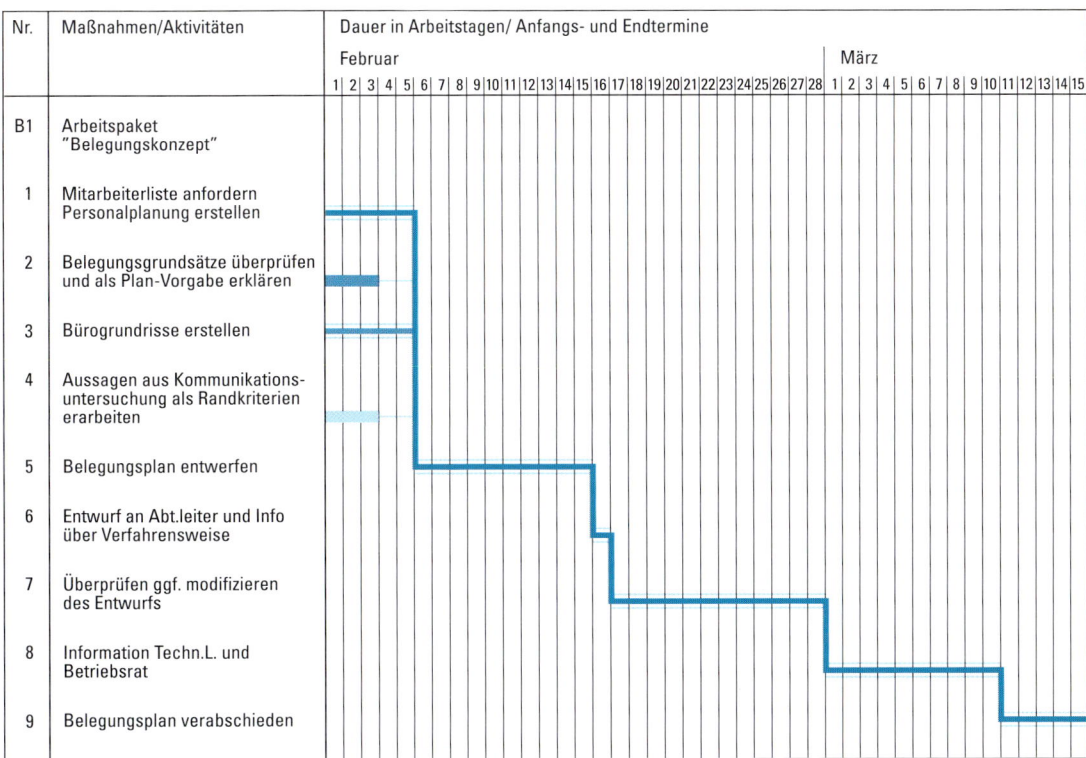

Nr.	Maßnahmen/Aktivitäten	Dauer in Arbeitstagen/ Anfangs- und Endtermine
		Februar — März

Bild 3.29 Transplan am Beispiel Belegungskonzept

ohne Pufferzeit verknüpft und entscheidenden Einfluß auf die Einhaltung der Termine ausübt, wird optisch z. B. durch einen Doppelbalken hervorgehoben.

3.6 Projektcontrolling

Strukturiertes Planen und der Einsatz der vorgestellten Planungshilfsmittel sind Voraussetzung für gutes Projektmanagement und damit auch Grundlage für das Projektcontrolling.

Für das Projektmanagement bedeutet dies während der Projektdurchführung

– daß eine Transparenz über alle Projektparameter in aussagekräftigen Verdichtungs-/Detaillierungsstufen sichergestellt wird,

– daß das Reporting entscheidungsorientiert und den Nutzerbedürfnissen entsprechend systematisiert erfolgt,

– daß eine frühzeitige, gezielte Reaktion auf Ablaufstörungen, Terminverzögerungen, Kapazitätsengpässe, Budgetüberschreitungen gewährleistet ist,

– daß aufgrund turnusmäßiger Bewertungen von Risiken im Projektfortschritt eine vorausschauende, zukunftsorientierte Projektsteuerung gesichert ist,

– daß auf der Basis systematischer Nachkalkulation und Analysen abgeschlossener Projekte Lernprozesse bewirkt werden.

Somit muß durch den Projektleiter oder einen hierfür beauftragten Projektcontroller ein regelmäßiger Soll/Ist-Vergleich durchgeführt werden und zwar bezogen auf Kosten, Termine, Qualität und Ergebnis (Projektfortschrittskontrolle).

3.6.1 Projektsitzungen

Projektsitzungen sind eines der wesentlichen Mittel zur Projektsteuerung und zur Früherkennung von Abweichungen und Störungen im Projektverlauf. Sie dienen dem Informationsaustausch der am Projekt Beteiligten und zum Management. Sie tragen damit zur Transparenz im Projektgeschehen bei.

Grundsätzlich unterscheidet man dabei

▷ die regelmäßigen Projektsitzungen,
▷ die ergebnisgesteuerten Projektsitzungen,
▷ die ereignisgesteuerten (ungeplanten) Projektsitzungen.

Regelmäßige Projektsitzungen

Die Projektstatusbesprechungen werden in regelmäßigen Zeitabständen abgehalten. Teilnehmer sind der Projektleiter, Mitglieder der Projektteams, Koordinatoren der Fachabteilungen sowie temporär betroffene Stellen.

Mit der Statusbesprechung wird die Zielsetzung verfolgt,

- den aktuellen Projektstatus hinsichtlich der Qualitäts-, Termin- und Kostensituation festzustellen und zu besprechen,
- Probleme frühzeitig zu erkennen (Frühwarnsystem),
- Störungen und Probleme zu diskutieren und Steuerungsmaßnahmen zu erarbeiten,
- Informationen auszutauschen,
- die Koordination der Beteiligten zu erleichtern,
- die Fachabteilungen einzubeziehen,
- die Mitarbeiter zu motivieren.

Vorteilhaft ist es, für diese Statusbesprechungen einen festen Wochentag und eine feste Uhrzeit zu wählen (Montagskonferenz).

Zu den regelmäßigen Projektbesprechungen gehören ferner Gruppen- oder Abteilungsleiterbesprechungen sowie Sitzungen von Entscheiderausschüssen, Lenkungsgremien, Control Boards usw.

Bei größeren Projekten kann es sinnvoll sein, ein *Control Board* einzurichten, als Kontroll- und Entscheidungsgremium, das wesentliche projektrelevante Entscheidungen trifft (Grobsteuerung des Projekts).

Das Control Board setzt sich in der Regel zusammen aus den Entscheidungsträgern (Leiter der beteiligten Fachbereiche, übergeordnetes Management), den Projektleitern sowie je nach Anforde-

rung den Spezialisten aus den Teilbereichen. Auch ein Vertreter des Auftraggebers kann Mitglied des Control Boards sein.

Zu den Aufgaben des Control Board gehören:

- Terminkontrolle,
- Aufwandskontrolle,
- Entscheidungen über Terminverschiebungen und über Ziel-, Plan- und Aufwandsänderungen,
- Genehmigungen von Budgets.

Die Aufgaben des Projektleiters innerhalb des Control Board sind entscheidungsvorbereitender Natur. Er berichtet über den Projektablauf, er stellt Budget- und Änderungsanträge und berät die Entscheidungsträger.

Ergebnisgesteuerte Projektsitzungen

Diese Projektbesprechungen unterliegen nicht einem festen Turnus, sondern werden zum Ende jeder Projektphase durchgeführt. Zielsetzung ist einerseits ein Review der abgeschlossenen Phase, andererseits die planerische Vorausschau auf die folgende Phase.

Ereignisgesteuerte Projektbesprechungen werden auch als *Phasen-Entscheidungs-Sitzungen (PES)* oder *Phasenreviews* bezeichnet.

Aufgaben des PES sind:

- das Festhalten des Projektstatus am Ende eines Prozeßabschnitts,
- die Betrachtung der terminlichen sowie der Kosten- und Aufwandssituation (Soll/Ist-Vergleich),
- die Beurteilung des Phasenergebnisses und gegebenenfalls die Analyse der Abweichungen,
- gegebenenfalls Diskussion und Verabschiedung von Maßnahmen zur Beseitigung von Mängeln,
- Beurteilung und Verabschiedung der Planung für die Folgephase.

Ereignisgesteuerte Projektsitzungen

Neben den geplanten Projektsitzungen sind immer dann Besprechungen notwendig, wenn es zu unvorhergesehenen Ereignissen im Projektverlauf kommt, z. B. bei akuten Störungen, bei groben Planabweichungen, bei unvorhergesehenen Personalengpässen.

3.6.2 Berichtswesen (Reporting)

Eine der Hauptaufgaben der Projektsteuerung ist die Koordinierung der beteiligten Stellen. Dies wird wesentlich vereinfacht, wenn alle am Projekt beteiligten Stellen über den Projektstand informiert sind.

Jeder im Projekt sollte wissen,

- von welchen Ergebnissen die eigene Projektaufgabe abhängt,
- wer für das Eintreten dieser Ergebnisse verantwortlich ist,
- ob die dafür auszuführenden Arbeiten im Zeitplan liegen,
- wer wiederum von den eigenen zu liefernden Ergebnissen abhängt,
- wie sich die Kostensituation darstellt.

Eine Möglichkeit, solche Abhängigkeiten transparent zu machen und den Stand der Dinge klarzulegen, ist die Einführung eines Berichtswesens, das im Umfang der Projektgröße und dem Projektumfang angemessen sein muß.

Zu viele Berichte wirken sich genau so schädlich aus wie zu wenige Berichte. Es gilt also, das richtige Maß zu finden, damit niemand über- oder unterfordert und somit frustriert wird. Außerdem sollte überlegt werden, wer welche Informationen wirklich benötigt. Die Erzeugung unnötiger Papierberge, die keiner liest, muß vermieden werden!

Andererseits müssen alle diejenigen Stellen ausreichend informiert werden, von deren Entscheidungen der Projektleiter abhängig ist oder die maßgeblich zum Erfolg des Projekts beitragen.

Die *Projektberichterstattung* muß sowohl den Informationsfluß innerhalb des Projektteams und zu eventuellen externen Partnern und Unterauftragnehmern als auch die Informationspflicht gegenüber dem Auftraggeber gewährleisten.

Neben dem angemessenen Informationsaustausch gehen alle Berichte auch in die Projektdokumentation ein.

Die *Projektdokumentation* umfaßt sämtliche projektrelevanten Informationen in Form eines Projekthandbuchs oder Projektordners. Dazu gehören alle Unterlagen der Projektplanung und -kontrolle bis hin zum Projektschlußbericht. Sie spiegelt das gesamte Projektgeschehen wider und dient als

Nachschlagewerk. Alle im Projektverlauf getroffenen Entscheidungen müssen nachvollziehbar dargestellt sein, damit sie für spätere Überprüfungen (z. B. durch Revision, öffentlich rechtliche Gutachter, Wirtschaftsprüfer etc.) verfügbar sind. Während des Projekts sollte sie an zentraler Stelle geführt, aber für alle Projektmitarbeiter zugänglich sein. Diese Projektdokumentation ist zu unterscheiden von der *Produkt*dokumentation (Pflichtenheft, Leistungsbeschreibung usw.)!

3.7 Zusammenfassung

Planen wir unsere Aufgaben regelmäßig und mit der erforderlichen Gründlichkeit? Wenn wir hierauf mit »nein« antworten müssen, dann gehören wir sicher zu denen, die sagen: »Dafür habe ich keine Zeit« oder »Das mache ich schon, schließlich habe ich ja meine Erfahrungen auf diesem Gebiet«.

Wollen wir keine Zufallsergebnisse, so müssen wir vor das Handeln das Planen setzen. Mit Hilfe der Aufgabenplanung praktizieren wir eine gedankliche Vorabschau über den Ablauf einer Aufgabe, eines Projekts. Erst dann können wir den Arbeitsablauf so steuern, daß Abweichungen frühzeitig erkannt und Korrekturen veranlaßt werden können.

Wer bei einer Planung ausschließlich bisherige Erfahrungen gelten läßt und Lösungen nur aus der Sicht praxisbezogener Gegebenheiten anstrebt, der bringt sich um die Möglichkeit, optimale Lösungen zu erreichen, denn neben dem Praxisbezug sollen neue Ansätze, die sich z. B. aus wissenschaftlichen Erkenntnissen oder aus kreativen Prozessen ergeben, mit in die Planung einfließen.

Planung erfordert systematisches Vorgehen. Veranlaßt durch eine bestimmte Ausgangssituation erfolgt zunächst eine Vorbereitungsphase, die aus der Voruntersuchung, der Zieldefinition, dem Projektauftrag und der »Planung der Planung« besteht. Im nächsten Schritt muß das Problem analysiert und es müssen die Schwachstellen gefunden werden. Diese Phase wird oft in ihrer Bedeutung unterschätzt. Die anschließende Phase dient der Erstellung des Konzepts. Hierbei sollen in einem Grobkonzept Planungsalternativen entwickelt und eine Grundsatzentscheidung über die auszuwählende Alternative und das weitere Vorgehen getroffen werden.

Das hieran anschließend zu erstellende Feinkonzept enthält alle Informationen, Aktivitäten und Termine. Die Qualität dieser Detailarbeit ist entscheidend für den Erfolg bei der Ausführung der Aufgabe, des Projekts.

Als Hilfsmittel zur Planung dienen der Projektstrukturplan, der Ablaufplan, der Balkenplan, der Netzplan und der Transplan. Durch ihre Anwendung werden wir zum gründlichen Durchdenken der Aufgabe oder des Projektablaufs gezwungen.

Der Einsatz der Hilfsmittel sollte – je nach Größe und Komplexität des Projekts – in zielgerechter Weise mit Bleistift und Papier, mit Personal Computer und entsprechender Software, wie z. B. MS-PROJEKT oder mit Hilfe des Großrechners (z. B. SINET), durchgeführt werden.

Beim Einsatz der »elektronischen« Hilfsmittel können – nach entsprechender Schulung und Einarbeitung – natürlich wesentlich mehr Varianten durchgerechnet werden, wodurch sich die Qualität der Planung spürbar erhöht.

Wer plant, erfüllt eine wichtige Funktion im Prozeß des Selbstmanagements.

4 Persönliche Zeitplanung

Zeitmangel stellt sowohl in den Unternehmen als auch in der Verwaltung ein weitverbreitetes Leiden dar.

Jeder wünscht sich, *mehr Zeit* zur Verfügung zu haben. Mehr Zeit gibt es aber nicht. Denn jeder von uns hat alle Zeit, die es gibt: täglich 24 Stunden. Das Problem liegt also nicht in der Zeit an sich, sondern in uns selbst. Es geht im Kern darum, wie gut wir die Zeit nutzen. Wenn auch uns die Zeit immer davonläuft – es häufig »fünf vor Zwölf« ist, dann sollten wir uns nachstehende kritische Fragen stellen:

Haben wir immer den Überblick über unsere Ziele und Aufgaben?

– Sind die Ziele bekannt?
– Sind Prioritäten effektiv gesetzt?
– Sind Aufgaben richtig zugeordnet?

Ist unsere Arbeitsweise richtig organisiert?

– Planen wir unser Vorgehen?
– Ist weitgehend ungestörtes Arbeiten möglich?
– Kontrollieren wir die Zeitverwendung?
– Herrscht Ordnung am Arbeitsplatz?

  Sind wir wirklich überlastet?

– Sind langfristig mehr Aufgaben zu erledigen?
– Stimmt die Aufgabenverteilung?
– Stimmen die Kapazitäten?

Wenn wir die ersten beiden Fragen – eventuell auch nur teilweise – mit nein beantworten müssen, dann ist unsere Arbeit hinsichtlich Zeit, Verwendung und Arbeitsmitteln besser zu organisieren. Nur wenn wir längerfristig wirklich überlastet sind – und der Nachweis ist erst mit einer Aufgabenanalyse zu erbringen –, kann z. B. das Einstellen von Mitarbeitern helfen.

Nach Durcharbeiten dieses Kapitels sollten wir stärker als bisher in der Lage sein mit der Zeit wirtschaftlich umzugehen.

Wir sollen

▷ erkennen, daß systematische Zeitplanung im täglichen Arbeitsablauf Vorteile bringt und

zur persönlichen Zufriedenheit beitragen kann,

▷ das eigene Zeitverhalten analysieren und Prinzipien bei der Zeitplanung einhalten können,

▷ Prioritäten für die eigene Zeitplanung festlegen und Zeitpläne aufstellen können,

▷ typische Störfaktoren erkennen sowie Möglichkeiten zu ihrem Abbau nutzen können,

▷ Hilfsmittel zur Zeitplanung kennenlernen und nutzen können.

Folgende Themen werden behandelt:

Zeitmangel

Zeitverhalten
Persönliches Leistungsverhalten,
Möglichkeiten der Zeitdisposition.

Prinzipien der Zeitplanung
Prioritäten setzen,
Serien bilden,
Störungen abbauen,
Erledigungstermine vorgeben,
Normalplan aufstellen,
Arbeiten delegieren.

Persönliches Zeitplanungssystem
Übersicht über die methodische Zeitplanung,
Grundsätze der methodischen Zeitplanung – vier Stufen der Zeitplanung,
Jahres-/Quartalsplan,
Monats-/Wochenplan,
Tagesplan.

Anwendungshinweise.

4.1 Zeitmangel

In der Hektik des Tagesgeschehens wird oft geäußert:

  »Zeit ist Geld«!

Dies ist sicher richtig bei Kalkulationen oder Wirtschaftlichkeitsbetrachtungen (z. B. kalkulierte Ingenieurstunden mal Stundensatz) sowie bei Pönaleüberlegungen und dergleichen. Doch bei globaler Betrachtung – insbesondere unter Berücksichtigung längerfristiger Ziele und persönlicher Prioritätsüberlegungen – erhält die »Zeit« eine besondere Qualität. Denn Zeit kann man nicht wie Geld ansammeln. Zeit kann nicht wie eine Maschine angehalten, wie Material gelagert oder wie ein Mensch ersetzt werden. Verflossene Zeit ist unwiederbringlich. Unter diesem Aspekt gilt:

»Zeit ist mehr (wert) als Geld«!

Mit Selbstverständlichkeit stellen wir viele Überlegungen an, bevor wir Geld investieren oder ausgeben. Wir entwickeln z. B. Investitions- und Finanzpläne und es gibt zum Teil akribische Kontrollmechanismen. Wir geben uns aber nicht annähernd so viel Mühe, unsere Zeit zu planen. Häufig gehen wir gedankenlos mit der Zeit um. Deshalb soll ein Ziel für uns sein:

Auch die Zeit in einen Etat planen!

Wenn wir die uns zur Verfügung stehende Zeit besser nutzen wollen, dann benötigen wir ein System für die Zeitplanung. Mit der systematischen Zeitplanung und der damit »erzwungenen« besseren Zeiteinteilung können wir unterstützen, daß wir unsere Ziele in der uns zur Verfügung stehenden Zeit auch erreichen. Der Erfolg unserer Bemühungen hängt weitgehend davon ab, wie wir die diesbezüglichen Techniken beherrschen und konsequent anwenden.

4.2 Zeitverhalten

4.2.1 Persönliches Leistungsverhalten

An einem Beispiel soll die Bedeutung des persönlichen Leistungsverhaltens herausgestellt werden:

Für eine Projektbesprechung ist ein Bericht auszuarbeiten. Wir beginnen nach der Mittagspause. Eigentlich sollten wir bis zum Feierabend fertig sein; aber wir kommen nicht recht voran. Schließlich treten wir bei einem bestimmten Punkt auf der Stelle. Die Arbeit wird abgebrochen und am nächsten Morgen wieder begonnen. Wir stellen dabei fest, daß es auf einmal viel leichter geht, und wir sind schon kurz nach zehn Uhr fertig.

Obwohl letztendlich beim »Start am Morgen« weniger Zeit gebraucht wurde als geplant, wurde ein besseres Ergebnis erzielt.

Ähnliche Situationen hat jeder schon erlebt. Denn:

Die quantitative Zeitschätzung ist nur ein Aspekt *neben* der qualitativen Seite der Leistungsbereitschaft.

Insofern gilt die These:

»Zeit ist nicht gleich Zeit«,

d. h. das erzielte Ergebnis hängt u. a. von der momentanen Leistungsfähigkeit ab. Es ist erwiesen, daß jeder Mensch im Verlauf des Tages Leistungsschwankungen unterworfen ist.

Die Leistungsbereitschaft verläuft beim Menschen im allgemeinen nach einer Kurve, die nur wenig durch besondere Arbeitsgewohnheiten oder durch die Umwelt (Wetter, Hell oder Dunkel usw.) beeinflußt wird. Den allgemein bekannten Verlauf der Leistungskurve zeigt Bild 4.1.

In diesem Zusammenhang sollten wir auch einmal versuchen, in einem Schaubild nach oben angegebenem Muster unsere Leistungsfähigkeit im Verlauf einer Woche aufzuzeichnen.

Nach der Erfahrung kann eine Wochen-Leistungskurve aussehen, wie dies Bild 4.2 veranschaulicht.

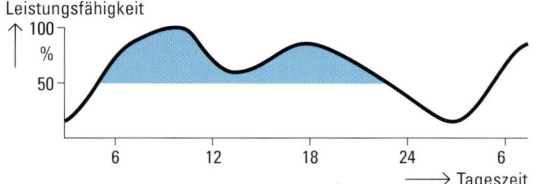

Bild 4.1
Tagesverlauf der Leistungsfähigkeit
(nach Rüssel [1])

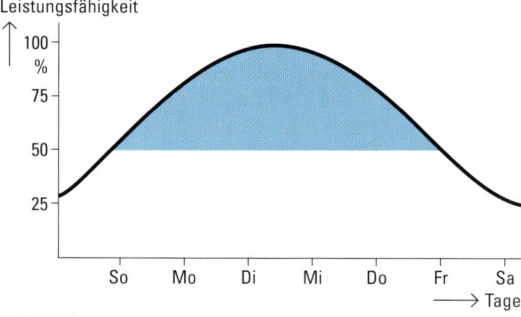

Bild 4.2
Verlauf der Leistungsfähigkeit innerhalb einer Woche

Da bei jedem von uns die Leistungsfähigkeit vom allgemein beobachteten Verlauf abweichen wird, ist es wichtig, die *persönliche* Leistungskurve zu kennen. Nur, das Wissen hierüber hilft allein nicht.

Wir müssen versuchen, bei unserer Zeitplanung zu verwirklichen, daß

Routinearbeiten
in den leistungsungünstigen Zeiten erledigt werden (meist in der Anlaufphase zu Tagesbeginn, um die Mittagszeit und nach etwa 17.00 Uhr),

schöpferische und konzentrierte Arbeiten
in den leistungsgünstigen Zeiten durchgeführt werden (meist ungefähr zwischen 9.00 und 11.00 Uhr sowie zwischen 15.00 und 17.00 Uhr).

Für die eigene Zeiteinteilung ist es daher wichtig, daß im Rahmen der Gestaltungs- und Beeinflussungsmöglichkeiten am Arbeitsplatz für jede Arbeit der richtige Zeitraum gewählt wird. Wir sollten jeden Tag aufs neue versuchen, unseren persönlichen Arbeitsrhythmus gegen alle Schwierigkeiten und Störungen zu verwirklichen.

4.2.2 Möglichkeiten der Zeitdisposition

Wenn wir uns fragen, welche besonderen Aufgaben, die sich von der täglichen Routine abheben, wir in der nächsten Woche erledigen wollen, antworten wir mitunter:

»Das kann ich noch nicht überblicken. Das hängt davon ab, was sich alles auf meinem Schreibtisch anhäuft.« oder »Das hängt von meinem Chef ab.« Dennoch: Wer etwas ändern will, muß wissen, wie weit er Herr über die eigene Arbeit ist und wie weit ihm die Arbeit von außen aufgezwungen wird.

»Zeit haben« heißt: Wissen, wofür man Zeit haben will und Zeit haben muß.

In dem Maße, in dem wir einen bestimmten Teil der täglichen Arbeitszeit selbst gestalten können, haben wir auch die Möglichkeit, mindestens diesen Teil besser zu organisieren.

Für uns ist es wichtig, ein Gefühl dafür zu bekommen, welchen Freiraum wir für die aktive, eigene Gestaltung unserer Zeitpläne haben. Hierzu ist die Beantwortung der Frage notwendig:

Wie verbrauche ich im allgemeinen mein »tägliches Zeitkapital«?

Eine Hilfestellung dazu gibt das »Aufgabenprotokoll«, das eine vollständige Übersicht über die Zeitverwendung innerhalb eines definierten Zeitraums (z.B. ein Monat) gibt. Näheres s. Kap. 2.2.3 Aufgabenprotokoll.

Bei der Analyse der Tätigkeiten soll kritisch untersucht werden: Wie viele Stunden am Tag kann ich z.B. nicht aktiv auf die Ziele meines Arbeitsgebiets hinarbeiten? Aber auch: Werden mir Termine von anderen vorgegeben; man könnte auch sagen: werde ich »gearbeitet«?

Die unterschiedlichen Möglichkeiten der Zeitdisposition sollen an zwei unterschiedlichen Arbeitsplatztypen dargestellt werden.

▷ *Abwicklungsplatz im Versand:*
Die Tätigkeiten weisen einen hohen Routineanteil auf und sind getaktet einerseits durch die Fertigmeldungen der Produktion und andererseits durch die abgesprochenen Termine mit den Spediteuren. Unter Umständen wird dieses in einem DV-gestützten Bearbeitungsschema für den Arbeitsplatz sogar vorgegeben.

▷ *Arbeitsplatz in der Produktentwicklung*
Der Anteil an Routinetätigkeiten ist relativ gering, Terminvorgaben gibt es nur in Rahmenplänen und die Möglichkeit auch für kreative Freiräume muß gegeben sein.

An dieser stichwortartigen Arbeitsplatzskizzierung wird deutlich, daß beim Abwicklungsplatz im Versand das Verhältnis zwischen »vorgegebenen Tätigkeiten« zu »frei disponierbaren Tätigkeiten« ungefähr 80:20 beträgt. Für den Entwicklungsarbeitsplatz sollte das Verhältnis jedoch 40:60 sein.

Unabhängig von diesen Unterschieden in den Arbeitsplatztypen muß es das Ziel sein, die täglichen Routineaufgaben in den Griff zu bekommen und die so »gewonnene Zeit« zum Erreichen der selbstgesetzten Ziele bzw. zum Ausschöpfen des freien Dispositionsrahmens zu nutzen; um so größer wird die Zufriedenheit sein, die wir bei der Arbeit gewinnen. Dies wird auch gefördert durch kreative Ablaufverbesserungen, z.B. bei der Versandabwicklung, die unter anderem bei Qualitätsgruppenarbeiten eingebracht werden können.

Deshalb sollte im Sinne des Selbstmanagements der Grundsatz gelten:

»Organisieren Sie sich selbst,
bevor andere Sie organisieren!«

Schließlich werden wir ja unter anderem daran gemessen, ob wir aktiv die abgesprochenen Vorgaben bzw. Ziele im Planungszeitraum erreicht haben.

4.3 Prinzipien der Zeitplanung

Bei der persönlichen Zeitdisposition sollten folgende Prinzipien beachtet werden:

▷ Prioritäten setzen,
▷ Serien bilden,
▷ Störungen abbauen,
▷ Erledigungstermine vorgeben und beachten,
▷ Normalplan aufstellen,
▷ Aufgaben delegieren.

4.3.1 Prioritäten setzen

Da nicht alle Aufgaben gleichzeitig bearbeitet und erledigt werden können, müssen wir sie auf ihre Vorrangigkeit untersuchen und die so ermittelten Prioritäten bei der Zeitplanung berücksichtigen.

Die Prioritäten der Aufgaben werden durch ihre *sächliche Bedeutung* und *zeitliche Dringlichkeit* bestimmt. Um diese zu ermitteln, können wir z. B. folgende Fragen stellen:

Bedeutung:

Wie hoch sind die Kosten oder der Wert?
Wie groß ist der Verlust oder die Beschädigung?
Welcher Kunde, Partner etc. ist beunruhigt?
Welche Folgen sind zu erwarten (z. B. Pönalen)?

Dringlichkeit:

Wer will was wie dringend wissen?
Wie dringend ist die Aufgabe jetzt?
Bis wann muß die Aufgabe erledigt sein?

Bei beiden Einflußgrößen ist gegebenenfalls zusätzlich ihr weiterer zeitlicher Verlauf (Tendenz) zu beachten; d. h., es muß geprüft werden, ob Bedeutung und Dringlichkeit gleichbleiben, steigen oder abnehmen werden.

Fragen zur Klärung ihres Verlaufs sind z. B.:

Woraus ist zu schließen, daß der Schaden größer (kleiner) wird?
Wie war die Entwicklung in der Vergangenheit?

Aufgaben können also nach grober Abschätzung hinsichtlich der Einflußgrößen haben:

▷ eine hohe (H), mittlere (M) oder niedrige (N) Bedeutung,
▷ einen hohen (H), mittleren (M) oder niedrigen (N) Zeitfaktor,
▷ einen gleichbleibenden, steigenden oder fallenden Verlauf.

Diese grobe Einteilung hilft bei der Einstufung nach einer Prioritätenmatrix.

Stellt man die Einflußgrößen *Bedeutung* und *Dringlichkeit* in einer Matrix gegenüber, so kann diese als Hilfe beim Einteilen von Aufgaben in drei Vorrangigkeitsstufen (Prioritäten A, B oder C) genutzt werden, wobei die Tendenzen beim Abschätzen von Bedeutung und Dringlichkeit bereits zu berücksichtigen sind.

Matrix zum Bestimmen von Prioritäten:

Bedeutung (Kostenfaktor) / *Dringlichkeit* (Zeitfaktor)	hoch	mittel	niedrig
hoch	A	B	B
mittel	B	B	C
niedrig	B	C	C

Eine Aufgabe mit hoher Bedeutung und hoher Dringlichkeit hat die Priorität A; eine mit hoher Bedeutung, aber niedriger Dringlichkeit die Priorität B.

Je nach der Art der eigenen Tätigkeit und den Anforderungen des Arbeitsplatzes muß man individuell festlegen, innerhalb welcher Fristen die mit Prioritäten versehenen Aufgaben zu erledigen sind.

Beispiel:
Fristen für die Aufgabenerledigung im Kundendienst

A: Innerhalb von zwei Stunden,
B: an diesem oder dem nächsten Tag,
C: in dieser Woche oder später.

In Situationen, in denen die Zahl der Aufgaben zu groß wird oder die Übersicht verloren gehen kann, hilft es in einem ersten Schritt, *alle* Aufgaben aus einer Periode (z. B. nächster Monat) aufzulisten. Zur Prioritätenfestlegung wird unter Berücksichtigung von Bedeutung und Dringlichkeit – mit Abschätzung der Tendenz – anhand der Prioritätenmatrix die Rangfolge ermittelt:

Aufgabe	Bedeutung	Dringlich-keit	Priorität
Baustellen-inspektion durchführen	hoch	mittel	B
Ausschußquoten in der Werk-statt senken	hoch	hoch	A
Vergabegespräch für Projekt abhalten	mittel	niedrig	C
etc.			

Mit diesem Schema können die anstehenden Arbeiten und Vorhaben in jeder Phase der Zeitplanung und in jedem Detaillierungsgrad (z. B. während der Jahres-, Monats- oder Tagesplanung) dargestellt, überprüft und hinsichtlich ihrer Reihenfolge geordnet werden.

Je nach Priorität sind anschließend die Aufgaben in die jeweiligen Zeitpläne zu übernehmen. Dabei ist zu beachten, daß die Prioritäten nur für den augenblicklichen Informationsstand gelten. Mit fortschreitendem Zeit- und Bearbeitungsverlauf sowie bei neuen Informationen und veränderten Randbedingungen müssen sie überprüft und gegebenenfalls geändert werden. Dies gilt insbesondere bei Aufgaben mit der Priorität B oder C, wo allein durch den Zeitablauf die Dringlichkeit ansteigt und uns bei mangelnder Übersicht Aufgaben »einholen«. Hilfsmittel, die dies verhindern, sind aktuelle Arbeits- oder Projektpläne sowie Wiedervorlagemappen und DV-gestützte Arbeitslisten und Terminhilfen.

4.3.2 Serien bilden

Die Idee der »Serienbildung« stammt ursprünglich aus dem Produktionsbereich. Aber auch bei der Arbeit am Schreibtisch ist es wichtig, *gleichartige Tätigkeiten* zusammenzufassen.

Wenn wir unsere täglichen Aufgaben systematisch durchleuchten (s. auch Erläuterungen, Aufgabenanalyse), werden wir zahlreiche Arbeiten finden, bei denen sich Serien bilden lassen. Das Ziel dabei ist, wiederholte »Rüstzeiten« und damit Zeitverluste für mehrmalige Vorbereitungen und »Aufräumvorgänge« zu vermeiden. Serienbildung ist z. B. möglich bei

Diktaten,
Telefonaten,
Rechnungsprüfungen, Kalkulationen,
Rücksprachen und Kurzbesprechungen,
Bearbeitung von Literatur,
Dienstreisen.

Wir werden also versuchen, Vorgänge, für die wir die gleichen Unterlagen und Hilfsmittel (z. B. Diktiergerät, Rechner) oder dieselben Mitarbeiter benötigen, zusammenzufassen. Zur Verdeutlichung dieses Vorgehens noch ein Beispiel, das auch Aspekte des nächsten Abschnitts »Störungen abbauen« beinhaltet.

»Jemand braucht für das Diktieren von drei Briefen aus dem gleichen Sachgebiet eine Zeit von $3 \cdot 20$ min, im Normalfall also 60 min. Wenn er während der Bearbeitung nur zweimal unterbrochen wird, braucht er für die drei Briefe $2 \cdot 20$ min $+$ $2 \cdot 5$ min neue Anlaufzeit $+$ $1 \cdot 20$ min $= 70$ min.
Eine gewisse »Anlaufzeit« wird wohl bei jedem Vorgang benötigt, z. B. um benötigte Unterlagen bereitzulegen oder auch, um die Gedanken zu sammeln und auf den Vorgang zu konzentrieren. Doch die Anlaufzeiten fallen um so länger aus, je unterschiedlicher die Arbeitsvorgänge sind (sachliche und geistige Rüstzeiten) und je kleiner die Arbeitstakte gemacht werden (z. B. durch Störungen).

4.3.3 Störungen abbauen

Beim Erledigen von Aufgaben wird man immer wieder unterbrochen und gestört. Diese Tatsache gewinnt an Bedeutung, wenn man sich klar macht, daß viele Unterbrechungen gar nicht als solche empfunden oder als »zum normalen Ablauf zugehörig« betrachtet werden (z. B. Telefonieren während einer Besprechung oder die Post kommt direkt auf den Schreibtisch).

Beim zeitbewußten Planen ist es wichtig, zu erkennen, daß jede Unterbrechung bzw. Störung Zeit kostet und daher möglichst abgebaut oder ausgeschlossen werden muß. In jedem Fall muß es Zeiträume geben, die störungsarm sind und daher das reibungslose Erledigen wichtiger Aufgaben ermöglichen.

71

Zum Abbau von häufigen Arbeitsunterbrechungen sind in einem Schritt alle Störungsanlässe festzuhalten und zu analysieren (Vordruck »Störungsanalyse«, Seite 89).

Für die sachgerechte Analyse müssen je nach Aufgabengebiet die Gliederungskriterien selbst entwickelt werden. Dies können z. B. sein:

– Telefonate (eingehend/ausgehend),
– interne Besprechungen,
– externe Besprechungen,
– fehlende Unterlagen (selbst verursacht),
– fehlende Unterlagen (fremd verursacht),
– Kollegenbesuche,
– Fachauskünfte,
– unangemeldete Kundenbesuche.

Hierbei müssen jeweils Anzahl und Dauer der Unterbrechungen festgehalten und über einen repräsentativen Zeitraum ausgewertet werden.

➡ Abschirmen/Abwehren
- Rufumleitung, »Sprachboxen« nutzen
- Gegenseitige »Vertretung« in der Arbeitsgruppe
- Beauftragung des Sekretariates

➡ Separieren
- Besprechungsecke
- Anderer Schreibtisch
- »Klausurtagung« (z. B. Hotel)

➡ Verschieben
(Vorgang aufnehmen lassen)

selbst erledigen	**Delegation**

• Priorität
  + Anliegen vorklären
• Nacharbeiten
	• Wünsche weitergeben
	• Erledigungskontrolle
	  beachten

➡ Anders Strukturieren
(interne oder externe Kontakte steuern, z. B. vorherige Absprachen, regelmäßige Info- oder Projektgespräche)
- Regelmäßige Info-Gespräche einplanen
- Mitarbeitergespräche _fest_ einrichten
- Kundenbesuche absprechen und vorplanen

➡ Arbeitsstil verändern
- Nicht alles annehmen
- Prioritäten einhalten
- Argumentativ »NEIN« sagen

➡ Technische Verbesserungen
- Vorbeugende Wartung
- Redundanzplanungen
- Notfallkonzepte etc.

➡ Annehmen/Unterbrechen
(Prioritäten ändern)
- Prioritäten verschieben
- Planung überarbeiten

Bild 4.3
Prinzipielle Möglichkeiten zum Störungsabbau

Dann ist zu überlegen, durch welche Maßnahmen die Störungen verhindert oder wenigstens vermindert werden können. Eine prinzipielle Übersicht über die Möglichkeiten zum Störungsabbau enthält Bild 4.3. Je nach Aufgabenfeld ist die Beeinflussungsmöglichkeit der Störursachen sehr unterschiedlich. Hierzu ist gemeinsam zu prüfen, ob z. B. »Sperr- und Sprechzeiten« eingeführt werden können. Dabei ist von Sperrzeiten schon dann die Rede, wenn unter mehreren Kollegen vereinbart wird, sich während einer bestimmten Zeit nicht anzurufen oder z. B. an einem bestimmten Vormittag die ankommenden Telefonanrufe für einen Kollegen mit entgegenzunehmen.

Beim Analysieren der Störungen muß man bedenken, daß sie teilweise zwingend mit unserer täglichen Arbeit verbunden sind. So gehört das Telefon, vernünftig benutzt, zu einem unserer zeitsparendsten Instrumente. Bei der Störungsanalyse geht es vor allem um das Erkennen _unnötiger_ Störungen: Muß der Kollege/Vorgesetzte wirklich alle fünf Minuten dringend etwas wissen? Oder kann man nicht sinnvoll eine Besprechung ansetzen, in der offene Punkte zusammen behandelt werden?

Eine Übersicht über weitere »Zeitfallen« enthält der Anhang mit Tips, wie man der Zeitfalle entkommt (Seite 82).

4.3.4 Erledigungstermine vorgeben und beachten

Wenn wir bei unserer Planung Erledigungstermine vorgesehen haben, müssen wir versuchen, diese auch einzuhalten. Diese Termine können von außen vorgegeben, aber auch mit dem Vorgesetzten vereinbart oder im Rahmen eigener Überlegungen zur Aufgabenerleichterung fixiert worden sein. Sie sollten – auch bei engem Zeitrahmen – als anspornende Zielsetzungen verstanden werden.

Das eventuelle Verschieben von Prioritäten sollte man in jedem Fall sehr sorgfältig prüfen, um den Änderungsaufwand bei sich und anderen so klein wie möglich zu halten. Wir müssen beim Einhalten von Terminen anderen, aber auch uns selbst gegenüber, zeitbewußt und »zeitempfindlich« werden.

Zur Entwicklung des eigenen Zeitbewußtseins sollten die Arbeitsergebnisse im Hinblick auf die erreichten Ziele z. B. wie folgt überprüft werden:

– Welche der geplanten Aufgaben konnten erledigt werden?
– Welche Aufgaben mußten verschoben werden und warum (ggf. Störungen analysieren)?
– Wie lange hat die Erledigung tatsächlich gedauert (Ist-Zeiten aufschreiben)?

So können z. B. am Ende einer Arbeitswoche oder eines Arbeitstages nicht nur die Erledigung oder Nichterledigung der Aufgaben kontrolliert, sondern auch bessere Ausgangsdaten für neue Zeitschätzungen gewonnen werden. Diese Rechenschaft führt langfristig zu ehrlicheren Terminaussagen und zur Verbesserung der Planung.

4.3.5 Normalplan aufstellen

Abhängig vom eigenen Arbeitsgebiet ist es sinnvoll für einen bestimmten Zeitraum (z. B. Woche oder Tag) einen »Musterplan« zu erstellen, welcher der gewünschten Zeiteinteilung entspricht, unter Berücksichtigung der vorher genannten Prinzipien (Serienbildung, Leistungskurven, Prioritäten usw.). Dieser »Normalplan« kann immer wieder als Anhaltspunkt dienen, wenn im Rahmen der Bewältigung der Einzelaufgaben die Gefahr besteht, sich zu verzetteln.

Der Normalplan soll Gedankenstütze sein, damit wir jeden Wochen- oder Tagesplan immer wieder an unseren Zielvorstellungen ausrichten.

Beispiel eines Tagesnormalplans

Zeitraum	Tätigkeit
8.00 bis 9.00	Schnellinformation, Rücksprachen, Veranlassungen (»Sofortmaßnahmen«)
9.00 bis 11.30	Arbeiten nach Tagesplan*)
11.30 bis 12.00	Telefonate, Rücksprachen
13.00 bis 14.30	Kurzdiktate, Telefonate, Besprechungen
14.30 bis 16.30	Arbeiten nach Tagesplan*)
16.30 bis 17.00	Post und Planung des nächsten Tages

*) Diese »Arbeitsblöcke« sollten störungsarm nach Prioritäten optimiert werden.

In dem oben genannten Beispiel wird bewußt die Postsichtung mit der Planung verbunden, damit für den nächsten Tag eine *aktuelle* Tagesübersicht möglich wird. Dies setzt unter Umständen im Laufe des Tages eine kurze Vorsortierung der einlaufenden Informationen voraus.

4.3.6 Aufgaben delegieren

In der Theorie wird das Stichwort der Delegation richtigerweise bei den Führungstechniken abgehandelt. In der täglichen Praxis sollte aber bei der täglichen Vorgangsbearbeitung immer wieder überprüft werden, ob unter Berücksichtigung der Prioritäten und der Zeitsituation Aufgaben frühzeitig ganz oder teilweise delegiert werden sollten. Damit ist Delegation nicht nur ein wirksames Entlastungsinstrument für Vorgesetzte, sondern jeder selbständig arbeitende Mitarbeiter muß in seinem Arbeitsgebiet immer wieder prüfen, ob nicht Aufgaben oder Aufgabenpakete von anderen erledigt werden müssen. Dies beginnt in der einfachsten Form beim sinnvollen Einsatz von Praktikanten oder Auszubildenden und muß andererseits im Rahmen von Arbeits- oder Projektgruppen zu einer Delegation von Arbeitspaketen an die Beteiligten führen. Der Delegationsaspekt wird natürlich um so wichtiger, je mehr ein Mitarbeiter schrittweise auch Vorgesetztenfunktionen z. B. als Gruppen- oder Abteilungsleiter wahrnimmt.

Wichtig bei der Delegationseinleitung ist es, *situationsgerecht* unter Berücksichtigung von Kenntnisstand und Erfahrung der Partner vorzugehen. Ein vereinfachtes Modell eines abgestuften Ansatzes enthält die Übersicht (Bild 4.4).

Bei dieser abgestuften Vorgehensweise wird einerseits der Entwicklung und der Bereitschaft des Mitarbeiters zur *Verantwortungsübernahme* Rechnung getragen. Andererseits wird deutlich, daß vom Vorgesetzten dafür schrittweise auch die notwendigen *Handlungskompetenzen* übertragen werden müssen. Insofern muß in den unterschiedlichen Arbeitssituationen – insbesondere in Nichtroutinefällen – eine Abstimmung über die zu erzielenden Arbeitsergebnisse herbeigeführt werden.

Eine wirkungsvolle Delegation braucht deshalb einerseits die *Bereitschaft*, Aufgaben weiterzugeben, und andererseits die *Technik*, richtig zu delegieren.

73

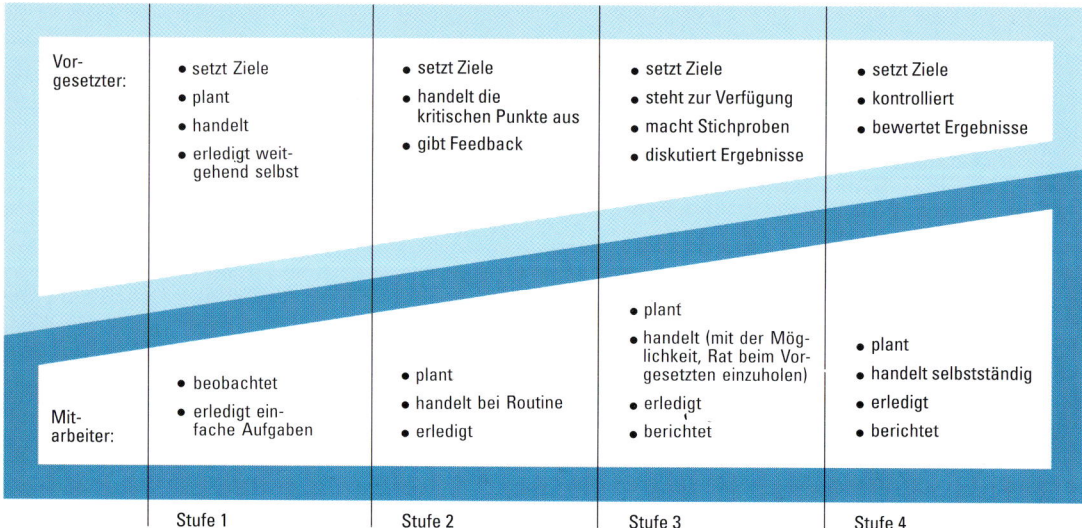

Bild 4.4   Delegation einer Aufgabe

Als einfache Hilfestellung für die Aufgabenweitergabe kann die Orientierung an den »4W-Fragen« dienen.

Warum (Erläuterungen/Hintergrund)?
Was   (Aufgabe, Umfang, Inhalt)?
Wann   (Terminrahmen, Eck- und Zwischentermine)?
Wie   (Vorgehensüberlegung, Planschritte)?

Eine ausführliche Erläuterung zur richtigen Formulierung von *Aufgabenzielen* finden Sie im Kapitel 2.1.3 mit entsprechenden Erläuterungen.

Ein erfolgreiches Delegieren sollte folgende Regeln beachten:

▷ Mitarbeiter rechtzeitig und umfassend informieren,
▷ Beratung und Hilfestellung anbieten,
▷ Ablauf und Erfolgskontrolle einplanen.

Das Beratungsgespräch wird aus Unsicherheit oder Angst vor der Verantwortung manchmal als Ansatz zur »Rückdelegation« genutzt. Deshalb sollte bei der Verständigung über die nächsten Arbeitsschritte (z.B. bei der Gesprächszusammenfassung) immer sichergestellt bleiben, daß sich der Mitarbeiter weiterhin für die Erledigung der Aufgabe zuständig fühlt.

Bei richtiger Delegation gewinnen alle beteiligten Partner, denn

▷ Fachkenntnisse und Erfahrungen der Mitarbeiter werden ausgebaut,
▷ Initiative und Selbständigkeit bei den Mitarbeitern werden entwickelt und gefördert,
▷ Führungskräfte können sich langfristig entlasten,
▷ Leistungsmotivation und Arbeitszufriedenheit der Mitarbeiter werden erhöht.

Insofern ist Delegation mehr als nur ein »Entlastungsinstrument«, sondern einerseits ein Weg, um Mitarbeiter schrittweise zu qualifizieren, und andererseits durch frühzeitige Übertragung von Verantwortung die Bildung von Führungspotential zu fördern.

Abschließend ist es wichtig darauf hinzuweisen, daß die Übertragung von »Handlungsverantwortung« Führungskräfte und Mitarbeiter (z.B. als Projektleiter) nicht von der *Gesamtverantwortung* befreit.

Insofern sind *nicht* delegierbar:

▷ Zielsetzung und strategische Planung,
▷ Ergebniskontrolle,
▷ Mitarbeiterbeurteilung und Personalentwicklung,

▷ Informationsbearbeitung und Koordination,
▷ Die Gesamtverantwortung für seinen
  Zuständigkeitsbereich.

4.4 Persönliches Zeitplanungssystem

4.4.1 Übersicht über die methodische Zeitplanung

Im Rahmen der Gesamtplanung orientiert sich die Zeitplanung an den jeweiligen Langzeitzielen, wie sie in den Mehrjahresplänen (lang- und mittelfristige Planung) festgelegt sind.

Als größte Planungseinheit gilt bei der persönlichen Zeitplanung normalerweise der Jahresplan, weil – gebunden an Berichterstattung und Abschlüsse – auf jeden Fall dieser Zeitraum betrachtet werden sollte. Je nach Bedarf und Aufgabenstruktur muß die eigene Planung weiter untergliedert werden in Quartals-, Monats-, Wochen- und Tagespläne.

Mit diesen ineinandergreifenden Bausteinen läßt sich ein methodisches Zeitplanungssystem einrichten, das auch die periodischen Kontrollen beinhaltet (Bild 4.5).

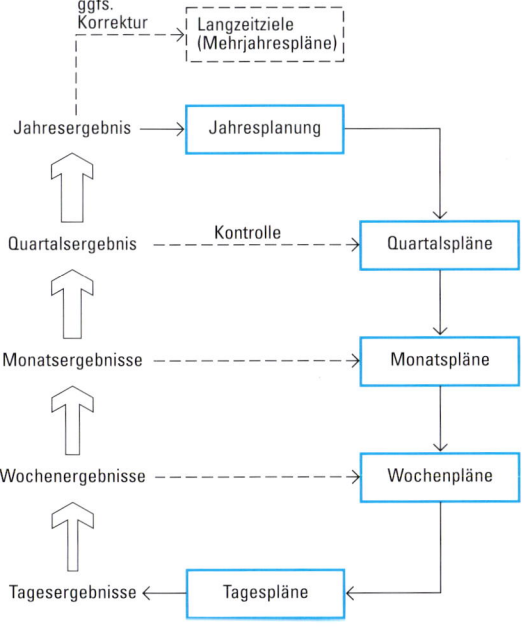

Bild 4.5 Kreislauf der methodischen Zeitplanung

Nach Ablauf der entsprechenden Planungszeiträume müssen die Ergebnisse (Soll-Ist-Vergleich) betrachtet und die weiteren Unterpläne revolvierend angepaßt werden.

Erst durch kritisches Analysieren der Abweichungen werden *realistische* Zeitschätzungen für die Planungen in der Zukunft gewonnen. Dies gilt insbesondere, wenn absehbar ist, daß Aufgaben oder Produkte sich wiederholen werden und damit die Abläufe in »Routinen« überführt werden können. Während die Mehrjahrespläne eher strategisch ausgerichtet sind und meist eher Grobziele und Schätzungen enthalten, ist die Jahresplanung auf jeden Fall nach Aufgaben, Kapazitäten und evtl. nach Prioritäten zu detaillieren.

4.4.2 Jahres-/Quartalsplan

Jahresplanung

Am Ende eines Jahres, spätestens jedoch am Anfang eines neuen Jahres, sollen *alle* größeren oder periodischen Aufgaben für die nächsten zwölf Monate festgehalten werden.

Grobschema Jahresplan

Aufgaben	Gesamter Zeitbedarf (MW)	Fertigstellungstermin	Priorität
Prüfprogramm entwerfen	sechs Wochen	März	A
Checkliste für Baustelleneinrichtung erstellen	zwei Wochen	Mai	B
F+E-Berichte	zwei Wochen	je Quartal	periodisch
Ratio-Projekte	vier Wochen	je Quartal	periodisch

Im ersten Schritt ist es wichtig, sich eine ehrliche Übersicht über *alle* anstehenden Aufgaben zu verschaffen und deren Priorität abzuschätzen und festzustellen, wo es feste Zusagen oder Fertigstellungstermine gibt bzw. ob es sich um persönliche »Wunschvorhaben« handelt.

In einfacher Form können die Grobbelegungen in einer Jahresübersicht (einschließlich Urlaub usw.) markiert werden (s. Bild 4.6) oder in einer Jahres- oder Projektplanung detailliert werden.

75

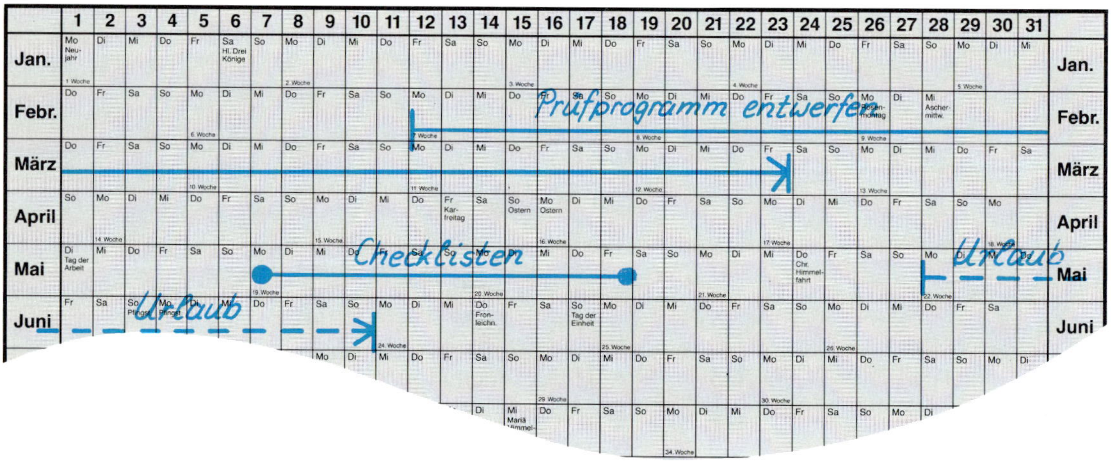

Bild 4.6 Jahresübersicht für die Terminplanung

OI-Aufwand f. Entwicklungsvorhaben in Mann-Monaten	Arbeitsgebiet: Bürokommunikation						Nr. 34	Seite 3.79

Art der Vorhaben: [ ] DV-Verfahren [X] Büro-/Komm.Technik [ ] konv. Verfahren

Themen-nummer	Vorhaben / Kurzbeschreibung	Abt.	Aufw. OI-Abt.	aufgel. bis 09/91	Ist 91/92	Plan 91/92	Diff. zu Plan	V-Ist 92/93	Plan 93/94	Über-hang	Ziel *)
E/1393	Entwicklung TS90	OI31	2,9	2,6	0,3	2,0	-1,7				S
		OI32	3,0					1,0	1,0	1,0	
		Summe:	5,9	2,6	0,3	2,0	-1,7	1,0	1,0	1,0	
	Test neuer HW/SW, Einsatzkonzept, Freigabe.										
E/1396	Einsatzpr./Freigabe PC-Netze	OI31	34,0	1,4	11,5	8,7	2,8	6,7	6,0	8,4	S
		OI32	37,0					9,0	14,0	14,0	
		Summe:	71,0	1,4	11,5	8,7	2,8	15,7	20,0	22,4	
	Allgemeines Einsatzkonzept für PC-Vernetzung. Bei PC-Vernetzung kommen versch. "Techniken" zum Einsatz: PC-BS2000, PC-SINIX/UNIX, PC-PC (LanManager). Neue Möglichkeiten der Komm. (E-Mail), Emulation (9750, Kopplung 97801, VT100), Filetransfer.										
E/1398	Einsatzpr./Freigabe APR	OI31	110,0	24,3	43,1	28,8	14,3	15,8	18,8	8,0	S
		OI32	8,1		1,1	1,0	0,1	1,5	1,5	4,0	
		Summe:	118,1	24,3	44,2	29,8	14,4	17,3	20,3	12,0	
	Auswahl neuer HW/SW, Test, Einsatzkonzept und Freigabe, Piloteinsätze sowie Weiterentwicklung von Hilfsmitteln.										
	Summe/Übertrag		644,6	161,5	117,3	101,5	15,8	106,5	100,0	159,3	

Bemerkungen: E/1393: In 92/93 Anpassung an 17-19 Zoll Bildschirme. Verbesserungen bei Ausdrucken und Speicherausnutzung.
E/1396: Ziel ist es, gemeinsame Anwendungen und Dienste über vernetzte PC zu unterstützen. Für DB-Einsatz werden SQL-Server erprobt.
E/1398: In 92/93: Weiterentwicklung des Betriebssystems (z.B. Windows NT), neue Prozessorgeneration (INTEL P5) u. Auswahl/Einsatz Datenbank unter Windows.

*) ◯ = Neuentwicklung ◯ = Erweiterung ◯ = Ersatz R = Rationalisierung S = Sachzwang T = Tuning Q = Qualitätsverbesserung

Bild 4.7 Gliederung der Aufgabenthemen (mit Kapazitätsangaben)

Wenn wir den so geschätzten gesamten Zeitbedarf der Einzelaufgaben ermitteln, werden wir feststellen, daß bereits der größte Teil des Jahres, manchmal sogar mehr als der gesamte »Zeitetat«, verplant ist. Beim endgültigen Festlegen des Jahresplans können für neue Aufgaben nur die frei verfügbaren Arbeitstage verplant werden. Die feststehenden oder absehbaren zeitlichen Inanspruchnahmen (z. B. Ausschußsitzungen, Tagungen, Routinearbeiten) sind von vornherein zu berücksichtigen und in die Jahresplanung (z. B. Zeitplanbuch) zu übernehmen.

Die Erfahrung lehrt, daß (je nach Führungsebene) nur die Hälfte bis ein Drittel aller Arbeitstage für neue Aufgaben *frei* disponibel ist. Wenn nicht persönlich klare Prioritäten gesetzt werden, ist häufig schon durch »Selbstüberschätzung« ein Scheitern vorprogrammiert.

Neben der *persönlichen* Vordisposition sind auf jeden Fall in einem Arbeitsteam, einer Projektgruppe oder einer Gruppe bzw. Abteilung *gemeinsame* Planungs- und. Kapazitätsüberlegungen notwendig.

Im Beispiel von Bild 4.7 sind Themen und Kapazitäten aus zwei Organisationsabteilungen dargestellt und Erläuterungen markiert worden (z. B. Sachzwang).

Dies soll einerseits eine abgestimmte Planungsunterlage liefern, andererseits aber frühzeitig Handlungs- und Steuerungsmöglichkeiten eröffnen. Beispielhaft ist dies am Summenbild der Kapazitäten einer Organisationsstelle erläutert (Bild 4.8).

Das Beispiel zeigt, daß der geschätzte Aufwand für die Themenkomplexe die genehmigte Personalkapazität übersteigt. In Abstimmgesprächen müssen jetzt z. B. Prioritäten überprüft werden, eventuell Ratio-Möglichkeiten geprüft oder Fremdvergaben erwogen werden.

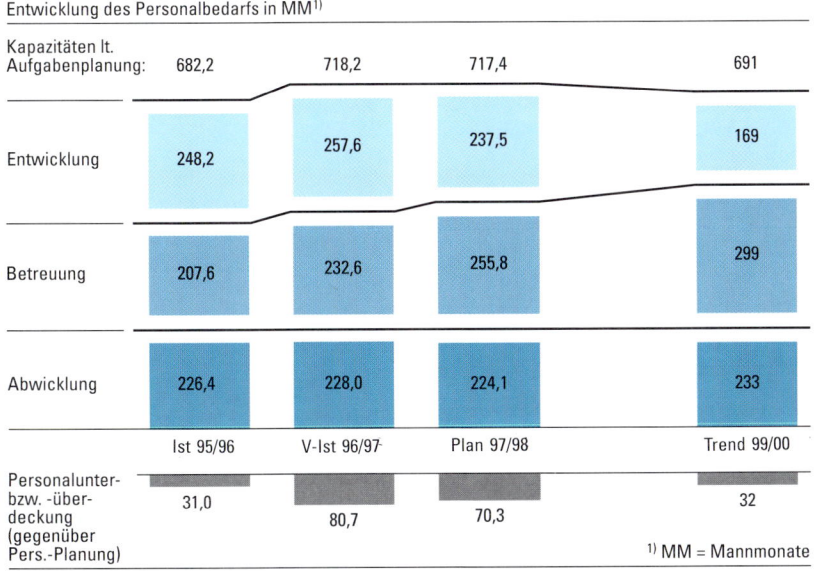

Bild 4.8   Gegenüberstellung der Aufgabenkomplexe und der Personalkapazitäten

Quartalsplanung

Es ist sinnvoll, während des Jahres in regelmäßigen Abständen die abgelaufene Periode zu überdenken und gegebenenfalls notwendige Änderungen und Verschiebungen einzuplanen. Diese Zwischenkontrolle sollte man an jedem Quartalsende einplanen, um die Vierteljahresergebnisse festzuhalten und die Planung durch Orientierung an neuen Prioritäten fortzuschreiben.

Wenn *größere* Vorhaben im Lauf des Jahres realisiert werden sollen, müssen die entsprechenden Zeitblöcke bereits in der Jahres-, spätestens aber in der Quartalsplanung reserviert werden. Bei den weiteren Planungsperioden (Monat, Woche) kann es nachträglich kaum noch gelingen, größere Zeitblöcke für solche Vorhaben einzuschieben.

Die Quartalsplanung soll also einerseits zu Aufgabentransparenz und richtiger Einplanung führen, andererseits aber *frühzeitig* Möglichkeiten für Handlungsalternativen eröffnen, um Aufgabenpakete aufzuteilen, Unterstützung anzufordern usw. ...

Bei Aufgabengebieten mit einem hohen Routineanteil (im Beispiel Verwaltungstätigkeiten in der Ausbildung) kann die Planung der »Routine-

blöcke« quasi zu einer Check-Liste weiterentwickelt werden, die um die Zusatzaufgaben vorausschauend ergänzt wird.

Das Beispiel zeigt auch, daß es vorteilhaft ist, gemeinsam erarbeitete Zeitpläne nach bestimmten Zeitabschnitten als »Arbeitsbericht« – ohne Umschreiben und Zusatzaufwand – zur Information der beteiligten Vorgesetzten und Kollegen zu benutzen. Der jeweilige Bearbeitungsstand kann mit einfachen Erledigungsvermerken gekennzeichnet werden.

4.4.3 Monats-/Wochenplan

Monatsplan

Die für den zu planenden Monat anstehenden Aufgaben werden – gegebenenfalls unter Berücksichtigung zwischenzeitlich hinzugekommener Aufträge – aus dem Quartals- oder Jahresplan übernommen.

Da der Monatsplan bereits mehr Detailaufgaben aufnehmen soll, ist hier ein Rückblick auf den abgelaufenen Monat notwendig, um eventuell sich ergebende Veränderungen berücksichtigen zu können. Diese Planung setzt voraus, daß wir

Beispiel Quartalsplanung (einschließlich Berichterstattung)

			Planungsteil		Berichtsteil				

Aufgaben	Geschätzter Zeitbedarf (Manntage)	Vorgesehener Fertigstellungstermin	Erledigungsvermerk					
			Januar		Februar		März	
			Werk 1	Werk 2	Werk 1	Werk 2	Werk 1	Werk 2
Ausbildungsplanung	4	20.3.	⊖	○	⊕	⊖		
Einsatzplanung ausgelernter Industriekaufleute								
– Abteilungen festlegen (mit Personalabteilung)	2	15.2.	⊖	⊕	⊕			
– Abstimmung der Anfangsgehälter	1,5	20.2.	○	○	⊕	⊕		
– Schriftwechsel zur Versetzung	1,5	20.3.						
Bearbeitung der Neueinstellungen								
– Bewerbungsunterlagen aufbereiten	2,5	15.3.	○	○	⊖			
– Ausbildungsverträge ausfertigen	1,0	28.3.						
– Ausbildungsakten anlegen	1,5	Ende 8						

Erledigungsvermerke: ⊖ eingeleitet   ⊖ 50% erledigt   ⊕ fertiggestellt uns jeweils am Ende des Vormonats intensiv mit den kommenden Aufgaben auseinandersetzen, um die Arbeitspakete zu detaillieren, den Zeitaufwand realistisch zu schätzen und Fertigstellungstermine konkret abzuschätzen.

Beispiel Monatsplan

	Aufgaben	Zeitbedarf Tage	Termin
1. Woche	Planungssitzung Baustellenbesuch Prüfungsprogramm: Sichten der Unterlagen	2,5 1 0,5	1.4.–3.4. 1.4.
2. Woche	Baustellenbesuch Prüfungsprogramm: Konzept erstellen und verteilen	1 3	8.4. 11.4.
3. Woche	Baustellenbesuch Beitrag für monatlichen Projektbericht	1 0,2	15.4.
4. Woche	Baustellenbesuch Prüfungsprogramm: Überarbeitung des Konzepts »K« Entwurf, Anzeige fertigstellen	1 2 1	22.4. 2.5.

Die Monatsübersicht muß wöchentlich soviel *»Reservezeiten«* enthalten, wie aufgrund unserer Erfahrung noch durch zusätzliche, unvorhergesehene Aufgaben belegt werden muß (mindestens 10%).

In der Praxis empfiehlt es sich, die Monatsplanung aus einer vorausschauenden Wochenplanung zu generieren, damit doppeltes Aufschreiben bzw. Umschreiben vermieden wird.

Nach diesem Prinzip sind auch die Zeitplanungssysteme aufgebaut, die in unterschiedlicher Form am Markt angeboten werden.

Wochenplan

Für den Wochenplan sollen unter Zuhilfenahme der Monatsübersicht gegebenenfalls alle Arbeiten hinsichtlich Umfang und Zeit für eine Woche festgelegt werden (unter Umständen bis ins Stundenraster).

Nach Auflisten *aller* anstehenden Aufgaben müssen wir die Prioritäten der Aufgaben prüfen. An-

stelle der Klassifizierung in A-, B- und C-Aufgaben kann auch die einfachere Einteilung der Prioritäten in »Muß«- oder »Kann«-Aufgaben gewählt werden, die zu einer Entscheidung bei der Wochen- und Tagesplanung zwingt.

Dabei helfen folgende Fragen:

Muß-Aufgaben M

Worauf muß ich mich in der kommenden Woche hauptsächlich konzentrieren?
Welche Fixtermine sind vorgemerkt?
Welches sind die wichtigsten Aufgaben (eventuell aus der Monatsplanung)?
Welche Unterlagenergebnisse wurden zugesagt?
Welche Tätigkeiten liegen auf einem »kritischen Pfad«?

Kann-Aufgaben K

Welche anderen Aufgaben sollte ich in der kommenden Woche bearbeiten?
Welchen Zeitanteil muß ich für meine Routineaufgaben einplanen?
Welche nicht fest terminierten Arbeiten kann ich nächste Woche beginnen?

Reserve R

Sind Zusatzaufgaben oder -termine zu erwarten?
Wieviel Zeit muß ich für »Unvorhergesehenes« einplanen?

Für das Festlegen des Wochenplans sind in einem ersten Schritt alle Aufgaben in einer Übersicht mit dem geschätzten Zeitbedarf und den Prioritätsangaben einzutragen.

Das Addieren des geschätzten Zeitbedarfs gibt uns Aufschluß darüber, ob wir mit der vorhandenen Zeit auskommen werden. Ist der Zeitbedarf in realistischer Abschätzung zur »Soll-Zeit« zu groß, müssen frühzeitig Alternativüberlegungen eingeleitet werden. Dazu gehören:

– Überprüfen der Prioritäten,
– Einleitung von Delegationen oder Anforderungen von Zuarbeiten,
– Aufteilung in mögliche Teilschritte oder Lieferung von Teilergebnissen.
– Verschiebung von »Kann-Aufgaben«,
– Rationalisierung der Abwicklung.

In der Praxis kommt es immer zu Änderungen oder Verschiebungen, die durch Umdispositionen bzw. Überstunden flexibel ausgeglichen werden müssen.

Die Orientierung an der wirklich zur Verfügung stehenden Wochenarbeitszeit (Soll-Zeit) zwingt

Beispiel Wochenplan

Priorität	Aufgaben	Zeitangaben	
		Schätzzeit in h	Soll-Zeit*) in h
M	Angebot ausarbeiten	12	8
	Chefbesprechung	2	2
	Bericht überarbeiten	3	3
	Baustellenbesuch	7	6
K	Unterlagen lesen	3	1
	Ausbildungsrichtlinien entwerfen	8	
Routine	Post bearbeiten, täglich 0,5 h Telefonate, täglich 1,0 h Besucher, täglich 0,5 h Kontrollen, täglich 1,0 h insgesamt 3,0 h täglich	15	15
R	täglich 1 h	5	5
	Schätzzeit in h	55	
	Soll-Zeit in h		40

*) Die »Soll-Zeit« orientiert sich an der Normalarbeitszeit bzw. der persönlichen Zielgröße.

einerseits »Farbe zu bekennen«, wenn die Aufgaben ehrlich aufgeschrieben werden, und andererseits mit Vorlauf Abhilfe oder Anpassungsmaßnahmen vorzunehmen.

Dabei können drei kritische *Auswahlfragen* helfen[1]:

▷ Was passiert, wenn ich die Aufgabe später erledige (im Sinne »Muß das *jetzt* sein«)? Unter Umständen genügt eine Vorinformation oder die Erledigung von Teilschritten.

▷ Was passiert, wenn ich die Aufgabe anders als bisher erledige (im Sinne »Muß das so sein«), z.B. durch Zusammenfassen von Teilschritten, Verzicht auf »Schönschreibarbeiten«, Wegfall von Doppelerfassungen, Einsparungen von internen Berichten usw.?

▷ Was passiert, wenn die Aufgabe jemand anders erledigt (im Sinne »Muß ich es sein«)? Nutzen Sie die Möglichkeiten von Zuarbeiten oder die Kapazität von Dienstleistungsabteilungen (Schreibbüros, Programmierstellen, Betriebsbüros).

Werden in einer kontinuierlichen Wochenplanung die großen Aufgaben automatisch vorgemerkt, so ist der Planungsaufwand minimal im Verhältnis zu der Qualitätsverbesserung, die im persönlichen Arbeitsfeld erreicht wird. In Engpaßsituationen ist die Erarbeitung von Alternativüberlegungen sicher der aufwendigere Teil.

Für die aktive Zeitplanung gilt als Leitsatz die Frage:

»Wie gestalte ich die nächste Woche?«

Dies ist wichtig, damit man nicht alles nach dem Motto: »Was geschieht nächste Woche?« passiv auf sich einstürmen läßt und immer wieder bei Fristüberschreitungen, unerledigten Themen etc. gemahnt wird.

4.4.5 Tagesplan

Es sind nur zehn Minuten, die uns zu einem vernünftigen Tagesablauf verhelfen können. In dieser Zeit – bevor wir nach Hause gehen – sollten wir auf das Tagesgeschehen zurückblicken und festhalten, was erledigt wurde und was offen geblieben ist. Wir sollten prüfen, woran es gelegen hat, daß wir nicht alles erledigen konnten, was wir uns vorgenommen hatten. (War es zuviel? Haben wir zuviel Zeit benötigt? Ist etwas dazwischengekommen?)

Diese Vorbereitung erlaubt am nächsten Tag einen *guten Einstieg* und entlastet durch die Nacharbeit das Gedächtnis (offene Themen werden nicht in Gedanken mit nach Hause genommen).

Damit wir wichtige Termine bzw. Aktivitäten nicht vergessen, planen wir den nächsten Tag *schriftlich*, am besten auf einem Formblatt (Muster s. Seite 81).

---

[1] Diese *Auswahlfragen* helfen nicht nur hier beim Wochenplan, *eingefahrene Verhaltensweisen aufzubrechen.* Wir sollten sie generell dann anwenden, wenn wir Zeitprobleme haben; sowohl dienstlich wie auch privat.

Bei dieser Tagesplanung sollten wir uns folgende Fragen stellen:

Welche neuen Tagesaufgaben sind vorgemerkt (evtl. die unerledigten von heute)?
Welche Aufgaben aus dem Wochenplan werde ich berücksichtigen müssen?
Welche periodischen oder Routineaufgaben muß ich berücksichtigen?
Wie groß ist der Zeitbedarf für die geplanten Arbeiten?

Wir schreiben zunächst *alle* Aufgaben auf und stellen dafür den Gesamtzeitbedarf fest, wenn abzusehen ist, daß es keine »Reserven« mehr gibt. Ist er zu hoch, so überlegen wir uns Maßnahmen für eine Reduzierung:

Beispiel einer Vorplanungsübersicht

Aufgaben	Prioritäten	Zeitbedarf in h
Leistungsverzeichnis überprüfen	M	2
Angebot fertig ausarbeiten	M	0,5
Bericht überarbeiten	K	2
Routineaufgaben	M	3
Unvorhergesehenes	R	1
		8,5

– Ist die Zeitschätzung realistisch?
– Wer kann Aufgaben oder Teilaufgaben übernehmen?
– Sind alle Vorbereitungen getroffen bzw. Unterlagen vorhanden?
– Müssen Termine verschoben werden?

(Wenn bei *harter* Überprüfung der absehbare Zeitbedarf immer noch zu hoch ist, müssen weitere Maßnahmen zur Prioritätenänderung oder zur Kapazitätsüberprüfung überlegt werden.)

Erst danach legen wir die endgültige Strukturierung des Tagesablaufs in unserem Kalender fest. Dabei achten wir auf Fixtermine und auf die Ausrichtung an unserem Normalplan.

Zur besseren Übersicht können die wichtigsten Termine unterstrichen oder farbig markiert werden (z. B. mit Text-Marker). Für die eigene Arbeit können natürlich auch Abkürzungen oder Kürzel verwendet werden.

Die Übersichten der Tagesplanung können auch mit Stichworten zu Rücklaufkontrollen bzw. Kon-

Beispiel eines Tagesablaufs

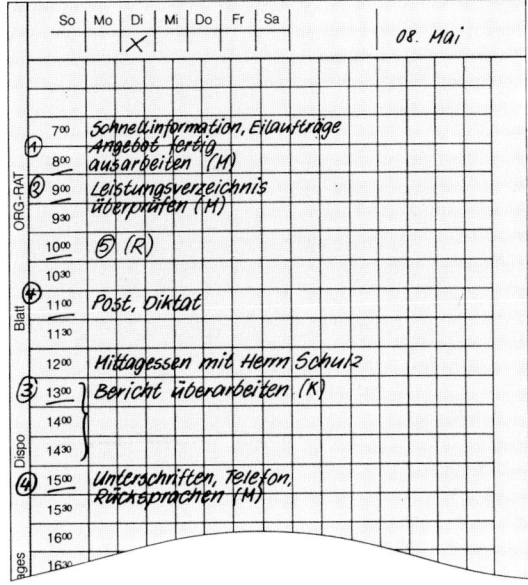

1 aus Wochenplan   4 periodische Arbeiten
2 neue Aufgaben   5 Reserve
3 aus Wochenplan

trollpunkten versehen werden. Wenn dies einen größeren Umfang annimmt, empfehlen sich für Routinekontrollen sogenannte Kontrollisten oder Wieder-Vorlagemappen bzw. eine PC-gestützte *L*iste *o*ffener *P*unkte (Lop).

In der Praxis reduziert sich dieser aufwendig scheinende Ablauf insofern, als mit den Aufgaben »gelebt« wird und Routinetätigkeiten hoffentlich bekannt sind und beherrscht werden.

Insofern sind die wesentlichen Vorteile der regelmäßigen, *schriftlichen* Tagesplanung

▷ gute Vorbereitung der Arbeit,
▷ Selbstbefehl und Gedächtnisstütze,
▷ Basis für Stellvertretung,
▷ Eigenkontrolle und Verbesserung der Planansätze.

Bei der täglichen eigenen »Erledigungskontrolle« – durch Abhaken oder Durchstreichen – von Aktionen sollte der positive Effekt der persönlichen Erfolgserlebnisse nicht unterschätzt werden, der entsteht, wenn wir mit gutem Gewissen den Tag abschließen können, weil die wesentlichen (nicht immer alle) Aufgaben erledigt sind!

4.5 Zusammenfassung und Anwendungshinweise

Das vorgestellte System einer methodischen Zeitplanung beeinflußt den persönlichen Arbeitsstil sehr stark, weil es neben der *»Planung«* immer auch um *Analyse* und über die Prioritätsüberlegung letztendlich auch um die klare Zielorientierung geht. Deshalb ist es wichtig, sich als Grundsätze immer wieder die vier Stufen der Zeitplanung vor Augen zu halten, wenn man zu einer vollständigen und realistischen Einschätzung kommen will.

Vier Stufen der Zeitplanung

Aufstellen einer Aufgabenübersicht und Schätzen des Zeitbedarfs	**1**	Übersicht mit allen Aufgaben anfertigen, Zeitbedarf je Aufgabe schätzen und gesamten Zeitbedarf errechnen
Abschätzen des Zeitbedarfs und Festlegung des Zeitrahmens (Soll-Zeit)	**2**	Abschätzen und Fixieren des persönlichen Zeitrahmens für den Planungszeitraum unter Berücksichtigung der Aufgabenschwerpunkte und Prioritäten
Ggf. Erstellen einer Zeit- und Aufgabenanalyse	**3**	Ist der geschätzte Zeitbedarf größer als die zur Verfügung stehende Soll-Zeit, so sind sowohl die Zeitangaben als auch die Aufgaben/Durchführungen kritisch durchzusehen
Festlegen des endgültigen Zeitprogramms	**4**	Unter Berücksichtigung aller Rationalisierungsmöglichkeiten werden die Aufgaben entsprechend den Prioritäten auf die Zeitabschnitte verteilt

Verbesserungen werden wir nur dann erfolgreich erreichen können, wenn wir die wesentlichen Prinzipien der Zeitplanung beachten, außerdem bereit sind, die angebotenen Hilfsmittel für den eigenen Arbeitsbereich einzusetzen, und wenn wir für die Zukunft auch wirklich etwas ändern wollen.

> Die angebotenen Lösungen und Hilfsmittel sehen so selbstverständlich aus, daß es fast überflüssig erscheint, sich damit zu befassen. Wichtig ist der Entschluß, es zu tun! Als erster Schritt eignet sich am besten der Tagesplan – wegen der besonders guten Überschaubarkeit. Perfektionismus ist nicht angebracht. Wichtig ist, das Einführen der Zeitplanung konsequent zu verfolgen – auch bei Fehlschlägen. Eventuelle Rückschläge müssen der Start für einen neuen Anfang sein!

Neben den teilweise selbst entwickelten und erprobten Formblättern bieten Hersteller von Arbeitshilfsmitteln zahlreiche Zeitplanbücher (Ringbücher mit Loseblatt-Einlagen) und elektronische Zeitplanungshilfen an. Einige Beispiele von Formblättern sind im Anhang auf den Seiten 86 ff. abgebildet.

4.6 Anhang: Wie man der Zeitfalle entkommt

In der folgenden Liste werden die häufigsten Zeitfallen genannt, die R. Alec Mackenzie in acht Jahren Beratertätigkeit über Zeitmanagementfragen bei langjährigen Managern in einem Dutzend Ländern angetroffen hat[1]. Um dem Leser die Analyse seiner eigenen Zeitfallen zu erleichtern, werden die möglichen Ursachen und Lösungen für jeden einzelnen Punkt genannt. Diese Aufstellung erhebt keinen Anspruch auf Vollständigkeit, sondern soll nur als Richtlinie für eine weiterführende Diagnose dienen. Die Ursachen und Lösungen hängen von der jeweiligen Person ab, während die Zeitfallen selbst in ihrer Art allgemein verbreitet sind.

---

[1] Die Liste wurde angelehnt an »Troubleshooting Chart for Time-Wasters«, in: *R. Alec Mackenzie,* Managing Time at the Top, The Presidents Association, New York 1970.

Zeitfalle	Mögliche Ursachen	Lösungen
Mangelnde Planung	Kein Blick für ihren Nutzen	Erkennen Sie, daß Planung zwar Zeit in Anspruch nimmt, letzten Endes aber Zeit einspart.
	Aktionsorientierung	Legen Sie Wert auf Ergebnisse, nicht auf die Aktivität an sich.
Mangel an Prioritäten	Mangel an kurz- und langfristigen Zielen	Schreiben Sie kurz- und langfristige Ziele nieder. Besprechen Sie Prioritäten mit Ihren Mitarbeitern.
Überengagement	Weitgespannte Interessen	Sagen Sie nein, üben Sie Selbstbeschränkung.
	Verwirrung in bezug auf Prioritäten	Stellen Sie das Wichtigste auch an die erste Stelle.
	Versäumnis, Prioritäten zu setzen	Entwickeln Sie eine eigene Zeitphilosophie. Setzen Sie Prioritäten in Beziehung zu einem Zeitplan.
Management durch Krisenerzeugung	Mangelnde Planung	Konsequenter Einsatz von Zeit- und/oder Projektplanungshilfsmitteln.
	Unrealistische Zeiteinschätzung	Nehmen Sie sich mehr Zeit. Kalkulieren Sie Unterbrechungen ein.
	Problemorientierung	Orientieren Sie sich auf Chancen hin.
	Zurückhaltung von Untergebenen bei der Mitteilung von schlechten Nachrichten	Fördern Sie die schnelle Informationsweitergabe als Grundlage für rechtzeitige Korrekturmaßnahmen
Hetze	Ungeduld gegenüber dem Detail	Nehmen Sie sich Zeit, um Dinge richtig zu erledigen. Sparen Sie sich die Zeit, das Ganze noch einmal überarbeiten zu müssen.
	Reaktion auf das Dringende	Unterscheiden Sie zwischen dem Dringenden und dem Wichtigen.
	Mangelnde Vorausplanung	Nehmen Sie sich Zeit zum Planen. Es macht sich immer wieder bezahlt.
	Versuch, zu viel innerhalb zu kurzer Zeit zu tun	Versuchen Sie weniger – delegieren Sie mehr.

Zeitfalle	Mögliche Ursachen	Lösungen
Papierarbeit und Literatur	Wissensexplosion	Lesen Sie selektiv. Lernen Sie Schnellesen.
	Computeritis	Betreiben Sie in bezug auf Computerdaten Management by Exception (durch das Ausnahmeprinzip).
	Mangelnde Selektivität	Denken Sie an das Pareto-Prinzip. Delegieren Sie Lesen an Mitarbeiter.
Routineangelegenheiten und Nebensächlichkeiten	Mangel an Prioritäten	Setzen Sie kurzfristige Ziele und konzentrieren Sie sich darauf. Delegieren Sie nicht grundlegende Dinge.
	Zu genaue Überwachung von Mitarbeitern	Delegieren Sie. Lassen Sie dann den Mitarbeitern ihren Willen. Achten Sie auf die Ergebnisse, nicht auf Details oder Methoden.
	Weigerung zu delegieren	Erkennen Sie, daß es ohne Delegation unmöglich ist, Dinge durch andere erledigen zu lassen.
Besucher	Freude an sozialem Kontakt	Tun Sie das anderswo. Treffen Sie sich mit Besuchern außerhalb der Firma. Schlagen Sie nötigenfalls das Mittagessen vor. Halten Sie Stehkonvente ab.
	Unfähigkeit, nein zu sagen	Sagen Sie nein. Modifizieren Sie die Politik der offenen Tür.
Telefon	Mangelnde Selbstdisziplin	Überprüfen Sie Anrufe und führen Sie sie gruppenweise. Fassen Sie sich kurz.
	Der Wunsch, informiert zu sein und einbezogen zu werden	Halten Sie sich aus allem heraus. Einzige Ausnahme sind grundlegende Dinge. Betreiben Sie Management by Exception (durch das Ausnahmeprinzip).
Besprechungen	Angst vor der Verantwortung für Entscheidungen	Treffen Sie Entscheidungen ohne zusätzliche Besprechungen.
	Unentschlossenheit	Treffen Sie Entscheidungen, selbst wenn einige nebensächliche Fakten fehlen.
	Überkommunikation	Streichen Sie unnötige Besprechungen. Berufen Sie nur die wirklich notwendigen ein.
	Schlechte Sitzungsleitung	Machen Sie Gebrauch von Tagesordnungen. Lassen Sie so schnell wie möglich Protokollzusammenfassungen anfertigen.

Zeitfalle	Mögliche Ursachen	Lösungen
Unentschlossenheit	Mangelndes Vertrauen in die Tatsachen	Verbessern Sie die Tatsachenfindung und Bewertungsverfahren.
	Bestehen auf allen Fakten – Paralyse der Analyse	Akzeptieren Sie Risiken als unvermeidbar. Entscheiden Sie nach kurzer Risikoanalyse.
	Angst vor den Folgen eines Fehlers	Delegieren Sie das »Recht«, Unrecht zu haben. Nutzen Sie Fehler als Lernprozeß.
	Mangelnder rationaler Entscheidungsprozeß	Sammeln Sie die Tatsachen. Setzen Sie Ziele. Untersuchen Sie die Alternativen und negative Folgen. Treffen Sie die Entscheidung und führen Sie sie durch.
Mangelnde Delegation	Angst vor der Unzulänglichkeit von Mitarbeitern	Schulen Sie sie. Kalkulieren Sie Fehler ein. Haben Sie Vertrauen!
	Angst vor der Tüchtigkeit von Mitarbeitern	Delegieren Sie ganz. Erkennen Sie an. Sichern Sie das Wachstum des Unternehmens, um Herausforderungen aufrechtzuerhalten.

Muster für Tagesplanungsblätter

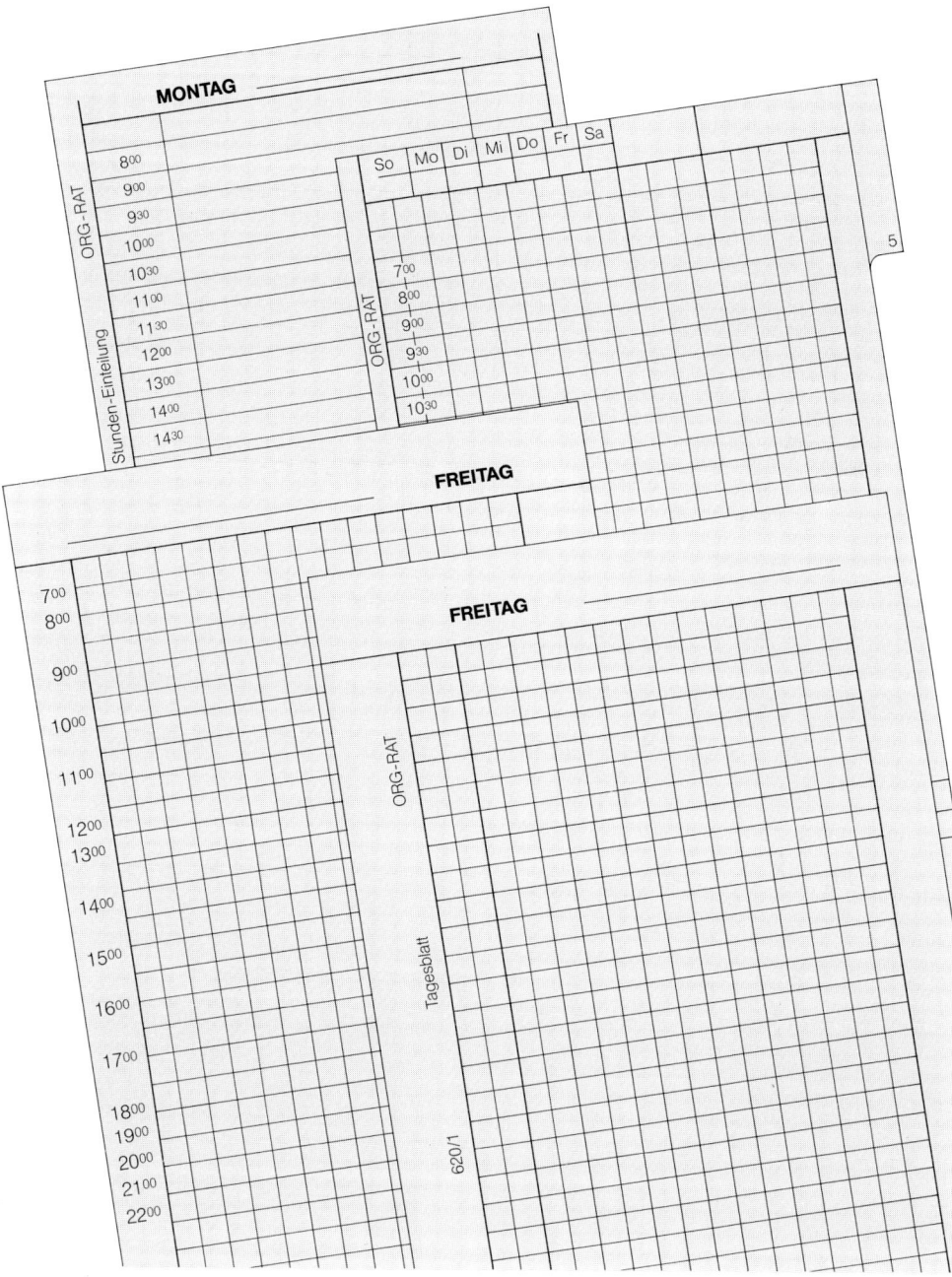

Tagesplan

Datum:

Tag:

Zeit	
7^{30}	
8^{00}	
8^{30}	
9^{00}	
9^{30}	
10^{00}	
10^{30}	
11^{00}	
11^{30}	
12^{00}	
12^{30}	
13^{00}	
13^{30}	
14^{00}	
14^{30}	
15^{00}	
15^{30}	
16^{00}	
16^{30}	
17^{00}	
17^{30}	
18^{00}	

Telefonate	Sonstiges

Tagesplan

Mo	Di	Mi	Do	Fr

Datum:

	Priorität		Vormerkungen
7^{00}			
7^{30}			
8^{00}			
8^{30}			
9^{00}			
9^{30}			
10^{00}			
10^{30}			
11^{00}			
11^{30}			
12^{00}			
12^{30}			
13^{00}			
13^{30}			
14^{00}			
14^{30}			
15^{00}			
15^{30}			
16^{00}			
16^{30}			
17^{00}			
17^{30}			
18^{00}			
18^{30}			
19^{00}			

Anrufen:

Sonstiges:

Störungsanalyse

Störung/Verursacher/Grund	Zeit	Dauer/Menge	Maßnahmen

January   Janvier   Enero   Gennaio

17 Monday
Lundi
Lunes
Lunedi
Maandag
Montag

18 Tuesday
Mardi
Martes
Martedi
Dinsdag
Dienstag

19 Wednesday
Mercredi
Miércoles
Mercoledi
Woensdag
Mittwoch

☽

7
8
9
10
11
12
13
14
15
16
17
18
19

Januari   Januar   1994   3rd Week

20 Thursday
Jeudi
Jueves
Giovedi
Donderdag
Donnerstag

21 Friday
Vendredi
Viernes
Venerdi
Vrijdag
Freitag

22 Saturday
Samedi
Sábado
Sabato
Zaterdag
Samstag

23 Sunday
Dimanche
Domingo
Domenica
Zondag
Sonntag

7
8
9
10
11
12
13
14
15
16
17
18
19

January						
Week	52	1	2	3	4	5
Monday		3	10	17	24	31
Tuesday		4	11	18	25	
Wednesday		5	12	19	26	
Thursday		6	13	20	27	
Friday		7	14	21	28	
Saturday	1	8	15	22	29	
Sunday	2	9	16	23	30	

February						
Week	5	6	7	8	9	
Monday		7	14	21	28	
Tuesday		1	8	15	22	
Wednesday		2	9	16	23	
Thursday		3	10	17	24	
Friday		4	11	18	25	
Saturday		5	12	19	26	
Sunday		6	13	20	27	

5 Kommunikation und Zusammenarbeit

Angesichts der Tatsache, daß 80% der Tätigkeiten von Bürotätigen aus Interaktionen mit den übrigen Büroangehörigen sowie aus Empfangen und Senden von Informationen (auch von und mit Stellen außerhalb des Betriebes) bestehen, ist es unverständlich, daß die Betriebswirtschaftslehre bzw. die Management- oder Führungslehre sich bisher wenig mit der Bedeutung der betrieblichen Kommunikation beschäftigt hat.

Es muß auch im Betrieb die allgemeine Erkenntnis platzgreifen, daß das Zusammenleben und die Zusammenarbeit von Menschen oft dadurch gestört wird, daß aneinander vorbeigeredet, einander nicht richtig zugehört oder die Mitteilung des anderen mißverstanden wird.

Deshalb bleiben auch alle rein mechanistischen Erklärungsversuche steril. Im Gegensatz zu einer (Büro-) Maschine ist eben der (bürotätige) Mensch kein rationales Informationsverarbeitungssystem. Vielfältige individuelle und umweltbedingte Bestimmungsfaktoren stehen in wechselseitigen Beziehungen zueinander und gestalten die unverwechselbare Persönlichkeit eines Menschen. Durch seine Interaktionen mit der Umwelt (innerhalb und außerhalb des Betriebs) verändern sich seine Wahrnehmungsstrukturen und dementsprechend seine Fähigkeiten zur Kommunikation.

In diesem Kapitel wollen wir uns damit befassen,

▷ warum unser Arbeitserfolg so entscheidend von der Qualität unserer Kommunikation abhängt;

▷ wie der Kommunikationsprozeß abläuft;

▷ welche Elemente dabei von den Gesprächspartnern im Kommunikationsprozeß berücksichtigt werden müssen;

▷ welche Kommunikationsstörungen typischerweise auftreten;

▷ wie man Kommunikationsstörungen vermeiden oder vermindern kann;

▷ wie mit Hilfe von Spielregeln Kommunikation erfolgreicher gestaltet wird;

▷ welche zusätzlichen Hilfsmittel zur Verbesserung der Kommunikation im eigenen Einflußbereich angewandt werden können;

▷ wie sich die Informationstechnologie auf Kommunikation auswirkt.

5.1 Kommunikation in der betrieblichen Zusammenarbeit

Jeder Mitarbeiter eines Unternehmens trägt mit seiner Leistung zum Erreichen der Firmenziele bei. Der Erfolg aller Bemühungen wird dabei um so größer sein, je störungsfreier und befriedigender die Zusammenarbeit ist.

Zusammenarbeit bedeutet zunächst einmal nichts anderes als Austausch von Daten, Fakten, Absichten usw., erfordert also Kommunikation. Unerläßliche Voraussetzung zielgerichteter Zusammenarbeit ist, daß sich Aufgaben und Arbeitsergebnisse der Mitarbeiter möglichst lückenlos aneinander anschließen oder ergänzen.

Im betrieblichen Alltag sprechen wir häufig von »informieren« anstelle von »kommunizieren«. Wir bezeichnen damit den Vorgang der Daten-, Nachrichten- und Informationsübermittlung. Der Begriff »Kommunikation« ist jedoch umfassender; denn mit einer Information werden häufig zugleich auch Meinungen, Empfindungen und unsere innere Werthaltung ausgetauscht. Dies veranlaßt den Gesprächspartner seinerseits, unsere Mitteilungen in seiner subjektiven Einschätzung aufzufassen, zuzustimmen oder abzulehnen.

Kommunikation ist aber zielgerichtet. Wir tauschen Botschaften, Daten usw. aus, um etwas zu bewirken. Damit unsere Partner in der von uns gewünschten Weise auch reagieren können, müssen wir unsere Kommunikation sorgfältig planen, d. h., den jeweiligen »Empfängern«, den Zielen und den Absichten und dem Umfeld genau anpassen.

Hierzu ein – trivialer – Vergleich:

> Wenn wir jemandem Wasser geben müssen, reicht es nicht aus, daß wir es ihm in breitem Strahl irgendwohin spritzen. Vielmehr werden wir dem Partner das Wasser dosiert so anbieten, daß er es ohne Verluste mit vorbereiteten Behältern und für den vorgesehenen Zweck entgegennehmen kann.

Da die Zusammenarbeit nicht frei von Schwierigkeiten ist, bemühen wir uns, sie durch Anwenden von Hilfsmitteln (Seite 106), durch formalisierte Maßnahmen und Vorgehensweisen zu regeln. So werden z. B. Aufgaben beschrieben und abgegrenzt, es wird geplant, bewährte Abläufe und Praktiken werden als Norm festgelegt usw. (siehe *Aufgabengefüge* in Kapitel 3.2, Seite 43 und 44).

Andererseits müssen wir doch auch das unterschiedliche Verhalten der betroffenen Menschen mit in das »System« einbeziehen. Ein ausschließlich auf »Idealzustände« ausgerichteter Betrieb läuft Gefahr, daß sich die einzelnen Abteilungen nur auf den »formellen Dienstweg« beschränken, sich gegeneinander abkapseln und die Arbeitsabläufe zu starr werden (siehe *Kommunikationssystem*, Seite 44).

Wichtig ist, daß wir bei der Arbeit stets das Gesamtziel vor Augen haben und über unsere eigenen Aufgaben hinausdenken. Wir müssen uns auf die Unvollkommenheit menschlichen Handelns einstellen, Verständnis füreinander aufbringen und auch informelle Beziehungen für die Kooperation nutzen.

Mangelhafte innerbetriebliche Kommunikation wird oft als größere Störquelle im Betrieb herausgestellt. Einige typische Mängel in der Zusammenarbeit:

* *Wir vergessen, Informationen weiterzugeben* (weil wir z. B. abgelenkt sind, nicht umsichtig genug mitdenken …);

* *Wir berücksichtigen nicht, daß der Partner Hintergrundinformationen braucht,* um eine Aufgabe im Sinne des Gesamtziels optimal bearbeiten zu können (weil wir z. B. unterstellen, daß unser Partner über den gleichen Informationsstand verfügt oder über den gleichen Sachverhalt die gleiche Ansicht hat wie wir …);

* *Wir nehmen Informationen nicht auf* (weil wir nicht richtig zuhören können, abgelenkt sind …);

* *Wir geben Informationen weiter, ohne sicher zu sein, daß sie der Partner auch aufnehmen kann oder will* (weil wir z. B. ausschließlich an unseren Informationsstand denken und es nicht mehr als unsere Aufgabe ansehen, sicherzustellen, daß der Empfänger die Informationen auch vollständig erhält).

* *Wir geben zu viel Information weiter* (weil wir uns z. B. dadurch interessant machen wollen, in dem wir anderen zeigen, über welche Informationen wir verfügen. Dabei kann es sogar vorkommen, daß wir die Verpflichtung zur Diskretion verletzen.

Wie ersichtlich, können Mängel bei der Kommunikation sehr häufig auf persönliche Unzulänglichkeiten zurückgeführt werden. Daß wir mit anderen kommunizieren müssen, ist für uns selbstverständlich; trotzdem unterlassen wir es häufig, zu informieren[1], informieren unvollständig oder so, daß unsere Partner damit wenig anfangen können oder unbeabsichtigt falsch reagieren.

Damit wir Mängel in der Kommunikation leichter erkennen, müssen wir eine Vorstellung über optimale Kommunikation entwickeln und Störungen identifizieren können. Darüber hinaus sollten wir wissen, wie wir diese Störungen vermeiden können. Wir wollen uns deshalb im nächsten Abschnitt mit einem idealtypischen Prozeß der Kommunikation beschäftigen.

5.2 Kommunikation als Interaktionsprozeß

An einer Kommunikation sind mindestens zwei Kommunikationspartner (»Partner« sind Menschen *und* Maschinen) mit »Sender- und Empfänger-Rolle« beteiligt (Bild 5.1).

---

[1] Vgl. dazu den Leitsatz für Führungskräfte im Hause Siemens »Gegenseitig informieren«:
Die Integration der Aufgaben im Unternehmen verlangt wechselseitige Informationen. Sie steigert die Leistungsbereitschaft und Leistungsfähigkeit des einzelnen und hilft Doppelarbeit vermeiden. *Notwendig sind nicht nur Informationen, die unmittelbar mit der täglichen Arbeit in Beziehung stehen.* Wichtig sind auch Mitteilungen über wesentliche organisatorische und geschäftspolitische Fragen. Auf diese Weise gewinnen die Mitarbeiter ein besseres Verständnis für die Probleme des Unternehmens und seine Einordnung in Wirtschaft und Gesellschaft.

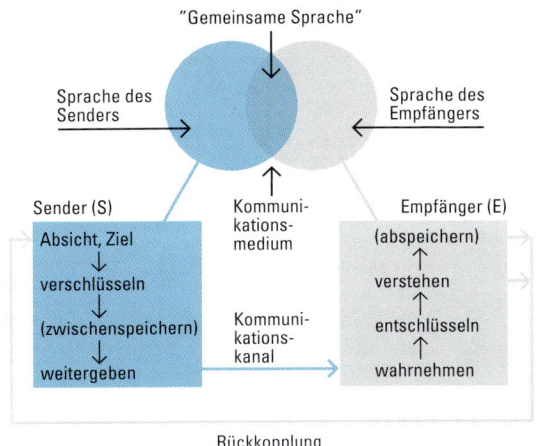

Bild 5.1 Der Kommunikationsprozeß (Phase 1)

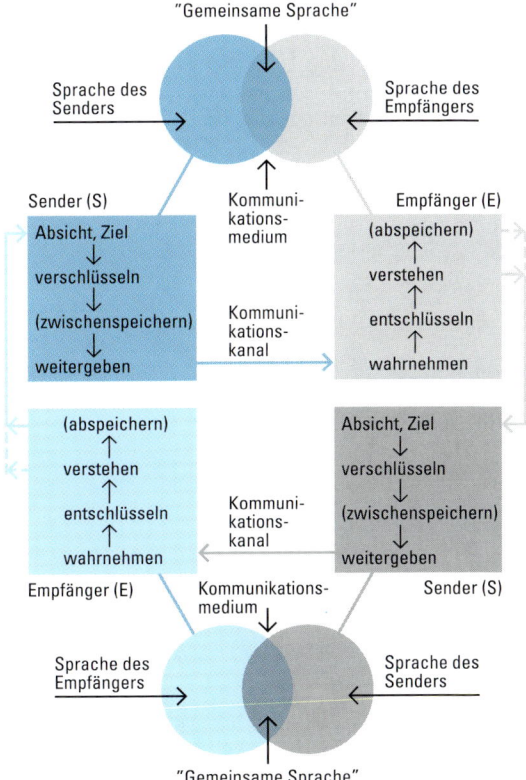

Bild 5.2
Der Kommunikationsprozeß (Phase 1 und 2)

Beide sind über ein Kommunikationsmedium (Sprache, Körpersignale; technische Hilfsmittel, wie Brief, Telefon, Tonband, Video …) miteinander verbunden. Grundlage für die Verständigung sind Wahrnehmungsreize (meist akustisch oder visuell), z. B. Laute oder Schriftzeichen, Symbole oder Bilder auf der Basis einer gemeinsamen Sprache.

Der »Sender« löst die Kommunikation aus, indem er Informationen in einer Folge von Signalen für die Übermittlung verschlüsselt. Das Kommunikationsmedium dient dem Transport der Signale von der Person und vom Ort des »Senders« zur Person und zum Ort des »Empfängers«.

Der »Empfänger« schließlich nimmt die Signale wahr, entschlüsselt sie und reagiert auf den vom »Sender« beabsichtigten Kommunikationsinhalt. Er übernimmt jetzt die Senderrolle. Ob die entschlüsselte Absicht die tatsächliche Absicht des »Partners« ist, erfährt er erst dadurch, daß er das Verstandene in seiner Sprache an den »Sender« übermittelt und die Reaktion des Partners überprüft (Bild 5.2).

Besonders deutlich wird dies, wenn eine Kommunikation nicht Mitteilung des S an den E ist, sondern eine Frage, durch die Rollentausch stattfindet: der Empfänger der Frage wird selbst vom Sender in die Rolle des Senders einer antwortenden Mitteilung gebracht.

Kommunikation ist also mehr als nur Informationsübermittlung. Sie schließt ein, daß sich »Sender« und »Empfänger« einer Nachricht über den Inhalt dieser Nachricht »verständigen« können. Kommunikation ist idealtypisch keine Einbahnstraße, wie eine technische (ausschließlich digitale) Informationsübermittlung, sondern sie beruht auf einer Wechselbeziehung zwischen zwei autonomen »Systemen«, nämlich Sender und Empfänger. Optimale Kommunikation gelingt daher nur interaktiv (als Regelkreis) und im wechselseitigen Prozeß (als Interaktion).

In der Praxis kann es zu einer bewußten Unterbrechung der Informationsübermittlung kommen, in dem Informationen z. B. im Gehirn, in Ordnern, Notizbüchern, elektronischen Datenspeichern usw. abgelegt bzw. gespeichert werden. Für den Sender bedeutet dies, daß er sich Gedanken darüber machen muß, wie und mit welchem Ordnungskriterium und wie lange die Information für die Empfänger bereitgestellt werden. Diese Ar-

Objekt	Empfänger	
	Mensch	Maschine
Mensch (Sender)	Beispiele: Gespräch Verhandlung/ Besprechung Brief Buch	Beispiele: Bedienung eines Gerätes Ein-/Ausschalten einer Maschine Programmierung eines Computers
Maschine (Sender)	Beispiele: Verkehrsampel Anzeigeinstrumente Notsignale Bedienerführung am PC	Beispiele: Automatische Regelstrecke Thermostatsteuerung Induktionssteuerung
Umwelt = Umfeld/Situation		

Bild 5.3   Übersicht der Kommunikationsbeziehungen

chivierungsregeln müssen dem Empfänger bekannt sein, damit er auf die Informationen zurückgreifen kann (Search- und Retrieval-Mechanismus).

Objekiviert betrachtet können Informations»sender« und Informations»empfänger« sowohl Menschen als auch Maschinen sein, woraus sich in der Vernetzung Kommunikationsbeziehungen in unterschiedlicher Form ergeben (Bild 5.3).

Umfang und Komplexität bei der Informationsverarbeitung und -speicherung erfordern moderne Techniken. Mit Hilfe von Datenverarbeitungsanlagen wird die Bedeutung der Maschine als Subjekt (technischer Vertreter des Partners »Mensch«) im Kommunikationsprozeß erhöht.

Beziehungen der (kommunikativen) Subjekte in dieser Vernetzung sind dynamisch, weil die Subjekte verschiedene *Eigenschaften* haben und zusätzliche Wechselwirkungen auch durch ihre spezifischen Beziehungen zur Umwelt entstehen.

5.3 Menschliche Kommunikation

Insbesondere die Kommunikation von Mensch zu Mensch umfaßt viel mehr als nur einen reinen Informationsaustausch zwischen einem Informationssender und einem Informationsempfänger. Die menschlichen Eigenschaften spielen hier eine besondere Rolle. Sie zeigen sich durch

das kommunikative Verhalten (= spezielle Eigenschaften), also etwa die Absicht (Senderrolle) bzw. die Bereitschaft (Empfängerrolle),

– zu informieren, sich informieren zu lassen,
– mitzuteilen, zuzuhören,
– verstehbar zu sein, zu verstehen,
– verständlich zu sein, zu begreifen

die Persönlichkeit (= allgemeine Eigenschaften), ausgedrückt durch

– das Vermögen, sich »gewählt«, kurz, präzise und sachlich auszudrücken,
– die Art der Darstellung, andere »mitzureißen«, Interesse zu wecken,
– die »Abstimmung« der Ausdrucksweise auf den Partner,
– »Charakter« zu haben, Persönlichkeit auszustrahlen
– »Intelligenz« zu zeigen,
– mit »Einfühlungsvermögen« vorzugehen,
– »Übereinstimmung« auf der Beziehungsebene anzustreben (siehe Kapitel 6.3.3),
– eine bestimmte »Ausbildung«, »Erziehung« zu haben/zu zeigen,
– eine »Erfahrung« zu haben (Erfahrungsträger sein).

Die Wechselbeziehungen zur Umwelt sind sehr vielseitig. Sie ergeben sich aus der

Organisation, in welcher »Sender« und »Empfänger« eingeordnet sind, zum Beispiel

– Hierarchie (Aufgaben-, Rollenverteilung),
– Machtstruktur (Kompetenzverteilung),
– Position bzw. Status in einer Hierarchie bzw. Machtstruktur,
– Hilfsmittel (Zielsetzung, Führungsstil, Arbeitsmethodik, Informationssystem) der Führung bzw. Kooperation;

persönlichen Situation des »Senders« und des »Empfängers« (persönliches, soziales, politisches, wirtschaftliches Umfeld), zum Beispiel

– Eingliederung in Familie, Vereinen, Parteien usw.,
– Gesundheitliche Verfassung (körperlich, geistig),
– Staatliche Verfassung, Gesellschaftssystem, Unruhen, Ordnung, Krieg, Frieden,
– Unsicherheiten, Arbeit (Arbeitslosigkeit), Inflation, Konjunktur, Depression ...

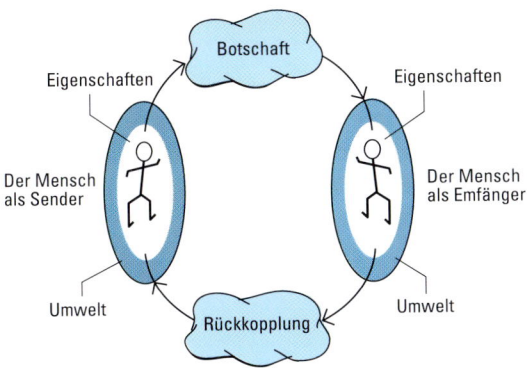

Bild 5.4
Regelkreis menschlicher Kommunikation
und Umwelt

Es zeigt sich, daß die Subjekte mit ihren »Eigenschaften« sowie mit ihren Beziehungen untereinander und zu ihrer Umwelt eine hochkomplexe Vernetzung bewirken (Bild 5.4). Sie geben viele Anlässe zu Störungen der Kommunikation. Konflikte in der betrieblichen Zusammenarbeit haben hierin und in der mangelhaften Beherrschung komplexer kommunikativer Fertigkeiten ihre Ursache. Wir bevorzugen von Kindesbeinen an zu lesen, schreiben, rechnen – aber nicht zuzuhören und miteinander zu sprechen.

5.3.1 Kommunikationsstörungen

Soll Kommunikation in der betrieblichen Zusammenarbeit verbessert werden, so sind die schwerwiegenden Störungen festzustellen, ihre Ursachen zu analysieren und zu beseitigen bzw. einzuschränken.

Kommunikationsstörungen können zwei Ursachen haben. Entweder ist, wie bereits im Abschnitt 5.1 aufgezeigt, die Beziehung der Kommunikationspartner gestört (Probleme in der Zusammenarbeit). Oder das sachgerechte Umgehen mit der kommunizierten Information ist gestört. Die Hauptursachen sind

▷ Fehler des Senders bei der Umsetzung von Informationsinhalt in die mediale Darstellung (Transfer des Mediums);

▷ Fehler des Empfängers bei der Rückumsetzung der medialen Darstellung in Informationsinhalt,

▷ Fehler in der Nachrichtenübermittlung, also auf dem Übertragungsweg verursachte Veränderungen an den akustischen oder optischen Zeichen.

Die beiden ersten Fehlerquellen liegen bei den Kommunikationspartnern und haben sprachliche Unzulänglichkeiten zur Folge. Hierbei handelt es sich um

• *Fehler aus der Kommunikationsprozedur*, zum Beispiel fehlerhafte oder überhaupt nicht erfolgte Rückkopplung.

• *grammatische Fehler* (...es wurde entweder falsch gesprochen/geschrieben oder falsch gehört/gelesen). Dies bezeichnet man das Wort betreffend als phonetische oder morphologische Störungen (Morphologie = Grammatik des Wortes; Phonetik = Aussprache des Wortes) und den Satzbau betreffend als syntaktische Fehler (Syntax = Regeln für Wortfügung und Satzgefüge).

• *Fehler durch unterschiedliche Interpretation* der dargestellten Information, wenn die vom »Sender« und »Empfänger« benutzte Sprache nicht im gleichen Sinn verstanden wird (Semantik = Teilgebiet der Linguistik, das sich mit den Bedeutungen sprachlicher Zeichen und Zeichenfolgen befaßt).

• *Nichtübereinstimmung von erkenntnisleitenden Interessen*, ausgelöst durch zusätzlich ausgestrahlte psychische Informationen, die auf der gefühlsmäßigen Ebene des Mensch-zu-Mensch-Verhältnisses angesiedelt sind (psychologische Störungen).

5.3.2 Störungen in der Kommunikationsprozedur und ihre Vermeidung

Störungen in der Redundanz

Zu solchen Kommunikationsstörungen kann es kommen, wenn die Informationsübermittlung nicht angemessen redundant erfolgt. Die Information wird entweder zu redundant und weitschweifig gesendet (also mit überflüssiger Information), oder sie wird zu wenig redundant und verkürzt übermittelt (also im Telegrammstil ohne erklärende Information), z. B.:

– Der Sender ist unzugänglich, wortkarg, sachbezogen nach dem Motto »in der Kürze liegt die Würze«.

95

– Der Empfänger hält ein Feedback nicht für nötig.

– Schriftliche Unterlagen werden kommentarlos abgegeben oder überflüssigerweise noch einmal verlesen.

– Referent liest seinen Vortrag ab, ohne daß er den Inhalt durch Zeichnungen, Folien etc. visuell ergänzt. (»Ein Bild sagt mehr als tausend Worte!«) oder er überfüttert seine Zuhörer mit unzähligen Visualisierungen, die das gleiche aussagen.

Störungen in der Speicherung

Übermittelte Informationen haben oft über längere Zeit Gültigkeit. Sie müssen bis zur Verwendung beim Empfänger gespeichert werden. Gefahren für Kommunikationsstörungen treten beim Abspeichern oder bei der Präsentation von Informationen dann auf, wenn

– die Menge der Informationen die Speicherkapazität überschreitet (menschliches Gehirn, Datenträger, Archive),

– die gespeicherten Informationen nicht zugänglich sind (Vergeßlichkeit, mangelnde Ordnungssysteme, durch Passwörter gesichert),

– die Informationen nicht auf dem neuesten Stand gehalten werden (Aktualitätsverlust).

Störungen durch fehlende Rückkopplung

Da die Kommunikation bekanntlich zielgerichtet ist, der Sender also auf eine exakte und vollständige Verarbeitung der übermittelten Informationen Wert legt, liegt bei ihm auch die Verpflichtung, sich von ihrem ordnungsgemäßen Empfang zu überzeugen. Beim Sender liegt also hierfür zunächst die Hauptverantwortung während der Kommunikationsprozedur. Er ist verpflichtet, den erfolgreichen Ablauf zu kontrollieren und kann hierzu die Rückkopplung beim Empfänger initiieren. Mitverantwortung liegt aber auch beim »Empfänger«, der seinerseits alles zu tun hat, um die Mitteilung sinngemäß mit dem Partner rückzukoppeln!

Möglichkeiten für den Sender zur Initiierung der Rückkopplung sind, dem Empfänger

– ergänzende Fragen zu stellen (Verständnis-, Kontroll-, Akzeptanzfragen),

– Gelegenheit zu geben, eigene Meinungen, Absichten usw. zu äußern,

– im Fall einer Auftragserteilung anzutragen, vor den ersten ausführenden Arbeitsschritten eine Planung vorzulegen.

Vermeiden sollte man dabei »geschlossene Fragen«, wie: »Haben Sie das verstanden?« oder »Wissen Sie jetzt Bescheid?«; sie werden meist mit »Ja« bzw. voreilig und leichtgläubig beantwortet. Besser sind »offene Fragen«, z.B.: »Welche Schritte werden Sie zunächst einleiten?«; »Welche Schwierigkeiten sehen Sie bei der Durchführung?«. Die Antworten hierauf lassen im allgemeinen erkennen, wie klar der Empfänger eine Information aufgenommen hat und was ihm noch unklar ist.

Offene und geschlossene Fragen helfen, das Gespräch trichterförmig zu strukturieren (Bild 5.5):

Die *offene* Frage soll den Gesprächspartner aktivieren und das Gespräch auflockern. Sie dient zur Einleitung des Gesprächs oder eines neuen Themenkomplexes und liefert zunächst Einstellungen, Meinungen und erste Informationen.

Die danach gestellte *geschlossene* Frage kreist einen Themenkomplex weiter ein. Sie bringt nähere Informationen, Tatsachen und Fakten und schließt Informationslücken.

Im weiteren Ablauf sichern Fragen den Verständigungsprozeß und motivieren zu klaren Antworten bzw. geben die Möglichkeit, den Informationsfluß zu straffen, das gemeinsame (Ein-)Verständnis zu überprüfen und das Gespräch auf das Ende hin zu kanalisieren.

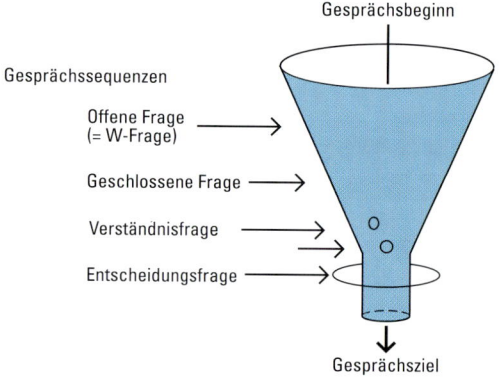

Bild 5.5 Gezieltes Fragen durch die Trichtermethode

Für die Rückkopplung ist es sehr wichtig, nicht einfach das wörtlich Gesagte zu wiederholen (wie ein Papagei). Der »Sender« wiederholt mit anderen (synonymen) Wörtern die Aussagen des »Empfängers« durch Umschreibungen mit »eigenen« Wörtern. Beide Partner bleiben im Gespräch, um sich zu verständigen.

Das Feedback bezieht sich aber nicht nur auf das »verbal« Mitgeteilte, sondern auch auf den nonverbalen (körpersprachlichen) Ausdruck und dessen Auswirkungen auf den Empfänger. Es ist wichtig, zunächst diesen Wahrnehmungsreiz als Bezugspunkt (Sachaussage) zu beschreiben (»Ich habe gesehen, gehört, gefühlt, gerochen, geschmeckt ...«). Danach erst werden subjektive Interpretationen (Selbstaussage/Ich-Botschaft: »Ich habe das so und so interpretiert; ich vermute, das sollte besagen ...; für mich bedeutet das ...«) und subjektive Empfindungen (Beziehungsaussage, denn das Gesagte beeinflußt meine Einstellung zum Partner: »Darüber habe ich mich gefreut, geärgert, ich bin verstimmt ...«) mitgeteilt.

Wichtig ist dabei, die Subjektivität dieser Mitteilungen zu betonen (»Ich weiß nicht, wie Du das siehst ...; wie Du das wirklich gemeint hast; aber für mich bedeutet das ...«). Zum Abschluß – als Appellaussage – formuliere ich einen Verhaltenswunsch (»Mir würde es besser gehen; mir würde es helfen, wenn Du dies oder das anders machen würdest ...«).

Die Reihenfolge von Wahrnehmungsbeschreibung (W), Interpretation (I), Empfindung/Emotion (E) und Verhaltenswunsch (V) ist wiederum eine zwar vollständige und in der Logik der Seele liegende (psychologische), günstige Vollständigkeit (Redundanz) der Kommunikation, aber für den Alltag eine sehr ungewöhnliche Form. Gleichwohl ist sie in Konfliktsituationen ausgesprochen hilfreich (Bild 5.6).

Für das Feedback haben sich weitere fünf Voraussetzungen sehr bewährt:

Geben Sie Ihr Feedback möglichst unmittelbar nach dem Ereignis (aber beachten Sie »Takt und Timing«! In manchen, insbesondere emotionalen Situationen ist »der Ablauf einer Nacht« die richtige Unmittelbarkeit!)!

Beziehen Sie sich nur auf veränderbares Verhalten (daß jemand einen Buckel, eine Brille, einen Schnupfen, eine Wunde, Haar-

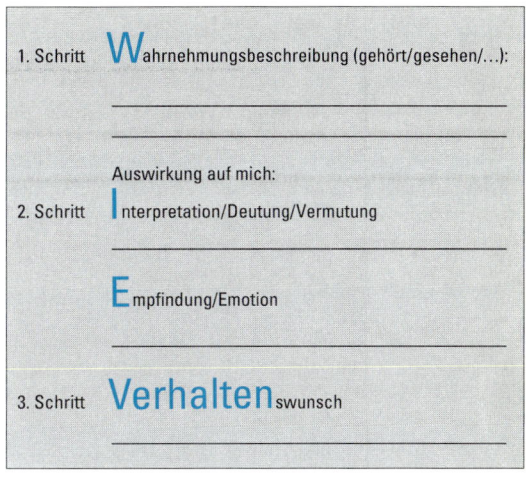

Bild 5.6
Schrittfolge der Verhaltensbeobachtung
(als Feedback-Übung verwendbar)

ausfall hat, ist nur schwer oder gar nicht zu verändern, dann wird das Feedback meist peinlich, unrealistisch und überflüssig ...)!

Beschreiben Sie möglichst konkret, worauf Sie sich genau beziehen (vieles, was Sie interessiert oder stört, nimmt der andere gar nicht wahr ...)!

Betonen Sie die Subjektivität und Vorläufigkeit Ihres Feedbacks (das erleichtert dem Gesprächspartner, sein Gesicht zu wahren, eine nicht beabsichtigte Auswirkung zu verstehen und zu bedauern, sich zu korrigieren oder es in Kauf zu nehmen)!

Zeigen Sie zunächst Wertschätzung und Anerkennung für den Gesprächspartner! Wir alle freuen uns über positive Leistungen – und sind dann viel eher bereit, etwas Negatives an unserem Verhalten einzusehen. Seien Sie also möglichst ausgewogen in Ihrer Rückmeldung.

5.3.3 Störungen in der Übermittlung und ihre Vermeidung

In der Nachrichtenübermittlung gibt es häufig Störungen. Es handelt sich dabei eher um technische Störungen, die meist als Codierungs- und

Decodierungsfehler (Verzerrungen) auftreten. Des weiteren können Störungen auf dem Kommunikationsweg, also im Kommunikationskanal auftreten. Darüber hinaus liegen Gefahren für eine wirksame Kommunikation sowohl in der Speicherung als auch in der Redundanz der übermittelten Information.

Störungen in der Codierung/Decodierung

Ursachen hierfür sind

– Verwendung eines falschen Codierungsschlüssels,
– Unachtsamkeit bei der Verwendung des Codierungsschlüssels,
– Fehler bei der Umsetzung des Codes in physikalische Signale,
– Veränderung der physikalischen Signale durch Einwirkungen auf den Übertragungsweg.

Kommunikationspartner können nur die beiden ersten Störungen vermeiden helfen, indem sie eine Absprache über die Bedeutung der Zeichen treffen und beim Codieren und Decodieren sorgfältig sind. Die übrigen Übertragungsstörungen entstehen in den technischen Übertragungseinrichtungen.

Störungen im Kommunikationskanal

Der Kommunikationskanal ist der Weg zwischen Sender und Empfänger. In einem Arbeitssystem ist dies also die Verbindung zwischen den Aufgabenträgern einer Organisation, in der sich der Kommunikationsprozeß abspielt (siehe hierzu 5.4 Betriebliche Kommunikation, Seite 100). Technisch betrachtet, kann dann keine Kommunikation stattfinden, wenn die Verbindung nicht gelegt, nicht bekannt oder wenn sie belegt ist.

5.3.4 Semantische und psychologische Störungen, ihre Auswirkungen und ihre Vermeidung

Die Kommunikation ist störanfällig,

• wenn Begriffe verschiedene Bedeutung haben können (z. B. bedeutet für einen Fernsehmechaniker ein Kondensator etwas anderes als für einen Turbinenkonstrukteur; wenn sich nun beide über die Abmessungen von Kondensatoren unterhalten, ohne sich vorher über den Verwendungszweck verständigt zu haben, sind Mißverständnisse kaum vermeidbar);

• wenn durch den häufigen Umgang mit bestimmten Begriffen diese für den Anwender so geläufig werden, daß er nicht bedenkt, wie wenig geläufig oder gar unverständlich sie für den Gesprächspartner sind (z. B. Fachtermini, Abkürzungen, Schaltplansymbole);

• wenn es in der Körpersprache Zeichen mit abweichender Bedeutung gibt, insbesondere zwischen Partnern unterschiedlicher Kulturkreise (z. B. bedeutet für uns Kopfschütteln bekanntlich Ablehnung, Zweifel, Verwunderung, in Indien bedeutet Kopfschütteln jedoch Zustimmung).

Basis für unsere Verständigung mit anderen sind die Verständigungssprache und – soweit wir mit unserem Partner direkt kommunizieren – auch die Körpersprache (Mimik, Gestik, Körperhaltung usw.). Übereinstimmung ist dann zu erzielen, wenn die verwendeten Wörter, Symbole und Zeichen der Körpersprache im gleichen Sinn verstanden werden. Wir wissen aber, daß jedes Wort außer einer lexikalischen Bedeutung (Semantik) für jeden Menschen auch eine emotionale Bedeutung haben kann. Dies hängt u. a. davon ab, ob der Betreffende z. B. mit einem Gegenstand eine positive oder eine negative Erfahrung gemacht hat oder besondere Erlebnisse damit verbindet. Auch kann es vorkommen, daß sich subjektiv beigemessene Wortbedeutungen durch Einstellungsveränderungen wandeln. Typische, aktuelle Beispiele hierfür sind Begriffe wie Leistung, Moral, Konsum, Umwelt oder Ehre. Deshalb ist es wichtig, möglichst konkrete und weniger abstrakte Begriffe zu verwenden.

Bei allem, worüber wir nachdenken, was wir mit anderen gemeinsam tun, worüber wir uns verständigen und was uns an eingetretenen Situationen interessiert, geht es nicht nur um sachlich vorgegebene (mehr oder minder objektivierbare) Wirklichkeit, sondern zugleich auch um persönlich konstruierte Wirklichkeiten, Interpretationen, Meinungen, Einstellungen, subjektive Einschätzungen und Absichten. Die persönliche Wirklichkeit bezieht sich dabei stets sowohl auf den jeweiligen Sachverhalt als auch auf die daran beteiligten Personen.

Wichtig zu wissen ist bei jeder Kommunikation, welche emotionale Bedeutung unser Gesprächspartner z. B. dem Gesprächsthema, den am Gespräch beteiligten Personen oder dem Gesprächsort beimißt.

Wir werden in allen Situationen stets auf zwei Ebenen angesprochen und treten so mit anderen in Verbindung: Auf einer Sach- oder Inhaltsebene und – bewußt oder unbewußt – auf einer Gefühls- oder Beziehungsebene:

• Individuen reagieren auf identische Informationen unterschiedlich. Die psychische Verfassung und die persönliche Vorgeschichte der Kommunikationspartner beeinflussen die Wahrnehmung der sozialen Situation ebenso wie die abstrakten Tatbestände.

• Der Grad der Fähigkeit des Informierenden zur Informationsweitergabe und zur Darstellung seiner Absichten beeinflussen die Qualität des Kommunikationsprozesses ebenso wie die Bereitschaft des Empfängers zur Informationsaufnahme und seine Einstellung gegenüber ihrem Inhalt (Bild 5.7).

Die beiden Nachrichten »Nehmen Sie doch bitte Platz« und »Hinsetzen!« bedeuten inhaltlich dasselbe, sagen aber über die Beziehung zwischen den Partnern Unterschiedliches aus.

Unterhalten sich z. B. zwei Personen über die Umweltverträglichkeit eines technischen Verfahrens, wobei sich der eine Gesprächspartner um mögliche Beeinträchtigungen der Umwelt sorgt, während der andere von der Bedenkenlosigkeit des Verfahrens überzeugt ist, kann eine Verständigung unter Umständen deshalb nicht zustande kommen, weil jeder auf einer anderen Ebene argumentiert. Während sich ersterer vermutlich auf der emotionalen »Beziehungsebene« befindet (Bedenken, Angst usw.), kommuniziert der andere auf der »Sachebene« (am technischen Detail interessiert). Wichtig ist in diesem Falle, daß der »Sender« den »Empfänger« auf dessen Ebene gedanklich »abholen« muß. Geschieht dies nicht, kommt es bestenfalls zu einem Verbalkonsens, bei dem der eine »überredet« wurde und schweigt. Gewünscht ist aber ein Realkonsens, bei dem der Partner bereit ist, sich engagiert für eine gewonnene Überzeugung einzusetzen.

Die Beziehungsebene ist wichtiger als die Inhaltsebene, das wissen wir aus vielen Erkenntnissen und Erfahrungen. Vereinfacht dargestellt besteht der Mensch zu 90% aus Gefühl und zu 10% aus Verstand. In vielen Situationen gilt daher die Erkenntnis »Letztlich sind Gefühle stärker als der Verstand!« oder »Im Zweifelsfall verläßt man sich auf das Gefühl!«

5.3.5 Regeln für wirksame Kommunikation

Regel 1:
Die Beziehungsebene in der Kommunikation ist vorrangig zu beachten (Gefühle sind stärker als der Verstand! Denkblockaden vermeiden! Nicht mit der Tür – d. h. dem Ziel, dem Anliegen – »ins Haus fallen«).

Regel 2:
Ungeteilte Aufmerksamkeit zeigen, angemessenen Blickkontakt, zugewandte Körperhaltung und – mit verbalen Reaktionen – beim Thema des Gesprächspartners bleiben. Dieses Verhalten stellt eine Vertrauensplattform her, die während des Gesprächs erhalten bleibt bzw. vertieft wird.

Regel 3:
Den Gesprächspartner zur Offenheit ermutigen, so daß er weiter bereit ist, seine Informationen zu geben. Ihn dabei mit Kopfnicken, gelegentlichen Kurzäußerungen (»Ach so! Aha! Hm, Hm!«) und ab und zu durch Aufgreifen von Reizwörtern unterstützen. Ihm signalisieren, daß er die Zeit hat, die er braucht.

Regel 4:
Menschen spüren lassen, daß sie wichtig und wertvoll sind. Sie ernst nehmen und ihnen mit Verständnisfragen Interesse an den Informationen signalisieren und am Thema des Gesprächspartners »dranbleiben«.

Regel 5:
Fragen sind das geeignete Hilfsmittel dafür, viel oder gezielt Information zu gewinnen, Meinun-

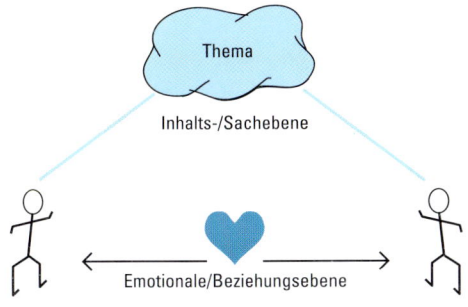

Bild 5.7
Kommunikation gleichzeitig auf zwei Ebenen

gen zu erkunden und Beziehungen zu beginnen (»Sie haben eben – mit meinen Worten ausgedrückt – Ihren Standpunkt so beschrieben ... ist das richtig so? Habe ich Sie so richtig wiedergegeben?«).

Regel 6:
Beobachte den Gesprächspartner genau – vor allem in seinen körpersprachlichen Mitteilungen (Mimik, Gestik, Artikulation der Stimme, ...). Je sensibler die Beobachtung, desto klarer wird das Bild des Kommunikationspartners und damit der übermittelten Information.

Regel 7:
Die wichtigsten Kernsätze von Zeit zu Zeit zusammenfassen. Der Gesprächspartner spürt, daß ihm nichts unterstellt werden soll – und baut sein Vertrauen aus! Er erlebt, daß seine Gedanken, seine Probleme, seine Person im Mittelpunkt stehen.

Regel 8:
Durch Feedback rechtzeitig inhaltliche Verständnisstörungen vermeiden und d. h. frühzeitig Beziehungsstörungen vermeiden helfen, die Beziehung stabilisieren. Spätestens mit dem Feedback geht der Empfänger aus der Haltung des aktiven Zuhörens in die Wechselseitigkeit des Kommunikationsprozesses. Kommunikation ist Austausch von Erfahrungen! Sich gestört zu fühlen ist eine starke Beeinträchtigung in der Wahrnehmung von neuen Informationen. Eine sehr bekannt gewordene erfolgreiche Regel in der Humanistischen Psychologie lautet: »Störungen haben Vorrang. Wenn Du Dich so gestört fühlst, daß Du am Kommunikationsprozeß nicht mehr teilnehmen kannst, dann unterbrich die Handlung, das Gespräch, bis die Störung vorbei ist.«

Regel 9:
Wenn Sie Feedback erhalten – dann hören Sie zunächst ruhig (ohne Rechtfertigungen) zu. Sie sind auf Rückkopplung von Menschen angewiesen, auch wenn Ihnen unbehaglich dabei ist. Ohne Feedback wäre Ihr Selbst-Bild unrealistisch.

Regel 10:
Zeigen Sie Anteilnahme – erkennen Sie Gefühle des Partners und spiegeln Sie sie in angemessener Form zurück (»Sie wirken aber ziemlich ärgerlich, aufgeregt, freudig erregt auf mich«). Dadurch fühlt sich Ihr Partner nicht nur verstandesmäßig intellektuell, sondern auch emotional angenommen und geachtet.

5.4 Betriebliche Kommunikation

In der betrieblichen Situation findet der Kommunikationsprozeß in der Aufbau- und der Ablauforganisation statt. Die Verbindungen (Wege) bilden das Kommunikationsnetz. Sie können fehlen, nicht bekannt oder überlastet sein. Desweiteren kann es zu Kommunikationsstörungen kommen, wenn

– Unkenntnis über Zielsetzung und Geschäftspolitik besteht, weil sie nur im Kopf des Unternehmers besteht oder weil sie wegen zu vieler hierarchischer Stufen falsch ist oder nicht bis zu den unteren Aufgabenträgern reicht,

– Vorgesetzte überlastet, Aufgabenverteilungen falsch, zu viele Mitarbeiter direkt unterstellt sind,

– Unkenntnis über die Aufgabenverteilung und den Informationsbedarf der Aufgabenträger besteht,

– die Kompetenz- bzw. Machtverhältnisse unklar sind, es viele vorgesetzte Stellen je Mitarbeiter gibt, Kompetenzordnung fehlt,

– Unkenntnis über Informationsquellen im Betrieb besteht und ein Berichtswesen fehlt.

Eine Voraussetzung für erfolgreiche Kommunikation und Zusammenarbeit ist die zugängliche, übersichtliche und einfache Organisation einer Unternehmung.

Die Verwendung technischer Hilfsmittel (Telefon, Fax, EDV usw.) ist keine Voraussetzung für erfolgreiche Kommunikation, aber sie kann diese sehr erleichtern.

5.4.1 Formale Kommunikation im Betrieb

Durch betriebliche Regelungen und Vorschriften für die Erledigung der im Betrieb anfallenden Aufgaben wird festgelegt, wie der optimale Fluß der betrieblich relevanten Informationen sein soll. Hierbei spielen quantitative, qualitative und zeitliche Aspekte für die Informationssteuerung eine Rolle. Der Informationsfluß kann generell in bezug auf den Kommunikationspartner, die Kommunikationsrichtung und den Kommunikationsinhalt fixiert sein. Dies ist insbesondere bei sich wiederholenden Routineaufgaben zweckmäßig. Die in diesem Zusammenhang oft gestellte Frage,

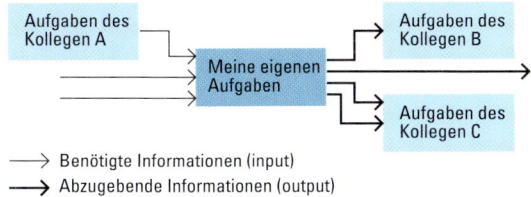

→ Benötigte Informationen (input)
→ Abzugebende Informationen (output)

Bild 5.8
Ein- und Ausgangsinformation als Grundlage
der Zusammenarbeit

ob das Ingangsetzen eines Informationsaustauschs eine »Bring«- oder »Holschuld« ist, läßt sich in Routinefällen eindeutig beantworten, da festgelegt ist, wer wem welche Information zu bringen hat oder wer sich bei wem welche Auskunft holen muß (z. B. Beschreibung des Informationsflusses in Funktionsbeschreibungen, Arbeitsabläufen).

In allen nicht planmäßigen Fällen führt folgende Überlegung zu einer umsichtigen Kommunikation: Jeder ist Teil des Ganzen und braucht zur Erledigung seiner Aufgaben Eingangsinformationen. Außerdem sind wegen seiner Mitwirkung im Gesamtsystem die von ihm erzeugten Ergebnisse die Eingangsinformationen für die Anschluß- oder Nachbarstellen (Bild 5.8).

> Daraus ergeben sich grundsätzliche Verpflichtungen für Kommunikationspartner:

▷ Sammeln aller Informationen vor Beginn einer Arbeit; dies bedeutet die Verpflichtung, Informationen zu holen: *»Holschuld«*.

▷ Nach Abschluß einer Arbeit prüfen, wer die Ergebnisse weiterverwenden muß oder für wen die Informationen eine Hilfe sein könnten: *»Bringschuld«*.

Zusammenarbeit begründet Partnerschaft. So, wie wir uns auf unsere Partner verlassen wollen, müssen wir auch von anderen als zuverlässig eingeschätzt werden. Mit der Zusage einer Zuarbeit verpflichten wir uns, diese termingerecht, im abgesprochenen Umfang und in der vereinbarten Art und Weise zu erbringen (siehe Aufgabenplanung). Daraus ergibt sich für uns eine doppelte Bringschuld:

• Je nach Umfang, Bedeutung und Bearbeitungsdauer einer übernommenen Aufgabe sind wir verpflichtet, unseren »Auftraggeber« über

den Bearbeitungsfortgang zu informieren (z. B. Zwischenbescheide, Mitteilung über die Einschaltung Dritter, Kopien von Briefen an Dritte, Information über die Ergebnisse von Besprechungen usw.).

• Sobald bei der Bearbeitung Störungen auftreten, die erwarten lassen, daß wir unsere Zusagen nicht einhalten können, sollten wir unsere Partner unverzüglich informieren und gegebenenfalls gemeinsam mit ihnen für die Abwehr der Störungen oder für Alternativlösungen sorgen.

Für erfolgreiche Zusammenarbeit ist die umfassende Kommunikation unabdingbare Voraussetzung.

5.4.2 Informelle Kommunikation im Betrieb

Informelle Kommunikation entsteht dort, wo formale Kommunikationsbeziehungen nicht vorgegeben sind. Ursachen für das meist spontane Entstehen dieser Beziehungen sind: räumliche Nähe am Arbeitsplatz, Prestigedenken, gemeinsamer Weg zur Arbeit, Verwandtschaft, soziale Herkunft, gemeinsame Interessen und sonstige außerbetriebliche Faktoren.

Die bewußte Ausschaltung offizieller (Um-)Wege durch informelle Kontakte macht zwar häufig den Informationsfluß flüssiger und paßt sich bei organisatorischen Veränderungen schneller an; dem stehen aber gewichtige Nachteile gegenüber wie Instabilität und Unzuverlässigkeit. Insbesondere kann die informelle Kommunikation durch Verbreitung von Gerüchten, Vorurteilen und vertraulichen Mitteilungen den formalen betrieblichen Informationsfluß stark beeinträchtigen.

5.4.3 Kommunikation in Besprechungen

Je größer der betroffene Personenkreis ist, desto umfangreicher und daher auch desto teurer wird die Kommunikation. Die teuerste Art der Kommunikation ist die Teilnahme vieler Personen an Besprechungen, und zwar aus zwei Gründen:

▷ Die Kosten der Besprechungen sind aufgrund des Teilnahmeaufwands direkt proportional der Anzahl der Teilnehmer;

▷ mit steigender Anzahl der Teilnehmer werden die Besprechungen immer weniger produktiv.

Bild 5.9 veranschaulicht, daß die meisten Besprechungen im allgemeinen mit einem zu großen

Teilnehmerkreis durchgeführt werden. So nahmen z. B. an den Besprechungen in einem Bauprojekt am häufigsten 9 Personen teil. Die durchschnittliche Teilnehmerzahl lag sogar bei 11 Personen.

Weiterhin ist aus Bild 5.10 zu erkennen, daß der Erfolg von Besprechungen (Entscheidungsdichte) mit zunehmender Anzahl von Teilnehmern stark sinkt. Die Entscheidungsdichte ED ist definiert als Anzahl der weiterführenden Beschlüsse, bezogen auf die Anzahl der behandelten Besprechungspunkte.

Zunächst hat der bzw. die Einladende eine große Chance, auf verschiedene Faktoren, wie Thema, Teilnehmer und Technik, bereits bei der Vorbereitung Einfluß zu nehmen. Er trägt somit eine große Verantwortung für eine erfolgreiche Besprechung. Hilfestellung hierfür gibt die Beachtung einer Checkliste unter Punkt 5.5.4.

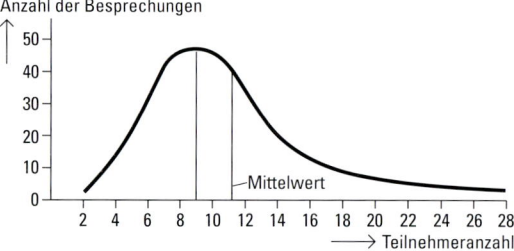

Bild 5.9
Teilnehmeranzahl und Anzahl der Besprechungen in einem Bauprojekt

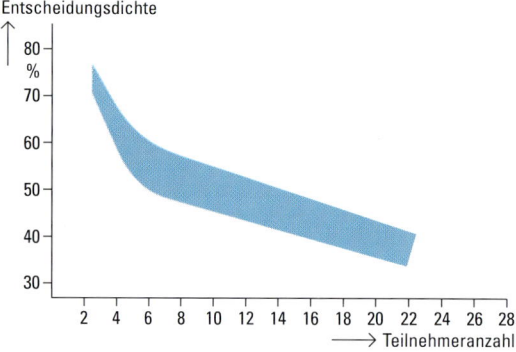

Bild 5.10
Entscheidungsdichte und Anzahl Besprechungsteilnehmer
Wirkungsvollere Besprechungen können erreicht werden, wenn der/die Einladende, der/die Leiter(in) und die Teilnehmer bestimmte Regeln beachten.

Zweitens nehmen »Leiter« bzw. »Moderator«[1] wesentlichen Einfluß auf den Verlauf der Besprechung. Auch hier kann es hilfreich sein, sich durch Merkpunkte auf die Besprechungsleitung/Moderation vorzubereiten und diese während der Besprechung zur Erinnerung und Hilfestellung präsent zu haben. Die Aufgaben des Besprechungsleiters/Moderators und der Teilnehmer sind als Checkliste in 5.5.4 zusammengestellt.

Und drittens entscheiden natürlich die Teilnehmer über Erfolg und Mißerfolg der Besprechung. Mit den nachstehenden 10 Kontrollfragen können auch wir einen Beitrag zu »wirkungsvolleren« Besprechungen leisten.

10 Kontrollfragen für den Besprechungsteilnehmer

Höre ich auf das, was die anderen zu sagen haben?
Spreche ich meine Meinung offen aus?
Lasse ich die anderen zu Wort kommen?
Helfe ich mit, die Besprechungsziele zu erreichen?
Helfe ich mit, Mißverständnisse zu vermeiden?
Spreche ich freundlich, kurz und anschaulich?
Lasse ich mich zu persönlichen Angriffen verleiten?
Arbeite ich konzentriert und aufmerksam mit?
Verfolge ich die Ideen anderer weiter?
Vermeide ich emotionale Aspekte bei Meinungsäußerungen?

10 Regeln für eine wirksame Besprechung

Regel 1:
Der Besprechungsleiter sollte nicht automatisch der hierarchisch am höchsten stehende unter den Teilnehmern sein, auch nicht der beste Fachmann der anstehenden Thematik, sondern ein methodischer Könner in Gruppenarbeitstechnik, »ein Moderator«. Bei Routinebesprechungen oder sich häufig wiederholenden Besprechungen der gleichen Gruppe sollte grundsätzlich die Besprechungsleitung »turnusmäßig« wechseln.

Regel 2:
Die Besprechungszeit ist »Arbeitszeit eines jeden einzelnen mal Anzahl der Teilnehmer«. Wenn

---

[1] Vgl. dazu Siemens »Organisationsplanung«. S. 124

eine Besprechung wirklich nicht mehr erbringt als die Summe der Einzelleistungen der Teilnehmer, dann sollte sie besser unterbleiben.

Regel 3:
Je besser die Vorbereitungen auf eine Besprechung, desto größer sind ihre Erfolgsaussichten. Jeder Besprechungsteilnehmer sollte deshalb nach Möglichkeit ausreichend Vorinformationen erhalten. Er ist verpflichtet, sich intensiv auf die Besprechung vorzubereiten.

Regel 4:
Vertrauen muß als Basis jeglicher Kommunikation zwischen Menschen auch in der Besprechung angestrebt werden. Cliquenbildungen jeglicher Art werden stets zum Tod einer lebendigen Besprechung führen. Wer sich in einer Besprechung manipuliert fühlt, sollte zunächst sich selbst prüfen, ob er Vorurteilen unterliegt, und freimütig versuchen, diese abzubauen.

Regel 5:
Die Gegebenheiten des Besprechungsraums tragen entscheidend zum Ablauf und zum Ergebnis bei. Demonstrationsmöglichkeiten und Visualisierungshilfen gehören unabdingbar zur Ausstattung eines Besprechungsraums. Namensschilder (Tischkarten) sind eine wichtige Kommunikationshilfe.

Regel 6:
Pünktlicher Beginn und pünktlicher Schluß sind das A und O jeder guten Besprechung.

Regel 7:
Jeder Teilnehmer darf sich selbst in der Besprechung so gut blamieren, wie er kann. Keiner darf einen anderen Teilnehmer vor der Gruppe bloßstellen oder lächerlich machen.

Regel 8:
Wenn die Besprechung nicht moderiert, sondern geleitet wird, gilt: Der Besprechungsleiter greift in die Diskussion nur zwecks Steuerung und Regelung der Ordnung ein. Die eigene Meinung hat er unbedingt zurückzustellen.

Regel 9:
Abstimmungen sollten bei Besprechungen nur dann praktiziert werden, wenn keinerlei Chance mehr für eine Argumentativlösung besteht.

Regel 10:
Ergebnisse sind sofort schriftlich festzuhalten (möglichst visualisiert). Die Ergebnisse sind möglichst präzise in Maßnahmen umzusetzen

(wer macht wann was wie und mit welcher Unterstützung). Ein allseits befriedigender Besprechungsabschluß ist die beste Voraussetzung für eine positive Einstellung der Teilnehmer zu ihren Ergebnissen und zur nächsten Besprechung.

5.4.4 Gesellschaftliche Auswirkungen der modernen Informationstechnologie auf die betriebliche Kommunikation

Es besteht kein Zweifel darüber, daß wir uns im Übergang vom Industriezeitalter zum Informationszeitalter befinden. Während zunächst die rapide Entwicklung elektronischer Hilfsmittel zu immer niedrigeren Preisen bestimmend für den Einzug der Informationstechnik in unsere Büros war, geht nun die Entwicklung dahin, die organisatorischen, sozialen und didaktischen Aspekte im Umfeld der technologischen Innovation zu beachten. Die Informations- und Kommunikationstechnologie erhält somit im Produktions- und Verteilungsprozeß der Volkswirtschaften eine zunehmende Bedeutung. Information entwickelt sich zu einem unverzichtbaren Produkt und stellt neben den traditionellen Produktionsfaktoren Boden, Kapital und Arbeit einen vierten Produktionsfaktor dar.

Produktionsfaktor Information

Wettbewerbs- und Marktsituationen, Forschungs- und Entwicklungsaufgaben, Produktionssteuerung und Dienstleistungsfunktionen erfordern zunehmend komplexere Entscheidungsfindungen bei einer Entscheidungsqualität, an die zunehmend höhere Anforderungen gestellt werden. Wesentlich ist hierbei die gezielte Verfügbarkeit von Informationen, Daten und Mitteln bei einem ständig wachsenden Mengenproblem.

Wirtschaft, Technik und Gesellschaft werden in hohem Maß miteinander verflochten.

Neben den oben dargestellten gesellschaftlichen Auswirkungen gilt es, arbeitshemmende Schwachstellen bei den Prozessen der Informationsbeschaffung, Be- und Verarbeitung und Speicherung im Büro abzubauen. Information und Kommunikation werden auch hier zu zentralen Kriterien für jedes Unternehmen. Erfolgreiche und weniger erfolgreiche Unternehmungen werden sich in Zukunft darin unterscheiden, welche Bedeutung sie dem Produktionsfaktor Informa-

tion beimessen. Der Information wird dabei eine Schlüsselfunktion in der Unternehmensorganisation zukommen.

Die Organisation von Information und Kommunikation im Unternehmen als »Kommunikationsmanagement«

Es kommt künftig darauf an, Kenntnis über die Informationsstruktur des Unternehmens zu haben, d.h. zu wissen, wo Informationen geschaffen, aktualisiert, geprüft, bewertet oder einfach bearbeitet werden, wer diese Informationen dann weiterhin benötigt, wie sie archiviert werden, wann, wo und in welchem Umfang auf sie zugegriffen werden muß, und nicht zuletzt, für welchen Zweck sie benötigt werden. Eine weitere Erkenntnis gibt uns die allseits bekannte Forderung nach der Aktualität von Information. Da Information wie eine leicht verderbliche Ware zu behandeln ist, spielt der Faktor »Zeit« eine strategische Rolle. Demnach ist die Zeit beim Informationstransport und bei der Informationsverbreitung zu minimieren, damit die Reaktionsgeschwindigkeit und die Innovationsfähigkeit des Unternehmens positiv beeinflusst werden können. Außerdem bedarf gespeicherte Information mehr und mehr einer systematischen Pflege, d.h., sie muß regelmäßig »entrümpelt« und aktualisiert werden, damit der Zugreifende erst gar keine Gelegenheit hat, durch Überalterung in ihrem Wert geminderte Informationen zum Schaden der Produktivität zu verwenden.

Die Kenntnis über Informationswege sowie Orte und Arten der Verarbeitung und Speicherung ermöglicht die Planung eines Informationssystems unter sinnvollem Einsatz moderner Medien. Diese elektronischen Hilfsmittel müssen sich in die Informationsinfrastruktur (=Netz) des Unter-

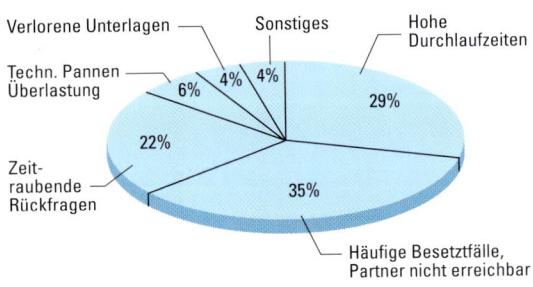

Bild 5.11   Schwachstellen (Quelle: ifw)

nehmens einpassen und den Transfer und die Verarbeitung der Informationen im Sinne einer integralen innerbetrieblichen Kommunikation unterstützen.

Der wesentliche Vorteil des Einsatzes rechnergestützter Kommunikationssysteme liegt also in der Verbesserung des Informationsflusses und der einfachen Verteilung und Archivierung von Informationen. Somit können (gemäß einer Umfrage unter Führungskräften) wesentliche Schwachstellen der Bürokommunikation reduziert werden, z. B.

– unnötige Doppelarbeiten,
– verminderte Entscheidungsqualität,
– zu lange Warte- und Liegezeiten.

Auswirkungen der Informations- und Kommunikationstechnik auf den Menschen

Gesamtgesellschaftlich betrachtet bewirken die neuen Produkte der Kommunikationstechnik Veränderungen hin zur sogenannten sozialen Technologie, indem durch sie neue Steuerungen und Dispositionen möglich und neue Freiräume eröffnet werden. Gleichzeitig resultiert aus dieser Entwicklung auch ein neuer Schutzbedarf. Datenschutzgesetzgebung und Datenschutzorganisation und das wegweisende Urteil des Bundesverfassungsgerichts zum Recht auf informationelle Selbstbestimmung tragen diesem Anliegen Rechnung.

Unverkennbar verlagern sich durch den Einsatz von technischen Medien die Kommunikationsbeziehungen von der »Mensch-Mensch-Beziehung« mit allen organisatorischen und informellen sowie soziologischen Aspekten zur »Mensch-Maschine-Beziehung«. Wie wirkt sich diese Entwicklung auf uns als Mitarbeiter im Arbeitsalltag aus, wenn

▷ zukünftig eine breitere Verteilung von Informationen erfolgt,

▷ keine Person mehr versehentlich übergangen wird,

▷ Informationen nicht mehr verloren gehen,

▷ Nachrichten schneller und spontaner bzw. von jedem beliebigen Bildschirm aus zu jedem beliebigen Zeitpunkt bearbeitet werden können,

▷ Störungen und Unterbrechungen vermieden werden,

▷ Kopier-, Ablage-, Adressier- und Versandaufwand reduziert werden,

▷ Dienstreisen reduziert, Besprechungen eingeschränkt oder ersatzweise als Videokonferenz durchgeführt werden,

▷ Termine elektronisch geplant und verfolgt werden,

▷ Mitteilungen elektronisch statt persönlich oder telefonisch überbracht werden,

▷ keine Zettelwirtschaft mehr vorhanden ist?

Sicherlich wird es zu Akzeptanzproblemen kommen, die einerseits aus einer allgemeinen Angst vor der technologischen Entwicklung und andererseits aus nicht vorhandener oder mangelnder Qualifikation resultieren können. Zunächst muß festgehalten werden, daß durch das Zusammenwachsen von Sprach-, Text-, Festbild-, Bewegtbild- und Datenkommunikation zur Verbundkommunikation ein wesentlicher Schritt in Richtung der Natur des Menschen gemacht wird, denn wir sind von Natur aus nicht so geschaffen, daß wir getrennt Sprachkommunikation, Bildkommunikation, Textkommunikation und Datenkommunikation betreiben, sondern unsere Natur verfährt genau umgekehrt, nämlich alle Kommunikationsarten integriert zu betreiben. Die technische Entwicklung geht also vorwärts und dabei gleichzeitig zurück in Richtung der kommunikativen Natur des Menschen.

So schauen wir denn wie gebannt auf die neuen Geräte und auf das Problem, ob es gelingen wird, die Technik an die menschliche Natur anzupassen. Aber es entstehen auch Ängste vor den neuen Anforderungen, die an uns Menschen gestellt werden. Ängste davor, ob wir diese Technologie noch verstehen und kontrollieren können. Soweit wir zurückverfolgen können, sind beim Menschen Ängste vor technischen Entwicklungen aufgekommen. Angesichts der Technikentwicklung und der damit verbundenen Veränderungen von Tätigkeiten, Qualifikationen und der arbeitsmarktpolitischen Auswirkungen sollten diese Ängste ernst genommen werden, insbesondere, da sie von Alter und Situation der jeweiligen Betroffenen abhängig sind.

Die Ängste ernst zu nehmen soll aber nicht heißen, die neuen Technologien abzulehnen, sondern sich richtig auf sie einzustellen und die innovativen Kräfte der Angst bei der Gestaltung von humanen Arbeitsplätzen zu nutzen.

Neben den sozialen Auswirkungen stellen die neuen Geräte eine Herausforderung an neue sogenannte intellektuelle Technologien, d. h., es werden für das Umgehen mit dieser neuen Technik mehr bzw. andere Kenntnisse und Fähigkeiten benötigt, als wir bisher beim Umgehen mit Information gewöhnt waren. Hier gilt es, durch entsprechende Aus- und Weiterbildung einer Entwertung des Humankapitals entgegenzuwirken. Dies ist, wie das Institut für Arbeitsmarkt- und Berufsforschung der Bundesanstalt für Arbeit durch eine Untersuchung herausgefunden hat, nicht eine Polarisierung der Qualifikation, also bei wenigen Beschäftigten hin zu einer Steigerung und bei der überwiegenden Anzahl der Beschäftigten eine deutliche Senkung der Qualifikationsanforderung. Ebenso wird nicht erwartet, daß sich die Qualifikationsanforderungen auf ein einheitliches Niveau oder sogar auf ein allgemein niedrigeres Niveau begeben. Vielmehr wird es allgemein zu einer Steigerung der Arbeitsplatzmerkmale und demgemäß zu einer höheren Qualifizierung der Beschäftigten kommen.

Hinsichtlich der veränderten Tätigkeitsmerkmale ist deutlich ein Wandel erkennbar, der sich vom eng definierten, spezialisierten Arbeitsplatz hin zum integralen Arbeitsplatz (»weg vom Taylorismus« = Trennung von dispositiven und ausführenden Arbeiten) verändert. Hier wird der Mitarbeiter ein aktives Gestaltungsverständnis brauchen, entgegen bestehender Befürchtungen, die Technik werde den Mitarbeiter in seiner Gestaltungsfreiheit einengen und ihm häufig nur reaktives Gestaltungsverständnis abverlangen. Gerade durch die Möglichkeit der Rationalisierung und Automatisierung von Routinearbeiten wird mehr Raum frei für innovative Aufgaben wie Problemlösung, Planung und Gestaltung.

Abschließend sollten wir uns bewußt vor Augen halten, daß in dem Maß, in dem die technisch-organisatorischen Veränderungen Platz greifen und die menschliche Kommunikation einschränken, es gerade die lebendigen und gelebten Beziehungen unter Menschen sind, die dann noch wichtiger werden. Kommunikation ist ein Austausch von bedeutungsvollen Inhalten und Empfindungen, der sich weder auf reine Sachinformation noch auf ein Schema »Sender-Empfänger« reduzieren läßt. Wir würden deshalb einen irreparablen Fehler begehen, wenn wir bei allen technischen Überlegungen dem Menschen gegenüber der Technik eine untergeordnete Rolle zuweisen würden.

5.5 Hilfsmittel betrieblicher Kommunikation

Ein modern organisierter Betrieb erfordert das Festlegen von Arbeitsabläufen, das Beschreiben der Zusammenarbeit und des Informationsflusses sowie das Unterrichten der Mitwirkenden über diese Festlegungen. Neben den bekannten Hilfsmitteln, wie

– Funktionsablauf- und Arbeitsablauf-Beschreibungen,
– Informationspläne,
– Standardverteiler und
– Formulare,

können noch folgende Hilfsmittel hilfreich sein:

– Flußdiagramm (Beispiel siehe 3.5.3)
– Entscheidungstabelle (Beispiel siehe 5.5.1)
– Informationsmatrix, (als Sonderfall der Ablaufmatrix) (Beispiel siehe 5.5.2)
– Ablaufmatrix (Beispiel siehe 5.5.3)
– Checkliste für Besprechungen (Beispiel siehe 5.5.4)

5.5.1 Flußdiagramm und Entscheidungstabelle

Arbeitsabläufe lassen sich sehr übersichtlich und ohne großen Beschreibungsaufwand in Flußdiagrammen darstellen; Flußdiagramme sind deshalb besonders geeignet zum Informieren eines größeren Personenkreises über Abläufe, Verknüpfung von Vorgängen (z. B. während der Ausarbeitung von Arbeitsabläufen, zur Einarbeitung neuer Mitarbeiter, zur Information von Außendienstmitarbeitern).

Wegen der ihnen eigenen Zwangsläufigkeit zwingen sie zur Vollständigkeit. Zusammen mit der Entscheidungstabelle sind sie deshalb ein sehr wichtiges Hilfsmittel für das Erstellen von DV-Programmen.

Ähnlich wie das Flußdiagramm eignet sich die Entscheidungstabelle zum knappen, zweifelsfreien Darstellen komplizierter Sachverhalte. Verbal könnten solche Sachverhalte meist nur sehr aufwendig beschrieben werden.

Beispiel

Ein Abteilungsleiter soll über den Antrag eines Mitarbeiters zur Teilnahme an einer Schulungsmaßnahme entscheiden. Hierbei muß geprüft werden, ob die Schulung für die Erledigung der Aufgaben des Mitarbeiters erforderlich, also betriebsnotwendig ist, ob die Schulung kurzfristig erfolgen muß und ob die Kosten für die Teilnahme durch das Schulungsbudget der Abteilung gedeckt sind.

Sofern die aufgabenabhängige Notwendigkeit für die Schulung gegeben ist, führt diese Ausgangssituation je nach Gegebenheit zu folgenden Entscheidungen:

▷ Genehmigen des Schulungsantrags, sofern die Schulung kurzfristig erfolgen muß und sofern das Schulungsbudget dadurch nicht überschritten wird;

▷ Genehmigen des Schulungsantrags, sofern die Schulung kurzfristig erfolgen muß, auch wenn dadurch das Schulungsbudget der Abteilung überschritten wird. In diesem Falle sind die Kosten auf das Konto ... zu buchen, eine Begründung hierfür ist einzureichen;

▷ Genehmigen des Schulungsantrags, sofern die Kosten für die Teilnahme durch das Schulungsbudget gedeckt sind, selbst wenn die Schulung nicht sofort benötigt wird (hier könnte ggf. noch eine zusätzliche Bedingung eingebaut werden, z. B., sofern das Schulungsbudget erst zu weniger als 70% ausgeschöpft ist).

▷ Ablehnen des Schulungsantrags, sofern die Schulung nicht sofort benötigt wird und das Schulungsbudget bereits ausgeschöpft ist.

In einer Entscheidungstabelle wird der beschriebene Sachverhalt tabellarisch (Bild 5.12) dargestellt.

Schulung kurzfristig erforderlich	ja	ja	nein	nein
Kosten für Teilnahme gedeckt	ja	nein	ja	nein
Teilnahmegenehmigung erteilen	ja	ja	ja	nein

erfordert zusätzlich:
- besondere Begründung an ...
- Kosten auf Konto ...   buchen

Bild 5.12
Entscheidungstabelle »Teilnahme an Schulungsmaßnahmen«

5.5.2 Informationsmatrix

Wirken an einem Projekt mehrere Stellen zusammen, um bestimmte Ergebnisse zu erzielen, und versorgen sich diese Stellen gleichzeitig mit den für ihre Aufgaben benötigten Informationen, so kann der Informationsfluß vorteilhaft in einer Matrix dargestellt werden (Bild 5.13):

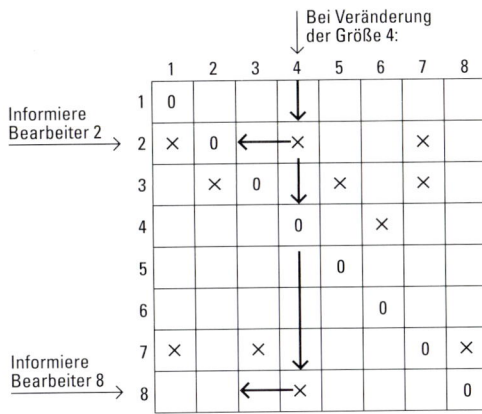

Bild 5.13   Informationsmatrix

Es werden alle am Projekt mitarbeitenden Stellen in beliebiger Reihenfolge untereinander angeordnet. Diese Reihe wird zu einer Tabelle (Matrix) ergänzt, indem man die Stellen in der gleichen Abfolge auch von links nach rechts aufträgt. Danach werden ihre Abhängigkeiten gekennzeichnet.

Beispiel
Zur Berechnung der Größe 2 benötigt der entsprechende Sachbearbeiter die Größen 1, 4 und 7.

Wird während der Projektabwicklung eine Größe verändert (z. B. 4), so kann aus der Matrix ersehen werden, wer über diese Änderung zu informieren ist (im Bild 5.13: die Stellen 2 und 8).

5.5.3 Ablaufmatrix

Der Unterschied gegenüber der Informationsmatrix besteht darin, daß mit der Ablaufmatrix die zweckmäßigste Reihenfolge der einzelnen Bearbeitungsschritte eines größeren Projekts ermittelt werden. Sie dient daher zur Strukturierung von Arbeitsabläufen. Wie bei der Informationsmatrix werden die zur Lösung einer komplexen Aufgabe benötigten Größen und ihre Abhängigkeiten in eine Matrix eingetragen.

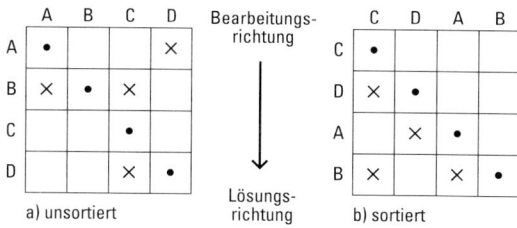

Bild 5.14 Ablaufmatrix

Würde man – wie in Bild 5.14 a) gezeigt – die Bearbeitung der Einzelaufgaben von »oben nach unten« in der dort aufgelisteten Reihenfolge vornehmen, so würde man erkennen, daß zur Berechnung »A« zunächst »D« bekannt sein müßte. »D« soll jedoch erst zuletzt berechnet werden; sein Wert muß also angenommen werden. Mit diesem geschätzten Ergebnis erfolgt dann die Berechnung von »B« usw. Wenn dann später entsprechend diesem Schema »D« berechnet wird, ist dieses Ergebnis mit dem zur Berechnung von »A« benutzten (geschätzten) Wert zu vergleichen und gegebenenfalls dort zu korrigieren. Eine neue Berechnung von »A« usw. beginnt (Iteration).

Dieser Umweg entfällt, wenn die Matrix umgeordnet wird (Bild 5.14 b). Dieses Bild läßt sofort erkennen, daß eine Iteration nicht mehr nötig ist.

Man sieht auch, daß bei der sortierten Matrix alle zu ermittelnden Teilaufgaben links der Diagonalpunkte stehen. Das Ermitteln der günstigsten Bearbeitungsreihenfolge erweist sich also als ein Sortierproblem, bei dem die einzelnen Teilaufgaben so umgeordnet werden müssen, daß sich möglichst viele Abhängigkeiten links von der Diagonale befinden. Sofern sie rechts der Diagonale bleiben müssen, sind Iterationen erforderlich.

Ausgangsgrößen (z.B. durch Definition vorgegeben) weisen keine Abhängigkeit auf (im Beispiel ist dies »D«); sie werden logischerweise zuerst eingetragen.

In der Praxis sind die Fälle nicht so übersichtlich wegen

– der meist größeren Anzahl gegenseitiger Abhängigkeiten und

– der relativ häufig vorkommenden Notwendigkeit, zu iterieren.

Beispiel Ablaufmatrix

Nachstehend sind einige der zum Entwurf eines Elektroautos benötigten Auslegungsgrößen sowie ihre Abhängigkeiten zusammengestellt:

Ausgangsgröße	Abhängigkeit
1 Anzahl Sitzplätze [1 = Definition]	Definition
2 Abmessungen [2 = f (1, 4, 5, 13)]	Anzahl der Sitzplätze (1), Bauweise und Ausstattung (4), Batteriegewicht, -abmessungen (5), Motorgewicht, -abmessungen (13)
3 Gesamtgewicht [3 = f (2, 4, 13, 5)]	Abmessungen (2), Bauweise und Ausstattung (4), Motorgewicht, -abmessungen (13), Batteriegewicht, -abmessungen (5)
4 Bauweise und Ausstattung [4 = Definition]	Definition
5 Batteriegewicht, -abmessungen [5 = f (6, 7)]	Energiedichte der Batterie (6), erforderliche Energiemenge (7)
6 Energiedichte der Batterie [6 = Definition]	Definition
7 Erforderliche Energiemenge [7 = f (14, 8)]	Aktionsbereiche (14), spezifischer Energiebereich des Motors (8)
8 Spezifischer Energieverbrauch des Motors [8 = f (11, 10)]	Beschleunigungsvermögen (11), Marschgeschwindigkeit (10)
9 Beschleunigung [9 = Definition]	Definition
10 Marschgeschwindigkeit [10 = Definition]	Definition
11 Beschleunigungsvermögen [11 = f (9, 3)]	Beschleunigung (9), Gesamtgewicht (3)
12 Motortype [12 = f (11)]	Beschleunigungsvermögen (11)
13 Motorgewicht, -abmessungen [13 = f (12)]	Motortype (12)
14 Aktionsbereich [14 = Definition]	Definition

Eine entsprechend der Reihenfolge 1 bis 14 vorgenommene Einordnung in eine Matrix ergibt die »ungeordnete Ablaufmatrix« (Bild 5.15).

Das Sortieren wird dadurch zeitraubender. Als Sortierhilfsmittel bietet sich deshalb eine graphische Lösungshilfe an (Bild 5.16):

Um einen Mittelpunkt (∗) werden hierbei im Uhrzeigersinn sämtliche Teilaufgaben gemäß ihrer Abhängigkeit von »Vorgängern« und »Nachfolgern« durch Linien verknüpft. – Da Ausgangsgrößen keine Abhängigkeiten aufweisen, legt man sie so, daß sie den übrigen Verknüpfungen nicht im Wege sind. Vom Mittelpunkt aus wird dann nach außen eine Gerade in die Richtung gezogen, wo sie die geringste Anzahl von Verknüpfungen durchtrennt. Die Teilaufgaben, die als letzte (im Uhrzeigersinn) vor der Geraden liegen, müssen als erste nach den Ausgangsgrößen in die Matrix eingetragen werden.

Sobald der Graph um den Bezugspunkt herum in sich zurückläuft, ist eine Lösung nur noch iterativ möglich.

Durch Zusammenfassen der Ausgangsgrößen 1, 4, 6, 9, 10, 14 (Definitionen) und Umordnen der restlichen Teilaufgaben kann diese Matrix in die »geordnete Ablaufmatrix« (Bild 5.17) überführt werden; sie stellt die für die Lösung der Aufgabe optimale Reihenfolge dar.

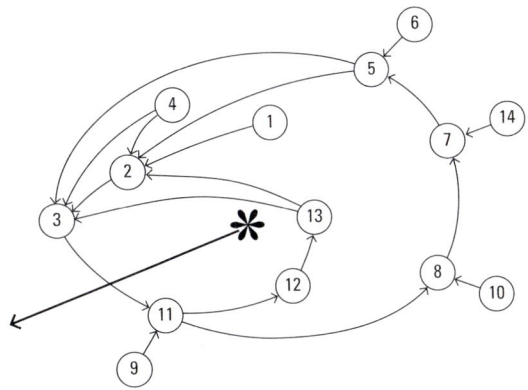

Bild 5.16
Sortierhilfe für die »geordnete Ablaufmatrix«

	1	2	3	4	5	6	7	8	9	10	11	12	13	14
1	0													
2	×	0		×	×								×	
3		×	0	×	×								×	
4				0										
5					0	×	×							
6						0								
7							0	×						×
8								0		×	×			
9									0					
10										0				
11			×						×		0			
12											×	0		
13												×	0	
14														0

Bild 5.15 Ungeordnete Ablaufmatrix

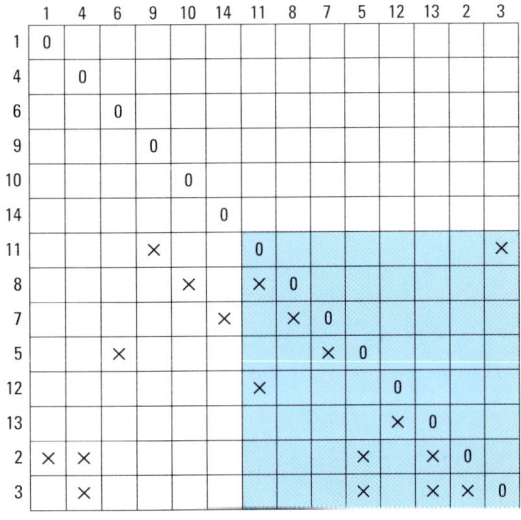

	1	4	6	9	10	14	11	8	7	5	12	13	2	3
1	0													
4		0												
6			0											
9				0										
10					0									
14						0								
11				×			0							×
8					×		×	0						
7						×		×	0					
5			×						×	0				
12							×				0			
13											×	0		
2	×	×								×		×	0	
3		×								×		×	×	0

Bild 5.17 Geordnete Ablaufmatrix

5.5.4 Checkliste für Besprechungen

Vorbereitung

Ist eine Besprechung notwendig?	ja, wenn: von mehr als zwei Teilnehmern Probleme gelöst, Entscheidungen gefunden, Aktivitäten koordiniert werden müssen
	Thema
Besprechungsziel festgelegt?	was soll erreicht werden? ist eine Erfolgskontrolle möglich?
Zeitplanung bestimmt?	dadurch: Straffung des Ablaufes, Steigerung der Effektivität, Zeitgewinn
	Personen
Teilnehmerzahl und Auswahl sinnvoll?	nicht mehr als 6–8 Teilnehmer; Fachkompetenz; Entscheidungskompetenz
Information an die Teilnehmer vollständig und rechtzeitig?	Thema, Zeitpunkt, Dauer, Ort, Ziele, Tagesordnung; erwartete Beiträge, dadurch: gezielte Vorbereitung der Teilnehmer, Themenstabilität während der Besprechung, kurze Dauer der Besprechung
Bestimmung des Besprechungsleiters und Protokollführers erfolgt?	dadurch: zielorientiertes Vorgehen; Gruppenkontrolle des Protokolls
	Technik
Besprechungszimmer in Ordnung?	Mobiliar, Licht, Elektrische Anschlüsse, Belüftung
Technische Hilfsmittel vorbereitet?	Tageslichtprojektor (Verlängerungsschnur, Ersatzlampe) Tafel, Flipcharts, Stecktafel, Tafelkreide, Filzschreiber, Stecknadeln, Zeigestab, Namensschild
Graphische Darstellungen vorbereitet?	Zeichnungen, Ablaufdiagramme, Zahlenmaterial
Unterlagen für Teilnehmer vorbereitet?	Vermeidung von unnötigem Mitschreiben und überflüssigen Ausführungen
Spielregeln visualisiert?	z. B. Redezeitbegrenzung, Rauchverbot, Pausenregelung

Nachbereitung

	Aktionsplan
vollständig?	Welche Widerstände sind bei der Realisierung der Entscheidungen zu erwarten? Wie können die Widerstände abgebaut werden? *Wer* (Personen) muß *Was* (qualitative Angaben) *Wieviel* (quantitative Angaben) *Wofür* (Zusammenhang, Oberziele) und bis *Wann* erarbeiten?
	Ergebnisverfolgung
gesichert?	Wer kontrolliert die Erledigung aller durchzuführenden Aktivitäten? Was geschieht bei Störungen?
	Protokoll
vollständig	Ziel, Datum, Dauer, Ort, Zeiten, Teilnehmer, Ergebnisse (Entscheidungen), offene Fragen

5.6 Zusammenfassung

Mängel in der Kommunikation sind sehr häufig auf persönliche Unzulänglichkeiten zurückzuführen: Wir setzen zuviel voraus, vermuten oder unterstellen, und wir versäumen, in unsere Kommunikation die vielfältigen Fehlermöglichkeiten mit einzukalkulieren.

Wir müssen beachten:

▷ Bei uns als »Sender« oder »Empfänger« liegt die Verantwortung für den Informationsaustausch. Da es in unserem Sinne ist, daß die Informationen exakt und vollständig verarbeitet werden, müssen wir Rückkopplungsmöglichkeiten schaffen. Es ist schon deshalb wichtig, Gespräche und keine Monologe zu führen.

▷ Unsere Gesprächspartner sind Individuen, die unterschiedliche Interessen wahrnehmen, andere Ziele verfolgen und unter Umständen einen unzureichenden oder anderen Kenntnis- und Erfahrungsstand haben.

▷ Einstellungen (Werte, wie »Verständlichkeit«, »Echtheit«, »Wertschätzung« usw.) beeinflussen unsere Kommunikation ebenfalls sehr.

▷ die Wirksamkeit von Kommunikation hängt von zwei Ebenen ab.

Abschließend sollten wir uns bewußt vor Augen halten, daß sich technisch-organisatorische Veränderungen durchsetzen und menschliche Kommunikation einschränken. Gerade die lebendigen und gelebten Beziehungen unter Menschen werden dann noch wichtiger. Kommunikation, so hatten wir uns klargemacht, ist ein Ausdruck sowohl von bedeutungsvollen allgemeinen Inhalten als auch von ganz subjektiven Empfindungen. Kommunikation läßt sich weder auf »reine« Sachinformation oder »reine« Beziehungsinformation noch auf ein Schema »Sender-Empfänger« reduzieren. Wir würden deshalb einen irreparablen Fehler begehen, wenn wir bei allen technischen Überlegungen dem Menschen gegenüber der Technik eine untergeordnete Rolle andienten.

6 Ideenfindung

Manche Arbeitssitzungen und Besprechungen bringen nicht die erwarteten oder erhofften Ergebnisse. Es fehlt der »zündende Funke«, die Anregung, der rettende Einfall. Ähnliches können wir auch bei unserer Arbeit am Schreibtisch beobachten. Für ein Problem, das wir bearbeiten, finden wir nicht die gewünschte Lösung.

In diesem Kapitel soll dargestellt werden, daß Kreativität – zielgerichtet eingesetzt – eine wertvolle Hilfe sein kann, sowohl bei der eigenen Arbeit, als auch bei der Zusammenarbeit mit anderen. Wir sollen

▷ erkennen, daß bei der Ideenfindung Denkblockaden eintreten und wie wir diese abbauen können,

▷ wissen, bei welchen Problemen Kreativitätstechniken anwendbar sind und wie wir die Kreativitätsentfaltung fördern können,

▷ lernen, zwei bekannte Kreativitätstechniken (Brainstorming und Morphologische Analyse) sinnvoll einzusetzen.

Folgende Themen werden behandelt:

Begriffe
Der kreative Prozeß
Der kreative Mitarbeiter und seine Umwelt

Denkblockaden
Ursachen für Denkblockaden
Abbau von Denkblockaden

Voraussetzungen für erfolgreiche Kreativitätssitzungen
Problemdefinition
Problemaufbereitung
Teamarbeit

Techniken der Ideenfindung
Brainstroming
Morphologische Analyse

Auswertung von Kreativitätssitzungen

Anwendungshinweise für das Einführen der Techniken

6.1 Begriffe

Während einer Tagung für Führungskräfte eines großen Maschinenbau-Unternehmens gab der Vorstandsvorsitzende zum Stichwort »Innovation« folgende Erläuterung:

• »Die ständige Überprüfung unserer Produkte und unserer Technik ist eines unserer Unternehmensziele, um im Wettbewerb mit den Konkurrenten bestehen zu können.«

Unter Innovation versteht man Erneuerungs- und Änderungsprozesse, die für die Regeneration und das Wachstum einer Firma unbedingt erforderlich sind. Dies gilt im großen Rahmen der Unternehmenszielsetzung genau so wie im Rahmen unserer Arbeitsaufgaben. Täglich sind wir mit Situationen konfrontiert, in denen wir prüfen müssen, ob zum Beispiel

– neue Produkte notwendig sind,
– neue Vertriebswege erschlossen wurden,
– die Arbeitsabläufe tatsächlich rationell gestaltet sind,
– eine Konstruktion den heutigen Anforderungen noch genügt,
– die Randbedingungen von Versuchen oder Berechnungen zweckmäßig und richtig sind,
– die Auslegung eines Bauteils kostengünstiger gestaltet werden kann.

Wir sind gezwungen, gegebene Sachverhalte kritisch zu prüfen und zu durchleuchten sowie nach neuen Lösungen zu suchen. Dabei vollziehen wir laufend »kreative« Prozesse, ohne daß uns dies in allen Fällen bewußt wird.

Für Kreativität gibt es eine ganze Reihe teilweise sehr wissenschaftlicher Definitionen. Dabei eignen sich die nachstehend genannten wegen der Übertragbarkeit auf unsere Arbeitssituation besonders gut:

• »Kreativität ist Verbinden und Vereinen verschiedener, ungewohnter, unzusammenhängender Elemente zu einer neuen Konzeption.« (De Bono [2], [3])

• »Kreativität ist die Fähigkeit des Menschen, Denkergebnisse beliebiger Art hervorzubringen, die im wesentlichen neu sind und demjenigen, der sie hervorgebracht hat, vorher unbekannt waren.« (John E. Drevdahl [1])

Die erste Definition beschreibt nichts anderes als die Fähigkeit, Informationen anders als üblich zu kombinieren. Die Formulierung von Drevdahl dagegen besagt, daß jeder Mensch die Fähigkeit zur Ideenproduktion hat. Kreativität ist also ein menschliches Grundpotential und kann durch Anwenden geeigneter Techniken gefördert werden. Hierzu ist zu erwähnen, daß kreatives (= schweifendes, divergierendes) Denken in unserem Erziehungssystem im allgemeinen zu wenig gefördert wird, weil die Schwerpunkte im logisch-analytischen Denken und im nachvollziehenden Lernen liegen.

Edward de Bono bemerkt in diesem Zusammenhang:

• »Ich glaube nicht, daß Kreativität die Gabe einer guten Fee ist. Ich glaube, sie ist eine Fertigkeit, die wie Autofahren geübt und gelernt werden kann. Wir halten sie nur für eine Gabe, weil wir uns nie bemüht haben, sie als Fertigkeit zu üben.

• Kreativität hängt auch nicht mit Intelligenz zusammen. Ich kenne sehr viele intelligente Leute, die nie kreativ geworden sind, und viele weniger intelligente Leute, die ihre kreativen Fähigkeiten zu einer großen Meisterschaft entwickelt haben.

• Die Kreativität bedeutet sowohl eine *Geisteshaltung* als auch die Anwendung bestimmter *Techniken*.«

De Bono unterscheidet beim Lösen von Problemsituationen zwei Denkansätze (Bild 6.1):

Beide Denkansätze sind – je nach Art der Probleme – für das Lösen unserer täglichen Aufgaben geeignet. Allerdings sind wir häufiger geneigt, dem vertikalen Denken zu folgen, auch wenn das jeweilige Problem eventuell besser und leichter durch einen kreativen Ansatz gelöst werden könnte. Bei unserer Arbeit befinden wir uns in einem Zwiespalt. Auf der einen Seite gilt es zu rationalisieren, also zu schematisieren und zu standardisieren. Auf der anderen Seite wollen und müssen wir jedoch unsere Produkte, Verfahren usw. weiterentwickeln und verbessern. Dabei ist insbesondere zu beachten, daß neue Lösungen immer weniger die Leistungen einzelner »Erfin-

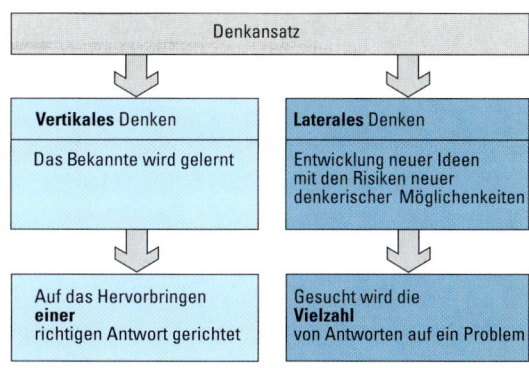

Bild 6.1 Vertikales und laterales Denken

der« sind, sondern immer mehr durch systematische Teamarbeit unter Einsatz entsprechender Techniken erarbeitet werden.

Weitere Hinweise zur Polarität von lateralem und vertikalem Denken finden Sie in Abschnitt 6.7.1.

Wichtig ist, sich stets daran zu erinnern, daß es die beiden in Bild 6.1 gezeigten unterschiedlichen Denkansätze gibt, von denen in Abhängigkeit von Problemtyp und -struktur der für die Lösung geeignetere auszuwählen ist (siehe auch Abschnitt 6.3.1).

Kreatives Denken (Bild 6.2) ist

▷ kein Ersatz für Wissen, kann aber neues Licht auf bekannte Tatsachen werfen und Wissen vor der Gefahr des Sterilwerdens bewahren;

▷ keine ziellose »Spinnerei«, es kann durch das bewußte Anwenden bestimmter Denktechniken und -methoden unterstützt werden;

▷ kein Ersatz für logisches Denken, es kann dieses vielmehr ergänzen und zur besseren Lösung von Problemen beitragen;

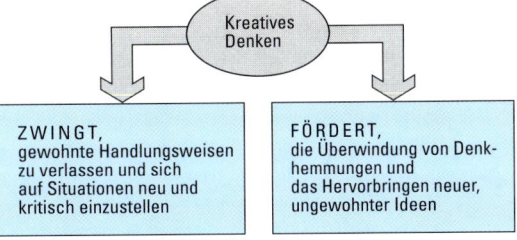

Bild 6.2 Kreatives Denken

▷ kein Privileg begnadeter Denker und Künstler, denn jeder Mensch hat die Fähigkeit zur Kreativität. Ob er sie realisiert, ist nicht nur eine Frage der Denktechnik, sondern vor allem eine Frage der Bereitschaft und der Möglichkeiten.

6.1.1 Der kreative Prozeß

Wenn wir auf eine Schwierigkeit stoßen (wann registrieren wir eine Situation als Problem?) und nach einer Lösung suchen (wieso eigentlich meist nur nach einer einzigen?), durchlaufen wir häufig einen kreativen Prozeß. Beim Beschreiben dieses Prozesses wird heute meist die Vier-Phasen-Einteilung von Poincaré [4] zugrundegelegt. Sikora [5] spricht von

Vorbereitung,
Überlegung (Inkubation),
Einsicht/Erleuchtung (Illumination),
Verwirklichung (Verifikation).

1. Phase: Vorbereitung

Diese Phase erstreckt sich von der Entdeckung eines Problems (wobei das »Sehen« von Problemen manchmal ebenso wichtig sein kann wie das »Finden« von Lösungen) bis hin zur Ansammlung von Fakten. Entscheidend sind in dieser Phase die Sensitivität gegenüber der Umwelt und das frühzeitige Erkennen von Veränderungen.

2. Phase: Überlegung (Inkubation)

Dies ist die Periode, in der wir das Problem bewußt und absichtlich in Gedanken mit uns herumtragen (»ausbrüten«). In dieser Phase gibt es aber in unserem Gehirn unbewußte Vorgänge, die die Lösung des Problems beeinflussen. Es werden Informationen aus ihrem ursprünglichen Zusammenhang gelöst und neue Zusammensetzungen vorgenommen. Dies kann dadurch unterstützt werden, daß man auch bewußt versucht, »Abstand« von der Problemstellung zu gewinnen.

3. Phase: Einsicht/Erleuchtung (Illumination)

Im Bewußtsein nimmt der Weg zur Lösung Gestalt an. Wir pflegen diesen Vorgang mit Worten wie Gedankenblitz, Einfall, Idee, Eingebung, Intuition zu umschreiben.

Das ist mit dem Heureka-Ausruf (»Ich hab's gefunden«) des griechischen Mathematikers Archi-

medes bei der Entdeckung des hydrostatischen Grundgesetzes gemeint oder dem »Aha«-Erlebnis des Gestaltpsychologen Köhler. All diese Aussagen betonen die Plötzlichkeit des Vorgangs, in der eine neuartige Kombination von Informationen entsteht.

Wie wenig wir diesen Prozeß beeinflussen können, verdeutlicht die Tatsache, daß die Problemlösungen oft in einem Moment kommen, in dem wir uns nicht bewußt mit ihnen befassen.

4. Phase: Verwirklichung (Verifikation)

In diesem Abschnitt wird die Idee auf ihre Brauchbarkeit hin präzisiert und bewertet. Dabei besteht oft die Schwierigkeit, die persönlichen Einsichten der Umwelt verständlich zu machen.

Diese Betrachtung des Denkprozesses legt es nahe, besonders bei folgenden Punkten zusätzliche »Hilfsmittel« anzubieten:

▷ Problemerkennung (Aufgeschlossenheit für die Registrierung von Schwierigkeiten, Erweiterung des Wahrnehmungsfeldes)
▷ Entwicklung mehrerer Lösungsansätze.

Das Auflösen und besonders die isolierte Betrachtung der einzelnen Stufen bringt Vorteile, die speziell auch bei den Kreativitätstechniken genutzt werden. Dadurch, daß die Einsichtsphase (als echte schöpferische Phase) von der Verwirklichungsphase (also der kritischen Überprüfung und Ausscheidung) abgetrennt wird, verhindert man ein vorzeitiges Bewerten von Lösungsansätzen.

Bei der täglichen Arbeit – z.B. bei Planungsüberlegungen oder in Besprechungen – werden gute Ideen häufig dadurch »gebremst« oder »ge-

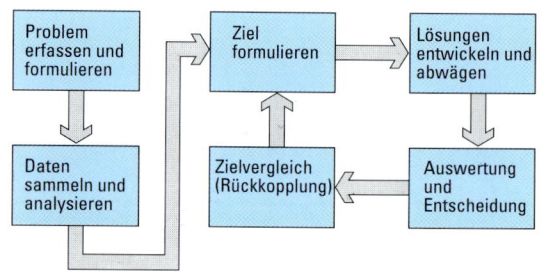

Bild 6.3
Vereinfachte Darstellung des kreativen Prozesses

killt«, daß sofort überkritisch Stellung bezogen wird. Viele Ideen sind zu Beginn unvollkommen. »Eine Idee ist schlecht, undurchführbar, ihre Verwirklichung zu teuer, usw.« sagt sich aber sehr viel leichter, als aus ihr das Gute herauszuholen.

Für diese Art Einwände, die man als Killerphrasen bezeichnet, gibt es viele Beispiele, z.B.

– verspotten (»Meinen Sie das wirklich ernst?«),
– übermäßig loben (fünf Minuten später wird sich jeder fragen, was an der Idee faul ist) und
– zu Tode modifizieren (scheinbar begeistert viele »kleine« Änderungen vorschlagen).

Bei Kreativitätssitzungen wird deshalb durch Spielregeln (z.B. »keine Kritik«) versucht, solche Einwände auszuschalten.

Einige »Killerphasen« sind in 6.7.2 zusammengestellt.

6.1.2 Der kreative Mitarbeiter und seine Umwelt

Die Aussagen über die Eigenschaften, die kreative Menschen besitzen sollten, sind in der Literatur sehr widersprüchlich. Dies ist dadurch erklärbar, daß der Mensch in der gleichen Situation einmal diese und ein anderes Mal jene Fähigkeit einsetzt. Auch kann er fehlende oder weniger ausgeprägte Fähigkeiten durch andere ersetzen.

Ausgehend von den vier Phasen des kreativen Prozesses muß der kreative Mensch folgende Fähigkeiten besitzen:

in der Phase der Vorbereitung
Fähigkeit zur offenen und vorurteilsfreien Sammlung von Informationen über das Problem oder die Aufgabe;

in der Phase der Überlegung
Gelassenheit, um das Problem von allen Seiten zu betrachten und einen inneren Spannungszustand zu ertragen, der sich aus den teilweise im Unterbewußtsein ablaufenden Gedankenprozessen ergibt;

in der Phase der Einsicht
Festigkeit und Mut, um die neuen Ansätze und Ideen zu äußern und auch eine gewisse Distanzierung, um sie klar zu formulieren;

in der Phase der Verwirklichung
Urteilsvermögen zur Überprüfung der Lösungsansätze und Beharrlichkeit, um richtige Einsichten auch zu realisieren.

Jeder Mensch ist im beruflichen und privaten Bereich eingebunden in seine Umwelt. Er befindet sich in einem ständigen Prozeß der gegenseitigen Beeinflussung, wobei die Einflüsse und Zwänge von außen häufig kreativitätsfeindlich sind.

> Wenn wir die Kreativität auch als Geisteshaltung begreifen, könnte dies zum steten Bemühen führen, Ansichten, Meinungen und Einfälle, denen wir begegnen, vorurteilsfreier aufzunehmen und zu verarbeiten.

Dies bringt für uns unter anderem:

▷ Freude am Einfallsreichtum und damit eventuell bessere Lösungen und mehr Erfolg,
▷ eine weniger schablonenhafte Aufgabenbearbeitung mit größerer Zufriedenheit bei der Arbeit.

Gegenüber der Umwelt kann dies dazu führen, daß wir als Gesprächspartner gewinnen, weil andere Meinungen toleriert werden, Konfliktsituationen offen ertragen werden, ein Verantwortungsgefühl für die Lösung in der Gruppe vorhanden ist und schließlich auch anderen die Freude an ihren Ideen gegönnt wird (s. auch [1] Ulmann, 4.6).

6.2 Denkblockaden

Wie oft denken oder sagen wir: »Du siehst den Wald vor lauter Bäumen nicht.« Auch kommen wir – z.B. durch fachliche Befangenheit – selbst oft nicht auf den nächstliegenden Lösungsansatz. Wie oft sind wir in unserem Denken »blockiert«!

6.2.1 Ursachen für Denkblockaden

Im Leben eines Menschen werden laufend Informationen aufgenommen, Erfahrungen gesammelt und »Denkmuster« angelegt. Diese Denkmuster (Gedankenverknüpfungen) werden um so stärker gefestigt, je öfter man sie erfolgreich zum Bewältigen unterschiedlicher Lebenssituationen angewendet hat. Haben sich bestimmte Gewohnheiten eingestellt, dann wird das Denken praktisch »abgeschaltet«. Das Gelernte wird nahezu mechanisch angewendet.

Dies hat den Vorteil, daß in bekannten oder ähnlichen Situationen schnelle Reaktionen möglich sind. Dabei werden aus der Vielzahl der möglichen Gedanken einzelne selektiert und in die vorhandenen Denkmuster eingeordnet.

Nachteilig ist dabei allerdings, daß wir durch die Gewohnheiten bzw. Erlebnisse verführt werden, nicht mehr zu prüfen, ob die Denkmuster auch auf die jeweiligen Problemsituationen passen. Dieser Effekt kann noch durch äußere Einflüsse (z. B. starke Reglementierungen, geringer Handlungsspielraum) oder durch soziologische Faktoren (z. B. Traditionen, mangelnde Anerkennung) verstärkt werden.

Ursachen für Denkblockaden können sein [5]:

Funktionale Gebundenheit
Erfahrungen werden mechanisch auch in Situationen eingebracht, wo ein anderes direkteres Vorgehen besseren Erfolg bringen könnte.

Falsche Kategorien
Aus der Erfahrung werden Denkmuster auf Probleme übertragen, ohne daß man alle Aspekte und Randbedingungen kennt. Aufgrund seiner Erfahrungen sagt der Fachmann: »Unmöglich«! Schlimmer noch sind jene verallgemeinernden Urteile, deren Wahrheitsanspruch unzureichend ist (Vorurteile);

Vorzeitige Beurteilung
Vorzeitige Beurteilungen ergeben sich z. B. aus verfestigten Meinungen, vorschneller Urteilsbildung oder der Zufriedenheit mit dem Erreichten (Ist-Zustand). Solche Äußerungen stellen die schon bekannten »Gedankentöter« dar (Killerphrasen, s. Anhang). Das Urteil soll nur aufgeschoben, nicht jedoch aufgehoben werden.

Konformitätsdruck
Für seine Situationen schafft sich der Mensch Urteile und Normen. In der Gruppe wird ein gemeinsames Bezugssystem entwickelt, wobei meist die individuelle Rangskala in Richtung auf die Gruppennorm abgeändert wird (Gruppendruck);

Emotionale Unsicherheit
Der Mensch ist eher bereit, seine Denkbahnen zu verlassen und damit das Risiko einzugehen, von anderen kritisiert zu werden, wenn er annehmen kann, daß auch neue, andersartige Aussagen von den Gesprächspartnern oder der Gruppe akzeptiert werden. Anderenfalls wird er aus gefühlsmä-

ßiger Verunsicherung dazu wenig Bereitschaft zeigen. Eine Atmosphäre der »psychologischen Sicherheit« kann deshalb wesentlich dazu beitragen, Denkblockaden abzubauen.

6.2.2 Abbau von Denkblockaden

Zum Abbau von Denkblockaden gibt es Übungen, die auch zum Vorbereiten für Kreativitätssitzungen verwendet werden können (»geistiges Aufwärmen«). Für das eigene Training enthält das Buch: »Kreativitätsschule« von Jörg Nimmergut zahlreiche Übungen [9].

Zu den Fähigkeiten, die zur Vermeidung von Denkblockaden weiterentwickelt werden sollten, zählen besonders:

Gedankliche Flexibilität
Dazu gehört die Fähigkeit, nicht in festgelegten Bahnen zu denken, sondern z. B. mit Elementen und Bausteinen zu spielen und Informationen spontan zu verändern.

Offenheit für neue Erfahrungen
Dies bedeutet Aufgeschlossenheit für das Erkennen der Probleme sowie Vermeiden oder Aufgeben von »Verteidigungspositionen«. Hierdurch können Informationen und Reize ungehindert aufgenommen und verarbeitet werden.

Spontaneität
Hierunter versteht man die Fähigkeit, Einfälle und Lösungsansätze unvermittelt zu äußern. Hierzu gehört auch die Fähigkeit, Gefühle und Assoziationen auszudrücken.

Weitere Hinweise und Übungen sind in dem Buch »Ich hab's« von James L. Adams enthalten [7].

6.3 Voraussetzungen für erfolgreiche Kreativitätssitzungen

Wenn Techniken zur Förderung der Kreativität als Arbeitstechniken eingesetzt werden sollen, gilt – wie auch bei allen anderen Techniken –, daß bestimmte Voraussetzungen bekannt sein und beachtet werden müssen und daß für jedes vorliegende Problem die richtige Technik angewendet wird.

6.3.1 Problemdefinition

Ein Problem kann als Schwierigkeit bezeichnet werden, ein bestimmtes Ziel zu erreichen. Auch die Abweichung eines geplanten Zustands (Soll-

Zustand) von der derzeitigen Situation (Ist-Zustand) kann man als Problem ansehen.

Achtung: Das frühzeitige Erkennen eines »Problems« kann einen kreativen Lösungsansatz einleiten!

In einer Untersuchung des Battelle Instituts [6] werden fünf elementare Problemarten genannt, die für die weiteren Lösungsbetrachtungen sehr hilfreich sind:

Analyseprobleme
Bei Analyseproblemen liegt die spezifische Anforderungsqualität darin, Strukturen, Gesetzmäßigkeiten, Muster usw. zu erkennen. Dies ist eine Anforderung, die für analytische Tätigkeit bezeichnend ist (z. B. welche Einflußfaktoren bestimmen die Festigkeit eines Gebäudes?).

Suchprobleme
Bei Suchproblemen geht es darum, Strukturen zu finden, die in bestimmten Merkmalen gleich oder ähnlich sind. Unerheblich ist dabei, ob es sich nur um ein Merkmal oder mehrere Merkmale handelt oder ob Gemeinsamkeiten auch hinsichtlich sehr unterschiedlicher Strukturteile gefordert werden. Suchprobleme kann man bewältigen, wenn ein Suchkriterium angegeben wird (z. B. Suche nach möglichen, geeigneten Werkstoffen für ein Bauteil).

Konstellationsprobleme
Bei der Lösung von Konstellationsproblemen bringt man Strukturen oder Strukturelemente gleich welcher Komplexität so zusammen, daß eine neue »Gestalt« entsteht. Dabei ist es unwesentlich, ob die in Verbindung gebrachten Elemente begrifflicher oder körperlicher Natur sind. Ein Kind, das aus Bauklötzen ein Haus zusammenfügt, löst also ebenso ein Konstellationsproblem wie ein Redner, der aus seinem Wortschatz bestimmte Wörter in eine zweckbestimmte Reihenfolge bringt.

Auswahlprobleme
Bestimmte Ausprägungen einer Anzahl von Gegenständen oder Begriffen (z. B. das Ergebnis eines Suchprozesses) werden daraufhin überprüft, ob und in welchem Maße sie einem oder mehreren vorgegebenen Kriterien genügen. Auswahlprobleme liegen dann vor, wenn von einer Vielfalt verfügbarer Möglichkeiten jene bestimmt werden soll, die hinsichtlich bestimmter Kriterien den höchsten »Erfüllungsgrad« hat (z. B. an welchem Standort soll eine neue Fertigungsstätte errichtet werden?).

Konsequenzprobleme
Mit dieser Problemart beschreibt man Probleme, die bestehende Gesetzmäßigkeiten zwischen den Elementen der Problemsituation erkennen lassen und die nach dieser Gesetzmäßigkeit verarbeitet werden müssen. Die logische Schlußfolgerung oder Berechnung ist deshalb das besondere Merkmal der Lösung eines Konsequenzproblems (z. B. Bestimmen des Anschlußwerts für einen Antrieb).

Aus der Beschreibung dieser fünf elementaren Problemarten wird ersichtlich, daß sowohl Konsequenzprobleme als auch Auswahlprobleme nicht durch Methoden der Ideenfindung zu lösen sind. So ist z. B. die Berechnung der Wurfbahn eines Steins ein Konsequenzproblem, wenn die Ausgangsbedingungen des Wurfs (Geschwindigkeit, Wurfwinkel u. ä.) bekannt sind. Diese Parameter oder Ausgangsbedingungen werden ausschließlich nach den Wurfgesetzen bzw. nach einem physikalischen Gesetz verarbeitet und führen direkt zur Lösung.

Bei Auswahlproblemen werden die Möglichkeiten anhand vorgegebener Kriterien systematisch miteinander verglichen. Danach bringt man die Alternativen in eine Rangreihe, so daß die Auswahl unmittelbar durchgeführt werden kann.

Die Methoden der Ideenfindung lassen sich ausschließlich auf

– Analyseprobleme,
– Suchprobleme und
– Konstellationsprobleme

anwenden, da es zur Lösung dieser Problemarten keine exakten Verfahren (z. B. Formeln) gibt. Es darf nicht erwartet werden, daß die Anwendung der Methoden der Ideenfindung in allen Fällen zwingend zu guten oder gar sehr guten Lösungen führt. Die Methoden erhöhen lediglich die Wahrscheinlichkeit der Lösungsfindung in Problemsituationen, die nicht sachlogisch verarbeitet werden können.

6.3.2 Problemaufbereitung

Den Anfang des kreativen Prozesses bildet das Erfassen und Formulieren des Problems. Schon die Art, wie es gesehen und gegebenenfalls mitgeteilt wird, ist entscheidend für die Möglichkeiten kreativer Lösungsansätze.

Das Problem kann zu eng oder zu weit gesehen werden. Dabei ist eine zu enge Betrachtung wesentlich gefährlicher als eine zu weit gefaßte. Stößt man bei einer zu weit gefaßten Problemformulierung auf Lösungsschwierigkeiten, so kann das Problem zergliedert und eingegrenzt werden. Im anderen Fall führt die Problemformulierung frühzeitig zum Ausschluß von Lösungsmöglichkeiten.

Damit in der ersten kreativen Phase der Ausschluß wichtiger oder neuer Lösungsansätze vermieden wird, ist es also vorteilhafter, das Problem aus einer »Weitwinkelsicht« zu betrachten.

In der Praxis sind Probleme häufig komplex und unübersichtlich. Für die Lösung sollten sie in eindeutige Teilprobleme aufgespalten werden; diese sind dann getrennt zu lösen und danach wieder in eine Gesamtlösung zu integrieren.

Beispiel

Komplexes Problem: Entwicklung eines neuen Fensters ([6], a.a.O. S. 55)

Teilprobleme:

– Bestimmung der Funktionen, die das Fenster erfüllen soll	(Analyseproblem)
– Mögliche, geeignete Werkstoffe	(Suchproblem)
– Festlegung eines Werkstoffs	(Auswahlproblem)
– Erarbeiten des Öffnungsmechanismus	(Konstellationsproblem)
– Dimensionierung der Beschläge	(Konsequenzproblem)

Zur Vorbereitung für die Lösung von Innovationsproblemen hat sich in der Praxis folgendes Schema bewährt:

Schritt 1:

Definition der Zielvorstellung und gegebenenfalls der Zielgrößen. Skizzierung eines Soll-Zustands.

Schritt 2:

Beschreibung der Ausgangssituation (wo stehen wir heute, wie sieht unser Umfeld aus?). Welche Merkmale, Kenngrößen usw. gibt es im Ist-Zustand?

Schritt 3:

Erläuterung, warum ein Problem gesehen wird bzw. welche Abweichungen, Schwierigkeiten usw. stören, mit der Begründung, warum diese beseitigt bzw. gelöst werden müssen. Klärung, wer an der Lösung beteiligt werden muß.

Schritt 4:

Was wurde schon versucht? Warum hat es noch nicht ausgereicht? Warum konnten die Lösungen noch nicht befriedigen?

Wer die Struktur erkennt,
löst leichter das Problem.
Wer das verpennt,
für den wird's unbequem!

Nach dieser Aufbereitungsphase können Kreativitätstechniken zum Finden von Lösungen angesetzt werden (s. Kap. 6.4).

6.3.3 Teamarbeit

Fast alle Kreativitätstechniken setzen das Arbeiten in der Gruppe voraus. Obwohl das Arbeiten im Team oft als wenig effizient angesehen wird, zeigen Vergleiche von Gruppen- und Einzelleistungen – besonders bei der Behandlung von Problemen, die sich nicht analytisch lösen lassen –, daß die Resultate der Gruppenarbeit den Ergebnissen des einzelnen überlegen sind. Die erfolgreiche Arbeit in der Gruppe kann durch Beachten folgender Punkte unterstützt werden:

Regeln für die ideale und leistungsfähige Gruppe (nach McGregor zitiert in [5]):

▷ Vor Inangriffnahme einer Aufgabe werden die Rollen verteilt.

▷ Der »Leiter« dominiert nicht; er dient auch nicht als Sündenbock oder wird gar mit unangenehmen Aufgaben belastet. Für den Leiter hat stets ausschließlich die Lösung der Aufgabe im Vordergrund zu stehen.

▷ Die Aufgabe ist allen klar; das Ziel der gemeinsamen Arbeit wird von jedem Mitglied verstanden und akzeptiert.

▷ Die Atmosphäre ist entspannt und informell.

▷ Jeder Beitrag eines Teilnehmers wird angehört und gewürdigt.

▷ Es wird viel diskutiert unter Beteiligung aller Gruppenmitglieder; die Diskussion bleibt dabei immer sachbezogen.

▷ Alle Teilnehmer bringen ihre Meinung offen zum Ausdruck.

▷ Kritik bleibt stets sachbezogen und wird nie persönlich aufgefaßt.

▷ Bei eventuellen Meinungsverschiedenheiten geht man den Ursachen nach; man diskutiert und unterdrückt nicht einfach divergierende Ansichten.

▷ Entscheidungen werden durch Übereinstimmung gefällt.

Bei der Problemlösung in der Gruppe können drei typische Arbeitsweisen unterschieden werden:

– stereotypes Vorgehen in der Gruppe,
– kreative Gruppenarbeit,
– Gruppenarbeit mit Teammoderator.

Stereotypes Vorgehen in der Gruppe

In der Praxis fällt es manchmal schwer, die oben genannten Empfehlungen für die Gruppenarbeit einzuhalten. Dabei wird häufig übersehen, daß die Phase der freien Ideenfindung von der Phase der Bewertung getrennt werden muß. Dies ist deshalb so wichtig, weil jeder Beitrag eines Teilnehmers seine eigenen Denkansätze wiedergibt und die kritische Äußerung des anderen Teammitglieds eine Verteidigungshaltung für den eigenen Vorschlag und damit eine Verfestigung des Denkansatzes auslösen wird. Die Folge davon sind Äußerungen (und Aktionen) vor allem im emotionalen Bereich und nicht, wie zu wünschen, zielorientierte Äußerungen (und Aktionen) zur Problemlösung. Neue Lösungsansätze können deshalb nur schwer entstehen, und das gesteckte Ziel wird unter Umständen nicht erreicht (stereotypes Vorgehen in der Gruppe, Bild 6.4).

Kreative Gruppenarbeit

Unter Beachtung der genannten Regeln verspricht diese Arbeitsweise mehr Erfolg als das stereotype Vorgehen in der Gruppe. In der Phase der Ideenproduktion sollen die Aktionen zielorientiert bzw. lösungsorientiert sein. Dadurch kann jeder Teilnehmer die Vorschläge der anderen verfolgen. Jedes Teammitglied kann seine erfahrungsorientierten Denkansätze äußern, ohne deshalb etwa angegriffen zu werden (Bild 6.5).

Die Fokussierung auf die Problemlösung kann durch Hilfen aus der Moderationstechnik (z. B. Kärtchenmethode) unterstützt werden.

Gruppenarbeit mit Teammoderator

Bei dieser Arbeitsweise ist in der Gruppe ein Teammoderator anwesend; er soll die Gruppe so »führen«, daß er nie als Störung, sondern stets als Hilfe empfunden wird, um die Aktivitäten der Gruppe in Richtung auf das Ziel zu unterstützen (Bild 6.6).

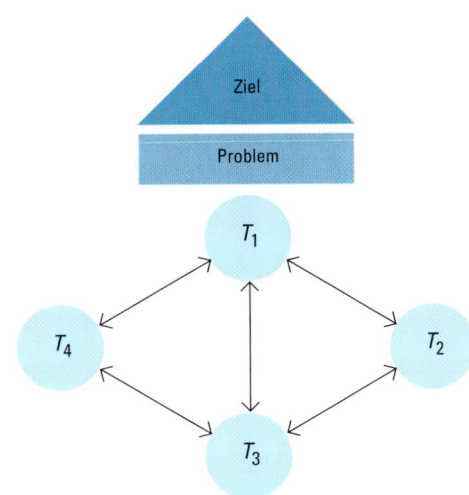

Bild 6.4
Stereotypes Vorgehen in der Gruppe. Die Gruppenteilnehmer (T1, T2, T3 und T4) beschäftigen sich vor allem miteinander. Dabei verlieren sie das Ziel aus den Augen

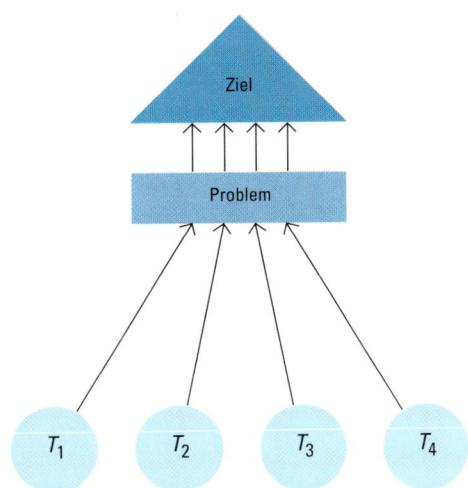

Bild 6.5
Kreative Gruppenarbeit. Die Gruppenmitglieder arbeiten zielorientiert und tragen alle, z. T. auf den Vorschlägen der anderen aufbauend, zur Lösung des Problems bei

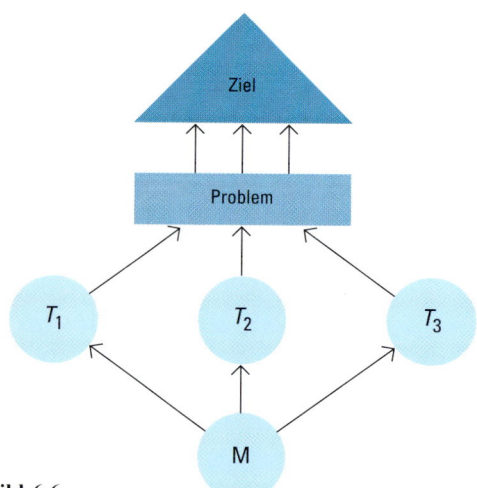

Bild 6.6
Gruppenarbeit mit Teammoderator. Der
Teammoderator (M) fördert die Arbeit der
Gruppe in Richtung auf das Ziel

Der Teammoderator hat dabei folgende Aufgaben:

Rollen klären
Zu Beginn einer Kreativitätssitzung hat er seine
Aufgaben zu erläutern und die Rolle der Teammitglieder dadurch zu klären, daß jeder einzelne
sein Interesse und seinen möglichen Beitrag zur
Lösung der Aufgabe mitteilt. Zum Abschluß einer Sitzung kann auch eine gemeinsame Analyse
des praktizierten Rollenverhaltens gemacht werden.

Problemlösungsphasen klären und erklären
Der Teammoderator muß jederzeit erkennen und
bei Bedarf darüber informieren, in welcher Phase
der Problemlösung sich die Gruppe gerade befindet. (Dabei ist bekanntlich zu beachten, daß in
der Phase der Ideenproduktion jedes kritische Beurteilen von Aussagen vermieden werden muß.
Erst in der Phase der Bewertung ist eine Auswahl
der gesammelten Vorschläge zulässig.)

Defensives Verhalten abbauen
Der Teammoderator muß dafür sorgen, daß in der
Gruppe eine entspannte Atmosphäre herrscht, die
es jedem Teilnehmer erlaubt, auch ausgefallene
Ideen zu äußern, ohne deshalb sofort kritisiert
zu werden.

Teilnehmer stimulieren
Der Teammoderator soll – unter Beachtung der
Anforderungen der einzelnen Kreativitätstechni-

ken – die Teammitglieder zu vielen Ideenansätzen
stimulieren. Dabei wird er besonders darauf achten, daß einzelne Vorschläge von Teammitgliedern von den anderen weiterverfolgt werden, um
dadurch Qualität und Originalität der Ideen möglichst zu verbessern (siehe auch Anhang »Spornfragen«).

Eigene Lösungsvorschläge zurückstellen
Der Teammoderator sollte weitgehend darauf verzichten, eigene Lösungsvorschläge zum Problem
zu machen, um sich ganz auf den Gruppenprozeß
konzentrieren zu können. Dadurch wird eine
Konkurrenz seiner Ideen zu denen der Gruppenmitglieder vermieden. Lediglich in Ausnahmefällen soll er zur Stimulierung der Gruppe auch einige Vorschläge beisteuern.

Ideen visualisieren
Um alle Ideen festzuhalten, sollen entweder der
Moderator oder die Teilnehmer selbst alle Einfälle auf einem Flipchart oder einer Tafel für alle
Teilnehmer sichtbar festhalten. So gehen Ideen
weder verloren noch werden sie unterdrückt (gegebenenfalls auch Einsatz von Ideen- oder Moderationskarten).

6.4 Techniken der Ideenfindung

Die Anwendung von Techniken zur Förderung
der Kreativität scheint zu einigen Merkmalen des
kreativen Prozesses unverträglich zu sein, weil in
der kreativen Phase das freie Äußern von Ideen
verlangt wird und Techniken ja immer den Freiheitsgrad einschränken. An dieser Stelle ist darauf hinzuweisen, daß die Techniken bewußt als
Mittel dafür eingesetzt werden, Denkblockaden
abzubauen und starre Denkmuster aufzulösen.
Außerdem gibt die Beschreibung der Techniken
eine gewisse Sicherheit, wenn man dieses vielleicht neue Gebiet einmal für die eigene Arbeit
nutzen will. Schließlich erweist sich ein gezieltes
Vorgehen nach bestimmten Mustern im allgemeinen wirkungsvoller als ein unstrukturierter Prozeß. Durch die Teamarbeit gelingt es, mehr Mitarbeiter in den kreativen Prozeß einzubeziehen.

Alle Methoden der Ideenfindung zielen entweder
auf die unbewußte oder die bewußte Beeinflussung des Denkprozesses ab. Man unterscheidet
deshalb hier zwei Ansätze, nämlich das intuitive
Vorgehen und das diskursive Vorgehen.

Intuitives Vorgehen

Beim intuitiven Vorgehen wird durch Ansprechen des Unterbewußtseins der freie Gedankenfluß angeregt. Die Denkprozesse sollen durch Anregungen oder Reize beeinflußt und Assoziationen ausgelöst werden. In diese Kategorie gehören u. a.

– Brainstorming,
– Brainwriting,
– Diskussion 66.

Diskursives Vorgehen

Beim diskursiven Vorgehen werden die einzelnen Schritte bewußt und systematisch durchlaufen. Hierzu gehören u. a.:

– Morphologische Analyse,
– Problemfelddarstellungen,
– attribute listing.

Als Hilfestellungen für die Praxis werden unter den Gesichtspunkten Verbreitung und Erfolgswahrscheinlichkeit die Methoden »Brainstorming« und »Morphologische Analyse« beschrieben.

6.4.1 Brainstorming

Brainstorming (wörtliche Übersetzung: Gedankensturm) ist wahrscheinlich die älteste und bekannteste Methode der Ideenfindung; sie zielt darauf ab, die negativen Merkmale von Problemlösungssitzungen wie Rivalität der Gesprächspartner, Verzettelung in Einzelheiten oder vorzeitige Beurteilung durch Aufstellung von vier Grundregeln[1]) zu beseitigen:

▷ Kein Kritisieren von Ideen und Lösungseinfällen,
▷ freies und ungehemmtes Äußern von Gedanken und auch von außergewöhnlichen Ideen,
▷ aufgreifen und verfolgen der Ideen anderer und
▷ produzieren möglichst vieler Ideen ohne Rücksicht auf Qualität.

Diese Grundregeln sollen eine Atmosphäre schaffen, in der vorurteilsfrei die Vorteile dieser Gruppenarbeit zum Tragen kommen. Es ist empfehlenswert, die Gruppenmitglieder vor Arbeitsbeginn zur Einhaltung der Regeln jeweils neu zu

[1]) nach Alex Osborn

verpflichten und die Regeln gut sichtbar aufzuhängen (Flipchart).
Für die Durchführung eines Brainstorming sollten drei Punkte besonders beachtet werden:

Vorbereitung

– Sitzung sorgfältig vorbereiten und nur in Sonderfällen spontan einberufen.
– Problem klar und möglichst übersichtlich herausarbeiten. Komplexe Probleme zergliedern.
– Teilnehmer sorgfältig auswählen. Die Gruppe soll aus vier bis zehn Teilnehmern bestehen, möglichst aus unterschiedlichen Arbeitsgebieten.
– Thema möglichst einige Tage vor der Sitzung bekanntgeben.
– Als Zeitraum für die Sitzung etwa 30 bis 60 Minuten einplanen.
– Möglichkeit schaffen, Ideen festzuhalten (Protokollführer, Flipchart, Kärtchen oder Tonband).

Ablauf

– Thema nochmals bekanntgeben und evtl. diskutieren. Problem möglichst als offene Frage formulieren (z. B. »Wie kann ich Störungen im Büro vermeiden?).
– Moderator erinnert an die Einhaltung der Regeln.
– Ideen nicht ausführlich erörtern – nur Stichworte formulieren.
– Moderator soll eigene Ideen zurückhalten, aber bei Stockungen den Ideenfluß wieder in Gang bringen (»Spornfragen«, siehe Anhang).
– Unter Umständen gegen Ende Ideen nochmals vorlesen, um neue Anreize zu schaffen und Möglichkeit von Ergänzungen zu geben.

Auswertung

– Auswertung normalerweise nicht im Anschluß an die Sitzung von der Gruppe vornehmen lassen (eventuell Zeit für das Einreichen nachträglicher Einfälle geben).
– Zusammenstellung und Sortierung der Ideen durch Verantwortlichen oder Fachteam.
– Gegebenenfalls weitere Ausarbeitung und spätere Bewertung durch Fachleute.

– Über spätere Ergebnisse und Realisierungen informieren (ein Urheberrecht eines einzelnen an einer Idee gibt es nicht!).

Eine Checkliste für das Durchführen einer Brainstorming-Sitzung sowie ein Beispiel für das Ergebnis eines Brainstorming sind im Anhang zu diesem Kapitel zu finden (siehe 6.7.3 und 6.7.5).

Zusammenfassung

Das Brainstorming wird als eine einfache und unproblematische Kreativitätstechnik eingeschätzt. Oft jedoch bleiben gerade Neulinge unbefriedigt. Durch die Einhaltung der Regeln werden sie gezwungen, zunächst ungewöhnliche Vorschläge oder gar »Spinnereien« anderer Teilnehmer hinzunehmen, anstatt sie – als logisch denkende Menschen – kritisieren oder richtigstellen zu können. Die Zurückhaltung von Kritik provoziert möglicherweise Widerstand oder Frustration. Außerdem kann es passieren, daß ein zu bearbeitendes Problem nicht eingehend genug diskutiert oder genau genug formuliert wird. Dadurch können wichtige Teilaspekte des Problems außer acht gelassen werden, was die Qualität der Lösungsansätze nachhaltig beeinflußt.

Das Brainstorming erfordert daher eine gute Vorbereitung und aufgeschlossene Teilnehmer, die mit großer Selbstkontrolle unter Anerkennung der Spielregeln – möglichst durch einen erfahrenen Teammoderator unterstützt – zusammenarbeiten.

6.4.2 Morphologische Analyse

Unter Morphologie versteht man die Lehre von den Gestalten oder Formen. Die moderne morphologische Forschung beschäftigt sich mit den strukturellen Beziehungen zwischen Handlungen und Ideen jeder Art. Der Schweizer Astrophysiker Zwicki [10] hat die morphologischen Prinzipien zu einer Problemlösungs- und Ideenfindungsmethode ausgebaut.

Ziel der Morphologischen Analyse ist, das *Gesamtlösungsfeld* für eine Problemstellung zu erfassen und unter Verwendung einer Darstellungsmatrix (∧ Morphologischer Kasten) zu einer systematischen Lösungsfindung und -bewertung zu gelangen.

Der Begriff »Kasten« (Bild 6.7) ist aus einer dreidimensionalen Darstellung der Ausprägungen von drei Parametern (P_1 bis P_3) abgeleitet.

Alle möglichen Ausprägungen der drei Einflußgrößen werden in je einer Dimension des Mor-

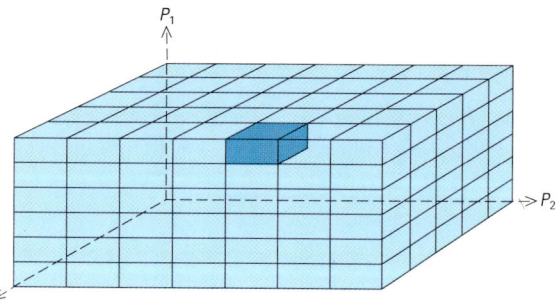

Bild 6.7 Morphologischer Kasten

phologischen Kastens eingetragen. Jedes »Kästchen« entspricht einer Kombination der Ausprägungen und stellt gleichzeitig einen Lösungsansatz dar.

Bei vielen Parametern ist eine Matrix aufzustellen (Bild 6.8). Hierbei werden in die linke Spalte untereinander die Parameter und zu jedem Parameter in die dazugehörige Zeile die Ausprägungen eingetragen. Durch Kombination der Kästchen als »Laufwege« in der Matrix ergeben sich die unterschiedlichen Lösungsansätze.

Parameter (Funktionen) ↓	Ausprägungen →					
A	A1	A2	A3	A4	A5	A6
B	B1	B2	B3	B4	B5	
C	C1	C2	C3	C4		
D						

Als einfaches Praxisbeispiel ist in Bild 6.8 die Matrixübersicht mit Parametern und Ausprägungen für einen fahrbaren Heckenschneider dargestellt. Die Lösungskombinationen ergeben teilweise unrealisierbare Ansätze, die an den Randbedingungen für die Lösungsfindung zu spiegeln und dann ggf. auszusondern sind.

Ablauf der morphologischen Analyse

Die morphologische Analyse umfaßt normalerweise fünf Schritte, die nacheinander durchlaufen werden müssen (Bild 6.9).

Parameter	Ausprägungen					
Antrieb	manuell	elektrisch, m. Netzanschluß	elektrisch, mit Batterie	mit Verbrennungsmotor		
Schneidwerk	einzelne Klinge (gerade oder gebogen)	Mehrere gegeneinander klappende oder rotierende Klingen (gerade oder gebogen)	Schneidketten (umlaufend oder sich hin und her bewegend)	ein oder mehrere Sägeblätter	Schneid- oder Sägescheibe	Schneidstrahl
Art des Fahrgestells	Teleskopgestell	Klappgestell	feststehendes Fahrgestell	Steckgestell (Anbaumethode)		
Art der Führung des Fahrgestells	manuell	mit Schienen	mit Richtschnur	mit optischem Leitstrahl	mit Abstandhalter	elektronisch
Wirkungsbereich des Schneidwerkes (bei einem Durchgang)	Teilhöhe der Heckenseite	komplette Heckenseitenhöhe	Oberkante	Seite und Oberkante	Ringsumwirkung	

Beispiel für eine Lösungskombination

Bild 6.8
Beispiel für eine Lösungsmatrix

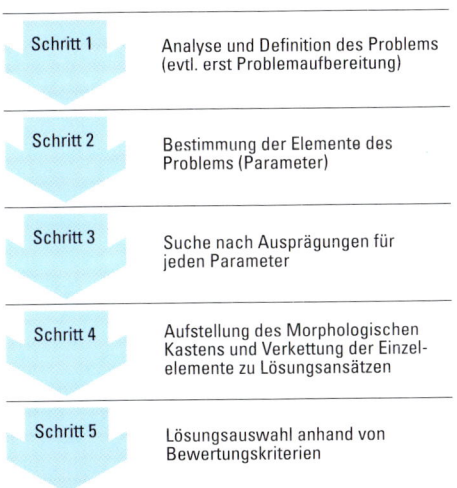

Schritt 1	Analyse und Definition des Problems (evtl. erst Problemaufbereitung)
Schritt 2	Bestimmung der Elemente des Problems (Parameter)
Schritt 3	Suche nach Ausprägungen für jeden Parameter
Schritt 4	Aufstellung des Morphologischen Kastens und Verkettung der Einzelelemente zu Lösungsansätzen
Schritt 5	Lösungsauswahl anhand von Bewertungskriterien

Bild 6.9 Morphologische Analyse

Bei den einzelnen Schritten der Morphologischen Analyse ist in Anlehnung an die Empfehlungen aus der Battelle-Untersuchung [6] (a. a. O. S. 31f) folgendes zu beachten:

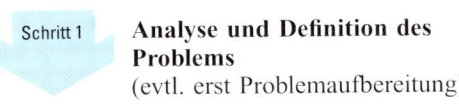 Schritt 1 **Analyse und Definition des Problems**
(evtl. erst Problemaufbereitung)

• Vorstellen und Diskutieren des Problems sowie Abgrenzen.

• Aufspalten in Teilprobleme oder Problemverallgemeinerung – falls nötig.

• Neudefinieren des Problems oder der Teilprobleme (eventuell Lösung im Stufenprogramm).

Schritt 2 **Bestimmung der Elemente des Problems**
(Parameter)

Zusammenstellen aller wesentlichen Aspekte des Problems (Hilfsmittel hierfür sind z. B. Funktionssammlung, Ablaufanalyse, Negativkatalog).

• Ermitteln der *bestimmenden* Elemente des Problems (Parameter).

• Inhaltliches Überprüfen der Parameter; keine Parameter sind:

– Oberbegriffe wie Handhabung, Produktpolitik, Qualität usw.

– Einzellösungen wie Systembauweise, Direktwerbung, Motorantrieb usw.

– Bedingungen oder Restriktionen wie preiswert, praktisch, leicht bedienbar.

• Auflösen der Nichtparameter
Überbegriffe auflösen (z. B. Handhabung in bezug auf was?),

123

Einzellösungen als Ausprägungen zurückstellen bzw. übergeordnete Parameter suchen,
Bedingungen und Restriktionen in die Problemdarstellung aufnehmen.

• Anordnen der Parameter in der Vorspalte der Matrix.

• Prüfen der Bedeutung der Parameter hinsichtlich ihres Beitrags zur Problemlösung (konzeptionelle Parameter bestimmen die Grundstruktur der Problemlösung, modifizierende Parameter gestalten sie aus).

• Begrenzen der Anzahl der Parameter auf sechs bis sieben durch Zurückstellen der modifizierenden Parameter (werden mehr als sieben konzeptionelle Parameter identifiziert, dann ist ein Stufenverfahren anzuwenden, bei dem die besten Lösungen des in der ersten Stufe erarbeiteten Morphologischen Kastens mit den Ausprägungen der zurückgestellten Parameter in Verbindung gebracht werden).

• Prüfen der Parameter auf Unabhängigkeit voneinander (Abhängigkeiten der Parameter untereinander führen zu Zwangsverbindungen, die die freie Kombination von Lösungselementen verhindern),

• Neuformulierung abhängiger Parameter.

 Schritt 3 **Suche nach Ausprägungen für jeden Parameter**

• Suchen nach Ausprägungen für die einzelnen Parameter (der Katalog der Ausprägungen soll so vollständig wie irgend möglich sein, um hinsichtlich der Problemstellung ein »Totallösungsfeld« zu erhalten, das alle denkbaren Lösungen einschließt).

• Prüfen, ob die Ausprägungen alternativ sind.

• Auflösen nicht alternativer Ausprägungen (strukturell abhängige Ausprägungen erfordern eine Neuformulierung der betreffenden Parameter).

• Prüfen, ob die Ausprägungen konkret sind; aggregierte Begriffe oder Kategorisierungen auflösen in konkrete Ausprägungen (bei Signalgeber: optisch, akustisch, mechanisch, thermisch, z. B. die Kategorisierung »optisch« auflösen in

optisch durch Warnlampe, optisch durch Rauch usw.).

• Auflisten der Ausprägungen jeweils in der Zeile des dazugehörigen Parameters.

 Schritt 4 **Aufstellung des Morphologischen Kastens und Verkettung der Elemente zu Lösungsansätzen**

• Auswählen je einer Ausprägung aller Parameter und Verbindung der ausgewählten Ausprägungen durch einen Linienzug; jeder Linienzug stellt einen Lösungsansatz dar.

• Prüfen der Brauchbarkeit und Vollständigkeit der Lösungen (falls nötig: Revision des Parameteransatzes).

• Vereinfachen der Auswertung durch Entfernen nicht praktikabler, nicht opportuner oder uninteressanter Ausprägungen bzw. durch Kennzeichnen und Verwenden der hinsichtlich der Zielsetzung besonders interessanten Ausprägungen (die Anzahl der im Morphologischen Kasten enthaltenen Lösungen ist gleich dem Produkt der Anzahl der Ausprägungen aller Parameter).

• Interpretieren der Lösungsansätze und gegebenenfalls Weiterentwickeln.

 Schritt 5 **Lösungsauswahl anhand von Randbedingungen und Bewertungskriterien**

• Aufstellen eines Kriterienkatalogs zum Beurteilen der Lösungen.

• Gewichten der Kriterien.

• Bewerten der Lösungen anhand des gewichteten Kriterienkatalogs.

• Auswählen der relativ besten Lösung.

(siehe hierzu Kap. 7: Entscheidungstechniken)

Zusammenfassung

Die Morphologische Analyse bietet durch die Systematik der Zusammenstellung vieler Parameter eine hervorragende Gesamtdarstellung zahlreicher Lösungsmöglichkeiten für ein Problem. Allerdings ergibt sich bei vollständiger Kombination aller Lösungsansätze sehr schnell eine so große Anzahl von Lösungsvorschlägen, daß diese nicht mehr manuell ausgewertet werden können.

Es empfiehlt sich deshalb, in einem zweiten Durchlauf, die vollständige Matrix auf die *wesentlichen* Parameter und erfolgversprechenden Ausprägungen zu reduzieren. Die gefundenen Lösungsansätze sind in einem Auswahl- und Sichtungsprozeß zu bewerten (z.B. anhand des Kriterienkatalogs, siehe Schritt 5). Diese Auswahlüberlegungen sollten von den Fachzuständigen angestellt werden, z.B. anhand von Entscheidungsmodellen oder mit Hilfe systematischer Bewertungsverfahren.

6.5 Auswertung von Kreativitätssitzungen

Beim Anwenden der Kreativitätstechniken wird bewußt die Phase der Ideenfindung von der Phase der Ideenbewertung getrennt (siehe auch 6.1.1).

In der Praxis wird deshalb die Auswertung oft nicht bei den Mitgliedern der kreativen Gruppe liegen, sondern bei einem oder mehreren Mitarbeitern der zuständigen Gruppen oder Abteilungen, d.h. bei den »Problemverantwortlichen«.

Beim Sichten der Ideen kann es notwendig werden, die ehemaligen Teilnehmer um Erläuterungen oder zusätzliche Hinweise zu bitten, weil viele der spontanen Lösungsansätze zu kurz formuliert wurden. Gegebenenfalls helfen Experten bei der Ausarbeitung und Konkretisierung.

Häufig werden sich aus den gewonnenen Ideen anwendbare Problemlösungen nicht direkt gewinnen lassen; vielmehr sind die Lösungsansätze auszuarbeiten und gegebenenfalls weiterzuentwickeln.

Für die Sichtung, Strukturierung und weitere Ausarbeitung sollte schrittweise vorgegangen werden:

Schritt 1   Sichtung/Ausgestaltung

Erstellung eines »Rohprotokolls« (Stichworte) und gegebenenfalls Überarbeitung durch die Gruppe. Ergänzungen und Klärungen durch:

- zusätzliche Erläuterungen, gegebenenfalls Ausgestaltung,

- eventuell Transformation abwegiger Ideen,

- Aussortierung offensichtlich undurchführbarer Ansätze.

Schritt 2   Sortierung/Vorauswahl

Zur besseren Übersicht sollte der »Ideenfundus« sortiert werden (z.B. nach Oberbegriffen, siehe Beispiel Seite 129). Eine Vorauswahl kann anhand einfacher Entscheidungsverfahren (z.B. Klebepunktemethode) oder der Grobeinschätzung nach den wesentlichen Einflußgrößen (z.B. Zeit- und Kostenkriterien) erfolgen. Aus der speziellen Aufgabenstellung können auch andere Kriterien abgeleitet werden
(z.B. Gefährdungspotential im Arbeitsschutz).

Beispiel
Die Lösungsansätze können hinsichtlich der Einführungszeit oder der Einführungskosten haben:

▷ einen hohen (H), mittleren (M), niedrigen (N) Zeiteinfluß,

▷ einen hohen (H), mittleren (M), niedrigen (N) Kosteneinfluß.

Bei Betrachtung beider Kriterien nach einer Prioritätenmatrix (siehe Kapitel 4.3.1 »Prioritäten setzen«) kann eine Auswahl der brauchbaren Lösungsansätze nach folgenden Kategorien erfolgen:

Kategorie A: sofort weiterverfolgen,
Kategorie B: vielleicht nach längerer Untersuchung/Modifikation brauchbar,
Kategorie C: unwirtschaftlich/nicht brauchbar/ nicht durchführbar.

Schritt 3   Ausarbeitung/Entscheidung

Je nach Zeit und wirtschaftlichen Möglichkeiten müssen die erfolgversprechenden Lösungen detailliert ausgearbeitet, gegebenenfalls verbessert (z.B. durch Kombination verschiedener Methoden) und entscheidungsreif gegenübergestellt werden. In dieser Phase können z.B. die Nutzwertanalyse (siehe Kapitel 7.3) oder andere systematische Entscheidungsmethoden angewendet werden.

6.6 Anwendungshinweise für das Einführen der Techniken

Beim ersten Ansatz und Einführen der Techniken der Ideenfindung sollte man behutsam vorgehen. Ziel der ersten Anwendungen muß es sein, bei den Teilnehmern eine positive Einstellung zu den Techniken herzustellen.

Dabei sollten neben interessierten und aufgeschlossenen Mitarbeitern möglichst auch Teilnehmer eingeladen werden, die diese Techniken bereits kennen. Förderlich für das Gelingen einer Sitzung ist, wenn die Teilnehmer durch ihre Aufgabengebiete Interesse an diesen Arbeitstechniken haben und bereits geeignete Probleme in den Abteilungen zur Lösung anstehen.

> Bei den ersten Sitzungen sollte vor allem darauf geachtet werden.

▷ daß man mit einfachen Problemen beginnt und erst allmählich schwierige und komplexe Probleme angeht,

▷ daß man in der Anfangsphase die Probleme so auswählt, daß sie mit großer Wahrscheinlichkeit zu positiven Ergebnissen führen.

Bei der Auswahl des Vorgehens ist die Methode zu wählen, welche die beste »Leistung« hinsichtlich der Problemart verspricht (siehe auch 6.3.1).

Die folgende Übersicht der Anwendungsbereiche hilft, die passende Methode auszuwählen.

Methode	Leistung hinsichtlich Problemart
intuitiv: Brainstorming	Die behandelten Probleme sollten nicht zu weit gefaßt sein, Gut geeignet für Suchprobleme. Ideenfluß stärker als bei anderen Methoden. Lösungsqualität kann stark variieren.
diskursiv: Morphologischer Kasten	Gut geeignet bei Konstellationsproblemen und für Suchprobleme, wenn Varianten zu einer Grundstruktur gesucht werden. Geeignet sowohl für abgegrenzte als auch für komplexe Probleme.

Über diese Techniken hinaus gibt es zukunftsorientiert »strategische Techniken«, wie z. B. Delphi-Methoden oder Szenario-Technik, die helfen, langristige Perspektiven im Rahmen der strategischen Planung zu entwickeln.

6.7 Anhang

6.7.1 Laterales Denken – Vertikales Denken

Vergleich nach de Bono [3]

Vertikales Denken	Laterales Denken
setzt sich nur dann in Bewegung, wenn eine Richtung vorhanden ist, in die es sich bewegen kann	setzt sich in Bewegung, um eine Richtung zu finden
analytisch	provokativ
folgerichtig	kann sprunghaft sein
schlägt den wahrscheinlichsten Weg ein	erforscht den am wenigsten wahrscheinlichen Weg
begrenzter Vorgang	unbegrenzter Vorgang
selektiv	generativ
jeder einzelne Schritt muß richtig sein	nicht jeder einzelne Schritt muß richtig sein
man verneint etwas, um bestimmte Wege zu blockieren	es gibt keine Verneinung
man konzentriert sich und schließt alles Belanglose aus	man begrüßt alles, was sich zufällig aufdrängt
Kategorien, Klassifizierungen und Kennmarken sind festgelegt	Kategorien, Klassifizierungen und Kennmarken sind festgelegt

Diese »polare« Darstellung soll anspornen, auch einmal »provokative« und »unwahrscheinliche« Lösungen zu suchen!

Laterales Denken unterscheidet sich deutlich vom vertikalen Denken, der herkömmlichen Denkweise. Beim vertikalen Denken bewegt man sich mit aufeinanderfolgenden Schritten vorwärts. Jeder einzelne Schritt muß begründet sein. Man muß sich beim lateralen Denken vielleicht auf einer gewissen Stufe irren, um zu einer richtigen Lösung zu kommen; beim vertikalen Denken (z. B. in der Logik der Mathematik) wäre dies unmöglich. Beim lateralen Denken kann man absichtlich belanglose Informationen einbeziehen; beim vertikalen Denken sucht man nur das aus, was wichtig ist. Laterales Denken ist kein Ersatz für vertikales Denken. Beide Denkarten sind notwendig. Sie ergänzen einander!

6.7.2 Killerphrasen oder »Wirkungsvolle Argumente zum Behandeln neuer Ideen«

• Das gilt gewiß für Ihre Situation, bei mir herrschen aber andere Verhältnisse!

• Ihr Vorschlag ist gut, aber in der Praxis sieht es ja ganz anders aus.

• Dies wollten wir schon lange so machen, aber unsere Kunden (Gutachter, Behörden u. a.) lassen das nicht zu.

• Das haben wir vor 2 (5, 10, 20) Jahren bereits versucht. Damals ist es auch nicht gegangen.

• So einfach kann man die Lösung nicht sehen. Das Problem ist viel komplizierter. Wenn Sie unsere Situation kennen würden, könnten Sie so eine Lösung nicht vorschlagen.

• Diese Lösung ist nicht seriös.

• So etwas kann man in Ihrer Position (Ausbildung, Alter) gar nicht beurteilen.

Auf solche Killerphrasen muß man unterschiedlich reagieren, z. B. durch:

▷ Klarstellung zur Situation oder zu den Randbedingungen (z. B. „Wir wollen hier völlig unbefangen nach neuen Lösungen suchen.")

▷ Fragen nach Alternativlösungen oder neuen Problemlösungen (z. B. „Wie wollen Sie das Problem x lösen?")

▷ Humorvolles Auffangen oder provokative Ironie

6.7.3 Checkliste für das Durchführen einer Brainstorming-Sitzung

Vorbereitung

– Probleme klar definieren (komplexe Probleme möglichst zergliedern)

– Ziel und Thema zur Einstimmung einige Tage vorher bekanntgeben

– Teilnehmer sorgfältig auswählen (möglichst heterogener Teilnehmerkreis)

– Teilnehmerzahl: 4 bis 10 Personen

– Zeitdauer: Für die Sitzung 30 bis 60 Minuten einplanen

– Ruhigen Raum mit notwendigen Hilfsmitteln bereitstellen

Ablauf

– Rollenverteilung vor Sitzungsbeginn klären (Moderator, Protokollführer etc.)

– Thema bekanntgeben und als offene Fragen formulieren (»Wie kann …?«)

– Ideen knapp formulieren (Grundgedanken)

– Vier Grundregeln beachten

– Alle Ideen festhalten (visualisieren)

– Moderator kann Ideenproduktion anstoßen (z. B. durch Spornfragen)

– Kurze gemeinsame Sichtung und Reflexion

Auswertung

– Zusammenstellung/Sortierung der Ideen mit Fachbeteiligten

– Falls notwendig Vertiefung und Ergänzung mit Teammitgliedern

– Bewertung durch Fachleute/Themenverantwortliche

– Zusammenfassung als Lösungsvorschläge oder Produktvarianten etc.

Hinweis:

Spätere Information der Teilnehmer über Ergebnisse/Realisierung als Motivation und Anregung zur weiteren Nutzung der Techniken.

6.7.4 »Spornfragen« zur Ideenproduktion

Bei Stockungen während einer Brainstroming-Sitzung – aber auch zum nachträglichen Betrachten der Ideen unter unterschiedlichen Gesichtspunkten – kann man »Spornfragen« einsetzen. Dabei wird versucht, für bekannte Gegenstände, Verfahren usw. neue Eigenschaften, Formen, Verwendungszwecke, Ausprägungen, Varianten u. a. dadurch zu finden, daß durch »Spornfragen« das Feld möglicher Veränderungen systematisch durchforscht wird. Hierfür gibt es einige grundsätzliche Fragerichtungen (nach Osborn):

Vergrößerung

Was kann man hinzufügen? Dinge häufiger machen?	Frequenzen erhöhen?
Könnte es größer, höher, länger, breiter, dicker, stärker, schwerer sein?	Vergrößerung durch Zugabe, Verdoppelung, Vervielfachen?
Mehr Zeit darauf verwenden? Mehr Personen einsetzen?	Übergröße und Maximierung?

Verkleinerung

Was kann man wegnehmen?	Billiger machen. Wert vermindern?
Könnte es kleiner, niedriger, kürzer, schmäler, dünner, schwächer oder leichter sein?	Halbieren, in Teile legen?
Könnte man weniger Zeit, weniger Personen einsetzen?	Minimierung?

Umgruppierung

Gestalt verändern? Teile anders anordnen?	Anderer Arbeitsplatz? Andere Arbeitszeit?
Anderes Layout? Andere Reihenfolge	Anderer Zufahrtsweg?- Wirkung zu Ursache machen?

Kombination

Ideen kombinieren!	Eine Legierung oder Mischung? Pläne verbinden? Methoden kombinieren? Hilfsmittel vereinigen?

Teile oder Zwecke kombinieren?	Aus Personen ein Team? Firmen zusammenfassen?
	Gemeinsame Aktion?

Umkehrung

Rückwärts statt vorwärts? Ende an den Anfang?	Aus Not Tugend? Aus Nachteil Vorzug?
Anfang ans Ende? Auf den Kopf stellen?	Den Feind zum Freunde? Inneres nach außen?
Vorzeichen ändern? Seiten vertauschen?	

Substitution

Kann man Material, Ziele, Design, Methoden, Personen, den Ort,
die Zeit auswechseln und durch andere Größen ersetzen?

Zweckänderung

Ist Zweck realistisch? Zweck einengen?	Zweck noch zeitgemäß? Wozu sonst verwenden? »Umfunktionieren«?

Imitation

Was ist so ähnlich? Gibt es Parallelen?	Was läßt sich kopieren? Wer ist Vorbild?
Gibt es Präzedenzfälle?	Woraus Lehre ziehen?

Die Spornfragen sollen Sie oder das Team anspornen, bewußt polar und/oder provokativ neue Ansätze zu suchen!

6.7.5 Beispiel: Auszug aus dem Ergebnis einer spontanen Brainstorming-Sitzung:

»Worauf muß man bei der Wohnungssuche bei einer Versetzung ins Ausland achten?

Größe	Kosten	Miete	Heizung	Klimagerät
Verkehrslage	Omnibus	Parkplatz	Durchl.-Erhitzer	Tapeten
Fußboden	Ungeziefer	Badezimmer	Telefon	Zeitung
Garten	Hochhaus	Einfamilienhaus	Lärm	Umweltbelästig.
Spielplatz	Kindergarten	Kinderzimmer	Dienstmädchen	Hausmeister
Einkaufen	Supermarkt	Fleisch	Metzger	Bordell in Nähe
Club	Schwimmbad	Strand	Dusche	Badewanne
Einbaumöbel	Wassermangel	Temperatur	Wohnung in Deutschland	Möbelkosten
Anzahl der Schlafzimmer	Kreditmöglich-keit	Elektrogeräte	Wohnungs-reinigung	Wiederverkaufte Möbel
Brandschutz vorhanden	Amt	Krankenhaus	Zahnarzt	Kranken-transport
Kindernahrung	Kinderkleidung	Wasser trinken	Bier	Limonade
Milchmann	Nahrungsmittel	Tennis	Hund	Katze
Vogel	Meer-schweinchen	Hundesteuer	Baby-Sitter	Weiterbildung
Besuchszimmer	Sprachkurs	Fußpflege	Bidet	Hobbykeller
Weinkeller	Straßenzustand	Infrastruktur	Entfernung zum Zentrum	Luftfeuchtigkeit
Transportschäd.	Lift	Müllabfuhr	Feuerleiter	Zweitwagen
Beschäftigung (Frau)	Postzustellung	Verdienstmög-lichkeit (Frau)	Mietzuschuß	Renovierungs-kosten
Rollos	Sonnenblenden	Terrasse	Kaution	Mietvertrag
Kostenprozesse	See i.d. Nähe	Höhenlage	Durchgangs-straße	Umlage
Wiederverkaufs-wert	Wertsteigerung	Kaminfeger	Zentrale Wasch-möglichkeit	Anschlußwert

Bei der Auswertung kann z.B. sortiert werden nach:

Wohnkomfort	Kosten	Sicherheit	Lage, Umge-bung	Freizeit-Wert

7 Entscheidungstechniken

Entscheiden heißt, zwischen Alternativen mit unterschiedlichen Konsequenzen wählen.

Täglich stehen wir vor der Notwendigkeit, uns in den unterschiedlichsten Situationen für eine von mehreren denkbaren Vorgehensweisen, eins von etlichen konkurrierenden Angeboten usw. zu entscheiden.

In vielen Fällen treffen wir unsere Wahl schnell, sicher und richtig. In manchen anderen Fällen tun wir uns bei der Wahl schwer, und zuweilen ertappen wir uns sogar dabei, wie wir versuchen, der Entscheidung auszuweichen.

Es besteht ein verbreiteter Mangel an Befähigung, Entscheidungen zu treffen, der auch durchaus verständlich ist; denn – wo in unserer oft langwierigen Berufsausbildung wird diese Fähigkeit entwickelt?

Um diesem verbreiteten Mangel abzuhelfen, befaßt sich dieses Kapitel mit Methoden, mit denen anstehende Entscheidungen systematisch vorbereitet und getroffen werden können.

Wir sollten nach dem Studium dieses Kapitels

• wissen, welche Risiken unsystematische Entscheidungsarbeit mit sich bringt,

• erkennen, daß methodische Entscheidungsarbeit hilft, die jeweilige Situation transparent zu machen (d. h. Informationen so weitgehend wie möglich zu objektivieren und unvermeidliche Subjektivität so gut wie möglich zu lokalisieren),

• die Arten von Entscheidungssituationen unterscheiden können, wissen, welche Methoden für welche Situationen zur Verfügung stehen und wie sie richtig angewendet werden,

• einsehen, daß wir durch Einsatz dieser Methoden unsere Fähigkeit zu qualifizierter Aufgabenerledigung beweisen und weiter verbessern können, mit allen positiven Folgen für die Einschätzung, die wir damit in unserem privaten und vor allem in unserem beruflichen Umfeld erfahren.

7.1 Charakteristik von Entscheidungssituationen

In vielen Fällen lassen sich zwischen den Ausprägungen der entscheidungsrelevanten Eigenschaften mathematische Beziehungen formulieren, so daß sich die Entscheidung als Resultat einer Rechenaufgabe darstellt:

Im naturwissenschaftlich-technischen Bereich verfügen wir zu diesem Zweck über eine Vielzahl naturgesetzlicher Verknüpfungen physikalischer Größen: Z. B. läßt sich in der Bautechnik aufgrund einer vorgegebenen Belastungscharakteristik zweifelsfrei errechnen (oder eben »entscheiden«), welcher aus einem handelsüblichen Angebot verschieden dimensionierter Doppel-T-Träger dem fraglichen Zweck genügt.

Viele Situationen aus dem betriebsorganisatorischen oder dem soziologischen Bereich lassen sich mit Denk- und Rechenmodellen nachbilden und mathematisch formalisieren, die unter dem Sammelbegriff »Operations Research« – oder kurz OR-Methoden laufen. Beispiele sind Simulationsmethoden wie Warteschlangenmodelle oder die Monte-Carlo-Methode. Sie stellen im Falle der Anwendbarkeit wertvolle Optimierungshilfsmittel dar. Mit ihnen läßt sich ausrechnen, also wiederum »entscheiden«, wie eine geplante Einrichtung optimal gestaltet und bemessen werden sollte.

Beispiele

Ein Hersteller von Serienartikeln muß nach einer äußerst erfolgreichen Expansionsphase sein Warenverteilungssystem neu ordnen. Wo sollten zusätzliche Läger eingerichtet werden? Wie groß müssen diese sein? Welche Auslieferungskapazitäten müssen ihnen zugeordnet werden? Die Kosten für Einrichtung und laufenden Betrieb sollen natürlich so gering wie möglich gehalten werden.

Die Zahl der Zapfsäulen einer neu einzurichtenden Tankstelle soll in bezug auf Nachfrage und Kosten optimiert werden.

Generell sind also Fragen der Bereitstellung von Diensten und Nutzungsangeboten in Systemen mit zufallsgesteuerter Nachfrage typische Aufgaben für die Anwendung von OR-Methoden.

Alle bis hierher angedeuteten Typen von »Entscheidungssituationen« lassen sich mit der Kenntnis solcher Vorgehensweisen und Methoden bearbeiten und – in einem weiter gefaßten Sinne – »entscheiden«, die in entsprechenden Ausbildungsgängen vermittelt werden.

Ihnen steht die andere große Gruppe von alltäglichen Situationen gegenüber, denen wir erfahrungsgemäß wesentlich unbeholfener begegnen und zwar, weil wir nicht schulmäßig gelernt haben, mit ihnen umzugehen. Diese Entscheidungssituationen lassen sich zwar mit Hilfe von Begriffsbildungen des täglichen Lebens wie auch mit ästhetischen, moralischen oder ähnlichen abstrakten Kategorien verbal beschreiben, es gibt aber keine formelmäßigen Verknüpfungen zwischen ihnen und damit keine Möglichkeit einer mathematisch-formalen Beschreibung und rechnerischen Auflösung der jeweiligen Situation. Charakteristisch für solche Fälle ist, daß beispielsweise

– gleichzeitig mehrere Entscheidungsgesichtspunkte und Konsequenzen zu bedenken sind, eine Situation also als Ganzes nicht leicht zu überschauen ist,

– die zu beachtenden Gesichtspunkte z. T. nicht objektiv zahlenmäßig vergleichbar, sondern nur einer subjektiven Einschätzung zugänglich sind,

– wir das Erreichen unserer Ziele nicht allein beeinflussen können,

– es sehr auf die »richtige« Wahl ankommt, weil z. B. eine »falsche« Entscheidung besonders folgenreich und nur schwer oder gar nicht zu korrigieren ist.

Beispiele

– Wahl des Wohnsitzes in der Groß- oder Kleinstadt oder auf dem Land,

– Wahl zwischen Wechsel des Arbeitsplatzes oder Beibehalten des bisherigen,

– Wahl zwischen konkurrierenden Maßnahmen zur Behebung von Schwierigkeiten beliebiger Art im Bereich der Ablauforganisation,

– desgleichen bei anstehenden Rationalisierungsvorhaben,

– Wahl zwischen verschiedenen Fabrikaten und Typen bei Gütern des gehobenen privaten Bedarfs.

Für solche nicht exakt rechnerisch zugänglichen Entscheidungssituationen wollen wir uns im folgenden methodisch rüsten.

7.2 Unsystematische und systematische Entscheidungsvorbereitung

Aufgrund der fehlenden Methodenkenntnis werden auch schwerwiegende Entscheidungen immer wieder unqualifiziert und damit letztlich fahrlässig getroffen.

Zunächst einmal neigen wir dazu, einer anstehenden Entscheidung dadurch auszuweichen, daß wir sie solange wie möglich vor uns herschieben. Die Folge davon ist aber in aller Regel, daß wir sie schließlich unter *selbstverschuldetem (!)* Zeitdruck treffen müssen. In solcher Situation aber haben wir keinen Sinn und keine Zeit mehr für ein kritisches Abwägen der Entscheidungsrelevanz der unterschiedlichen Stärken und Schwächen der Alternativen. – Wir entscheiden uns endlich auf Basis weitgehend unvollständiger Informationen für diejenige Alternative, die in *irgendeiner* Hinsicht attraktiv erscheint – ein weitgehend gefühlsbedingtes, rational nicht begründbares Vorgehen.

Nicht selten auch

• orientieren wir uns dann viel zu unkritisch am Vorgehen in früheren ähnlichen Fällen,

• ersetzen wir eine fundierte Entscheidung durch den Hinweis auf einen vorgeblichen äußeren Zwang zur alleinigen Orientierung an einem bestimmten Kriterium,

• suchen wir unsere individuelle Verantwortung durch Herbeiführen einer Gruppenentscheidung zu verringern.

Durch eine solche Arbeitsweise werden den Risiken, die den zur Wahl stehenden Alternativen ohnehin untrennbar anhaften, noch weitere, bei *systematischem* Vorgehen *vermeidbare* Risiken hinzugefügt. Ein wesentliches Merkmal der Systematik ist auch hier das *schriftliche*, möglichst tabellarische Fixieren aller Informationen und gedanklichen Einzelschritte. Dies ermöglicht uns,

- leichter mit anderen über die Sache zu sprechen,

- im Falle einer Fehlentscheidung nachträglich deren Zustandekommen zu ergründen, Fehlschlüsse oder Fehleinschätzungen zu erkennen und daraus für künftige Fälle zu lernen.

Als Entscheidungsmethoden werden wir nachstehend

– die Entscheidungsmatrix-Methode oder Nutzwertanalyse und

– die Entscheidungsbaum-Methode

kennenlernen.

Dabei ist die Entscheidungsbaum-Methode in all den Fällen anzuwenden, in denen das Ziel *unabhängig* von unserer Entscheidung nur mit einer gewissen Wahrscheinlichkeit erreicht wird (Lotteriesituation).

Wie bereits angedeutet, kann man Entscheidungen häufig deshalb so schwer treffen, weil sich die Erfüllung ihrer Kriterien zum Teil nur subjektiv einschätzen und nicht objektiv messen läßt. Diese Schwierigkeiten werden von den Entscheidungsmethoden *nicht behoben* – allenfalls in Einzelfällen *verringert*. Die Entscheidungsmethoden können uns also nicht die Verantwortung *abnehmen*. Jedoch erledigen wir unsere Arbeit durch Einsatz dieser Methoden so, daß wir der Verantwortung *zwangsläufig besser gerecht* werden, zumindestens nicht im oben erwähnten Sinne *fahrlässig* handeln. Hierin liegt der Wert der Methoden. Wer sie einsetzt, hat ein weit besseres, weil sichereres Gefühl bei seinen Entscheidungen – Grund genug, sich selbst auf die Anwendung solcher Verfahren zu verpflichten.

7.3 Entscheidungsmatrix-Methode

7.3.1 Theoretische Erläuterung der Methode und mitlaufendes Beispiel

Die Erläuterung der Methode wollen wir schrittweise mit einem durchgängigen Beispiel begleiten und daran anwendungsnah nachvollziehen. Wir legen ihm eine Personalauswahlsituation zugrunde, die für diesen Zweck besonders lehrreich zu sein scheint. Dafür sprechen mehrere Gründe:

- Die Situation ist im allgemeinen durch eine große Zahl von Kriterien gekennzeichnet, d.h. sie ist recht komplex und wenig transparent.

- Die Kriterien sind größtenteils nur subjektiver Einschätzung zugänglich, d.h. nicht objektiv meßbar.

- Es gibt gerade in diesem Bereich mancherlei begriffliche Überschneidungen von Kriterien, die wegen der Forderung nach Unabhängigkeit sorgfältig ausgeschlossen werden müssen – wiederum ein Transparenzproblem.

- Manche Eigenschaften sind nur ungenau im Rahmen eines Bewerbungsgespräches zu beurteilen, d.h. hieraus erwachsen mancherlei Risiken für den Entscheidungsgang.

- Die situationsbedingt unterschiedliche Zielrelevanz der Kriterien läßt sich recht augenfällig demonstrieren.

- Schließlich: Die Entscheidungsobjekte sind Menschen. Auf sie und ihre Belange derart sachlich nüchterne Verfahren anzuwenden begegnet vermutlich verbreitetem Widerstreben. Gerade deshalb wollen wir hier versuchen deutlich werden zu lassen, daß ein solches Vorgehen den Interessen der Betroffenen eher gerecht wird als allzu irrationale Pauschaleinschätzung.

Achtung! Wichtiger Hinweis!

Das Beispiel ist zwar so konstruiert, daß es alle wesentlichen Gedankengänge der Entscheidungsmatrix-Methode darlegt, die *Kriterienauswahl und -wichtung* ist jedoch *bewußt unvollständig* und in Details auch *wirklichkeitsfremd* getroffen worden. D.h. das Verfahrensprinzip sollte deutlich werden, eine unkritische Übernahme der nur beispielhaft getroffenen Festlegungen muß jedoch *unbedingt unterbleiben*!

Neben diesem durchgängigen Fall, der immer wieder unter der Überschrift *Beispiel »Bewerberauswahl«* angesprochen wird, werden für Detailerörterungen außerdem auch andere Beispielfälle herangezogen, die mit der einfachen Überschrift *»Beispiel(e)«* eingeleitet werden.

7.3.2 Zielformulierung

Die Grundlage für jede Such- oder Entwicklungsaufgabe und damit auch für einen an deren Ende stehenden Entscheidungsprozeß ist eine *präzise Zielformulierung*. Sie hat alle *zielrelevanten Aspekte* zu benennen *und* zu jedem von ihnen den *Maßstab* zu definieren, mit dem der Grad der Zielerreichung/Zielerfüllung für alle Alternativen ermittelt werden kann. Ein solcher maßstabbehafteter Aspekt wird allgemein auch als ein Ziel- oder Entscheidungskriterium bezeichnet.

Die Festlegung des Maßstabs geschieht durch Angabe der im *betrachteten Falle* für erforderlich gehaltenen *Mindest*ausprägung und der *Ideal*ausprägung. – Die Mindestausprägung ist die schlechteste Ausprägung des Aspekts, die wir gerade noch akzeptieren mögen. Die Idealausprägung ist diejenige Ausprägung, die dem Zweck voll gerecht wird und keine Wünsche offen läßt, also nicht notwendig die absolut beste denkbare Ausprägung.

Ein im Zusammenhang mit der Zielformulierung häufig zu beobachtender Fehler ist, daß die Zielvorgabe *erst* formuliert wird, *nachdem* die Alternativen bereits entwickelt oder aus einem bestehenden Angebot ausgewählt worden sind.

Oft genug wird in solchen Fällen erst im Entscheidungsprozeß voller Überraschung bemerkt, daß die Alternativen den – *zu spät* formulierten – Zielanforderungen nicht ausreichend gerecht werden.

Die Vorgaben sind eben nicht Teil des Entscheidungsprozesses sondern nur seine wichtigste Grundlage. Sie müssen schon der Entwicklung der Alternativen zugrunde liegen, müssen also formuliert werden, lange bevor es irgend etwas zu entscheiden gibt. – Dies gilt *ausnahmslos*!

Der Ziel- oder Kriterienkatalog muß einerseits *vollständig* sein, d.h. es dürfen keine zielrelevanten Kriterien fehlen. Anderseits darf er aber auch nicht überbestimmt sein, etwa in dem Sinne, daß ein Kriterium unter zwei *nur scheinbar* verschiedenen Begriffsbildungen *doppelt* berücksichtigt wird. In solchem Falle würde nämlich die Wichtung dieses Kriteriums (s. Abschnitt 7.3.3) unbemerkt verändert. Dies ist die Forderung nach der gegenseitigen *Unabhängigkeit* der Kriterien.

Die Forderungen nach Vollständigkeit, paarweiser Unabhängigkeit und Widerspruchsfreiheit der Zielkriterien sind allgemein logischer Natur. Die Forderung nach Vollständigkeit der zielrelevanten Kriterien bedeutet praktisch, daß das Weglassen oder Hinzufügen schon eines *einzigen* solchen Kriteriums eine andere Entscheidungswirklichkeit beschreibt.

Beispiel

Es ist ein Unterschied, ob man ein Gerät mit bestimmten Funktionen einfach nur zum geringsten Preis anschaffen will, oder ob es das kostenbezogene Ziel ist, daß das Gerät über die gesamte Gebrauchsdauer möglichst wenig Kosten verursachen soll. Im letzten Fall ist der Instandhaltungs- und Ersatzteilaufwand von vornherein mit in die Kostenbetrachtung einzubeziehen.

Es ist zweckmäßig, Zielkriterien danach zu unterscheiden

▷ ob sie unbedingt erfüllt sein *müssen* oder

▷ ob sie einfach nur möglichst weitgehend erfüllt sein *sollen*.

Man spricht von *Muß*- und von *Wunschkriterien*. Für Mußkriterien findet man auch die Bezeichnung *Grenzkriterien*. Diese Bezeichnung rührt von der Notwendigkeit her, eine Grenze anzugeben, bis zu der oder ab der eine Alternative überhaupt nur zulässig ist (»höchstens 50 000,– DM«, »mindestens 90% Zeitverfügbarkeit«).

Grundsätzlich sind Alternativen, die ein Mußkriterium nicht erfüllen, auszuschließen. Es kann jedoch vorkommen, daß damit gerade eine technisch oder anderweitig besonders interessante Lösung aus der Wahl ausscheidet. In solchen Fällen ist notfalls auch eine Neufestsetzung der Grenze denkbar, damit die Alternative »gerettet« werden kann. Entscheidend dafür wird im Einzelfall sein, in welchem Maß die ursprüngliche Festlegung gerade dieser Grenze wirklich zwingend war. Keinesfalls darf eine solche Neufestsetzung zu einer markanten Veränderung der Zielsetzung führen.

Beispiel »Bewerberauswahl«

In einem Unternehmen des Anlagenbaus ist in der Abteilung »Prozeßauslegung« umgehend die Stelle eines Verfahrensingenieurs auf Sachbearbeiterebene zu besetzen. Mittel- bis längerfristiges Entwicklungspotential für Übernahme einer Projektleitung oder einer Führungsposition ist willkommen aber nicht Bedingung. Bedingung dagegen ist ein Fachhochschul- oder Hochschulabschluß.

Eingedenk des *wichtigen Hinweises* gegen Ende des Abschnitts 7.3.1 wollen wir nun die zielrelevanten Aspekte mit ihren Minimal- und Idealausprägungen festlegen. Da auch eine Eignung als Führungskraft (oder Projektleiter) erwünscht ist, legen wir den Maßstab sowohl für die Sachbearbeiter- wie für die Führungsposition fest, so daß wir – beispielhaft – auch das Führungspotential der Bewerber abschätzen können (Tabellen 7.1 und 7.2).

Tabelle 7.1   Zielformulierung für Sachbearbeiter

Zielaspekte	Ungünstigste akzeptierte Ausprägung	Realistische Idealausprägung
Fachkenntnisse (im engeren Sinne der künftigen Aufgaben)	solide Allgemeinkenntnis, ansatzweises Spezialverständnis, ca. $^3/_4$ Jahr Einarbeitung; (Fach-)Hochschulabschluß	kann sofort selbständige Projekte bearbeiten; (Fach-)Hochschulabschluß
Allgemeinfähigkeiten		
Ausdrucksfähigkeit im Deutschen: schriftlich: mündlich:	bescheidene Ausdrucksmittel häufige Versprecher	ansprechender Stil ausdrucksvolle Sprechweise, nicht notwendig druckreif
Kommunikationsfähigkeit	zuweilen ungeschickt, eckt deswegen gelegentlich an; insgesamt gutwillig	hat kommunikative Situationen durchwegs im Griff
Kreativität	unauffällig	hat eine geistreich-lockere, originelle Art Sachfragen zu diskutieren; spielerisches Herstellen wertvoller Gedankenverbindungen
Einstellungen, persönlicher Eindruck		
Zielstrebigkeit	hat kein erkennbares Zeitbewußtsein; zaudernde Grundhaltung	plant seine Anliegen, verfolgt zugesagte Termine unter Einsatz von Hilfsmitteln
Kontaktbereitschaft	Leicht gehemmt gegenüber Unbekannten; nimmt sie zögernd an	geht spontan auf Unbekannte zu; gibt sich dabei unbekümmert offen
innere Einstellung zur Arbeit	»akzeptiert das Schicksal, berufstätig sein zu müssen«	will offensichtlich viel Spaß an seiner Arbeit haben und einiges erreichen
Vorbildwirkung auf andere	zumindestens nicht negativ	lebt seine Grundsätze konsequent und achtunggebietend.
Vertragliche Aspekte		
frühestmöglicher Eintritt	in 6 Monaten, ohne Bindungsklauseln	sofort, ohne Bindungsklauseln
Gehaltshöhe (nach Verhandlung)	DM 8000,– bei 10 Jahren Berufserfahrung	DM 5400,– als Berufsanfänger

Tabelle 7.2 Zielformulierung für Führungsposition

Zielaspekte	Ungünstigste akzeptierte Ausprägung	Realistische Idealausprägung
Fachkenntnisse (über allgem. Aspekte des Anlagenbaus)	Spezialkenntnis in zwei Teilgebieten, ausbaufähiger Allgemeinüberblick; (Fach-)Hochschulabschluß	kann sofort selbständig Projekte bearbeiten; (Fach-)Hochschulabschluß
Allgemeinfähigkeiten		
Ausdrucksfähigkeit im Deutschen schriftlich:	eingängiger Schreibstil	hochentwickelter nuancierter Schreibstil
mündlich:	mühelose Sprechfähigkeit	druckreifer Sprechstil
Kommunikationsfähigkeit	keine wesentlichen Ungeschicklichkeiten; vertrauenerweckend	hat kommunikative Situationen stets im Griff, hilft auch anderen dabei, hört gut zu, beherrscht Fragetechnik gut
Kreativität	greift kreative Äußerungen anderer auf	gut entwickelte eigene Fähigkeit, ermuntert seine Partner recht ausdrücklich dazu
Einstellungen, persönlicher Eindruck		
Zielstrebigkeit	ausgeprägtes Zeit- und Zielbewußtsein	dringt auch bei Mitarbeitern auf Zielstrebigkeit und Zeitnutzung
Kontaktbereitschaft	begegnet im Normalfall jedermann weitgehend spontan, in Problemsituationen nur leicht zögernd	kennt keinerlei Hemmungen »Problemsituationen: Was ist das?«
innere Einstellung zur Arbeit	will seine Sache offensichtlich gut machen	ausgeprägte Loyalität gegenüber dem Unternehmen, starke Bindung an seine Aufgabe, will weiterkommen
Vorbildwirkung auf andere	macht seine Grundsätze deutlich	prägt unwiderstehlich auch seine Partner, Persönlichkeit durch und durch

Die vertraglichen Aspekte spielen zum gegenwärtigen Zeitpunkt für diesen späteren Einsatz keine Rolle

Die bisher besprochene Kriterienauswahl war die Antwort auf die Frage, welche Problemaspekte wir für zielrelevant halten und welche nicht. Für den weiteren Gang des Entscheidungsverfahrens ist aber auch noch erforderlich festzulegen, für *wie wichtig* wir die Kriterien *im Vergleich* miteinander halten; denn die Entscheidungsmatrix-Methode favorisiert gerade jene Alternativen, deren besondere Stärken bei den *wichtigsten* Aspekten liegen und die nur dort Schwächen aufweisen, wo es weniger ins Gewicht fällt, eben bei den *weniger wichtigen,* d. h. weniger zielrelevanten Aspekten.

Diese Kriterienwichtung wird zwar immer wieder im Zusammenhang mit der Entscheidungsmethodik erklärt, es wäre aber absolut falsch, sie als

Bestandteil von Entscheidungsverfahren zu betrachten: Sie ist Teil der Zieldefinition und muß in diesem Rahmen vorgenommen werden, lange bevor es irgend etwas zu entscheiden gibt. Nur wenn die Wichtung bei der Alternativensuche oder -entwicklung bereits vorliegt, kann man sicherstellen, daß wirklich die zieltauglichsten Alternativen in die Vorauswahl kommen statt jener, die ihre Schwächen ausgerechnet bei den wichtigsten Aspekten haben.

7.3.3 Das Wichten der Entscheidungskriterien

Um die Kriterien zu wichten, ordnen wir Ihnen Punktwerte aus einer zuvor festgelegten Zahlenspanne zu. Diese Zahlen nennen wir Wichtungs-

oder Gewichtsfaktoren. Ihre (stets subjektive!) Festsetzung fällt um so leichter, je enger die zulässige Spanne gewählt wurde, z.B. 1 bis 3. Eine im praktischen Gebrauch recht handliche Skala ist die etwas weitere Wichtungsspanne von 1 bis 10. Am besten ordnet man die Kriterien zunächst in der Rangfolge ihrer vermeintlichen Wichtigkeit an. Dann erhält das wichtigste Kriterium den höchsten Gewichtsfaktor, also z.B. die 10. Den übrigen Kriterien werden die Gewichtsfaktoren derart zugemessen, daß diese in dem gefühlsmäßig für richtig gehaltenen Verhältnis zueinander und zum wichtigsten Kriterium stehen. – Weder muß jede der Zahlen 1 bis 9 vergeben werden, noch müssen alle Gewichtsfaktoren verschieden sein.

Beispiel »Bewerberauswahl«

Wie schon die Formulierung der Zielanforderungen wurde auch die Kriteriengewichtung sowohl für die vakante Sachbearbeiterstelle wie auch für eine eventuell später zu übernehmende Führungsposition vorgenommen (Tabelle 7.3).

Tabelle 7.3 Wichtungstabelle

Kriterium	Wichtung für	
	Sach-bearbeiter	Führungs-kraft
Fachkenntnisse	10	6
Ausdrucksfähigkeit	5	8
Kommunikationsfähigkeit	4	10
Kreativität	6	7
Zielstrebigkeit	8	10
Kontaktbereitschaft	4	10
Einstellung zur Arbeit	8	8
Vorbildwirkung	3	10
Eintrittstermin	7	(*)
Gehaltshöhe	6	(*)

(*) für den vorliegenden Fall ohne Bedeutung

Tabelle 7.4
Beispiel der Mittelung von individuellen Wichtungen

Entschei-dungs-kriterium	Beteiligte				Σ	Mittel-wert
	I	II	III	IV		
A	9	9	10	4	32	8
B	10	3	7	5	25	6,25
C	2	4	3	8	17	4,25
D	3	6	6	1	16	4
E	5	10	2	10	27	6,75

Die Wichtung hat sich an den jeweiligen Zielen zu orientieren. Deshalb ist es nicht zu empfehlen, Wichtungsfaktoren aus früheren Entscheidungsfällen zu übernehmen, *ohne geprüft* zu haben, ob die zugrundeliegenden Situationen – damals und jetzt – hinsichtlich der Ziele auch wirklich *identisch* sind und zwar nicht nur hinsichtlich der *Art* der Ziele, sondern gerade auch hinsichtlich ihrer Bedeutung für die Entscheidungssituation, d.h. eben auch hinsichtlich ihres Gewichtes.

Nicht selten wirken aus Gründen verteilter Zuständigkeit mehrere Personen an einer Zielfindung mit. Dabei kann es vorkommen, daß sich diese Personen nicht auf eine Wichtung einigen können, weil jeder die Einzelziele in einer anderen Rangfolge sieht. In solchen Fällen sollte jeder zunächst seine Wichtung festlegen, so daß anschließend aus allen individuellen Vorstellungen eine allgemein verbindliche Wichtung gemittelt werden kann (Tabelle 7.4).

Die Mittelwertbildung bringt es im allgemeinen mit sich, daß die Wichtungsfaktoren als Dezimalbrüche erscheinen und auch die 10 nicht mehr auftritt. Beides braucht nicht zu stören. Wichtig ist nur, daß *alle* Teilnehmer von derselben Skala ausgegangen sind.

Stören kann dagegen eine andere Folge der Mittelung – die nivellierende Wirkung. Waren die Einzelpersonen im obigen Beispiel bereit, die volle oder nahezu die volle Skala auszunutzen (was einem Verhältnis 10:1 oder mindestens 10:3 zwischen höchstem und geringstem Wichtungsfaktor entspricht), so bleibt nach der Mittelung nur noch ein Verhältnis von 8:4 übrig. Es ist deshalb zu empfehlen, das Ergebnis einer solchen Mittelung noch einmal unter diesem Gesichtspunkt zu diskutieren. Wir haben hier den unmittelbar zahlenmäßigen Ausdruck für das Unbehagen vor uns, das uns befällt, wenn wir einen Kompromiß mit den ursprünglichen Absichten vergleichen. Er wirkt eigentümlich »flau« und unentschieden.

Im Praxisfall kann man nun mit den so festgelegten Zielkriterien und Wichtungen beginnen, nach Alternativen zur Lösung des anstehenden Problems zu suchen.

7.3.4 Alternativen und Beschreibungs-matrix

Alternativen können bei der Wahl zwischen mehreren Angeboten von vornherein vorgegeben sein und sich z. B. aus der Marktbeobachtung ergeben. Bei der Planung von Maßnahmen, aber auch bei technisch-konstruktiven Entwicklungsarbeiten werden die Alternativen aus den Zielen abgeleitet und im Rahmen eines Suchprozesses konzipiert (z. B. unter Einsatz der Morphologischen Analyse, vgl. Kap. 6.4.2).

Wie schon in Abschnitt 7.1 angedeutet gibt es zwei Typen von Zielkriterien:

▷ solche, die eine zahlenmäßig meßbare Eigenschaft darstellen,

▷ solche Aspekte, deren Ausprägungen sich nicht zahlenmäßig messen und beschreiben lassen.

Die Aussagen über Ausprägungen meßbarer Aspekte werden üblicherweise in Form dimensionsbehafteter Zahlenangaben gemacht (z. B.

Tabelle 7.5 1. Beispiel »Bewerberauswahl« Beschreibungsmatrix

Zielaspekte	Alternative I	Alternative II	Alternative III
Fachkenntnisse	extrem entwickelt, 10 Jahre fachnahe Berufserfahrung	eindrucksvolle Diplom-Arbeit, vielversprechend, Potential!	sehr beachtlich trotz nur 3 Jahren Berufserfahrung
Ausdrucksfähigkeit Deutsch	im ganzen gut, vereinzelt undeutlich	recht plastisch, bildhaft	knapp, klar; etwas nüchtern wirkend
Kommunikations-fähigkeit	ziemlich hintergründige Art sich zu äußern, zuweilen arrogant	hat keine Schwierigkeiten, fragt viel, hört gut zu	redet viel, hört nicht immer gut zu, fragt dann auch nicht nach
Kreativität	»normal unterentwickelt«, hält sie für nicht so wichtig	hochentwickelt, gezielt trainiert (auf eigene Kosten)	verrät gute Anlage, ist mit Sicherheit gut ausbaufähig
Zielstrebigkeit	führt Zeitplanbuch offenbar mit Akribie, zeigt Interesse an zügiger Entscheidung	Studium zügig absolviert, macht gut vorbereiteten Eindruck	stellt betont seine Forschheit heraus, erzählt aber gern langatmige »Histörchen«; zwiespältiges Urteil
Kontaktbereitschaft	ein wenig verschlossen	offen, ohne Scheu, ist offenbar gern unter Menschen	mühelos, dennoch recht betont distanziert
Innere Einstellung zur Arbeit	Typ »Arbeitstier«, etwas sehr einseitig orientiert. Ist die Nervosität eine Folge davon?	sehr deutlich leistungsorientiert, sucht gesunde Balance zwischen Arbeit und Leben	scheint sich z. Z. sehr seiner Familie zuzuwenden aus beruflichem Frust, könnte durch Stellenwechsel seine früher bessere Einstellung wiederfinden
Vorbildwirkung	wenig Ausstrahlung, verunsichert eher durch sein hintergründig arrogantes Gehabe	noch etwas jungenhaft, aber ein grundehrlicher Typ, sprach zweimal von »Anstand« bzw. »anständig« und »so etwas tut man doch nicht«, hat Grundsätze	betont den guten Eindruck etwas zu sehr, den man wohl von ihm haben soll; ist das echt?
Frühestmöglicher Eintrittstermin	in 3 Monaten	sofort	in 3 Monaten
Gehalt	DM 7600,–	DM 5600,–	DM 6300,–
Besonderheiten	erwartet baldige Aufstiegsmöglichkeit	familiär ungebunden	

550.000/Jahr, 14mg/£, 190 km/h, 600,– DM/m², 1,8 kW, 3 Generationen/Jahr). Aussagen über nicht meßbare Aspekte haben verbale Form (z. B. absolut, im allgemeinen oder nur bedingt zuverlässig; frisch renoviert, gemütlich, abgewohnt; strahlend schön, hübsch, verhärmt; wetterfest, wasserempfindlich, nicht tropentauglich).

In der einen oder der anderen Form werden die Informationen über die Alternativen zunächst ermittelt oder fixiert. Es ist zweckmäßig, sie in einer sogenannten Beschreibungsmatrix tabellarisch zu sammeln. Diese gestattet jederzeit einen schnellen Überblick über Stand und Güte der Informationssammlung. Die Matrix muß vollständig ausgefüllt sein, bevor wir den nächsten Schritt des Entscheidungsprozesses tun können.

Sind einzelne benötigte Informationen nicht erhältlich (z. B. über die Liefertreue einer erst kürzlich gegründeten Firma, die mittlere Lebensdauer eines neu auf den Markt gebrachten Massenprodukts usw.), so müssen wir sie durch realistische Annahmen ersetzen. Diese Annahmen sollten wir deutlich als solche kenntlich machen (z. B. farbige Markierung).

Beispiel »Bewerberauswahl«

Wir führen nunmehr die Beschreibungsmatrix für unser mitlaufendes Beispiel aus. Es stehen drei Alternativen der Fachrichtung Verfahrenstechnik zur Auswahl:

▷ ein 37jähriger Dipl.-Ing. mit TU-Abschluß und 10 Jahren Berufserfahrung,

▷ ein 26jähriger Dipl.-Ing. in spe (Prüfung nächste Woche) von TU,

▷ ein 30jähriger Dipl.-Ing. mit FHS-Abschluß und 3 Jahren Berufstätigkeit

Die Beschreibungsmatrix ist in Tabelle 7.5 dargestellt.

7.3.5 Aspektausprägungen – Zielerreichungsgrade – Nutzwerte

Die in der Beschreibungsmatrix gesammelten Informationen sind Aussagen über die *Qualität* der Alternativen bezüglich der zielrelevanten Kriterien, also *Absolutaussagen*. Was wir aber für den weiteren Gang des Entscheidungsprozesses *benötigen*, sind nicht Qualitätsaussagen, sondern Aussagen darüber, *wie gut* die ermittelten *Ausprägungen* der einzelnen Zielaspekte die festgelegten

Kriterien oder Zielvorgaben erfüllen, also *Relativaussagen*.

Ein wichtiger Schritt des Entscheidungsprozesses besteht also darin, *die Aussagen über die Ausprägungen der Aspekte in »Teilziel-Erfüllungsgrade« umzusetzen*. Man nennt diesen Schritt die Bewertung der Alternativen (bezüglich der einzelnen Kriterien). Das Ergebnis dieser Bewertung sind – *unabhängig* vom Zahlen- oder Verbalcharakter der zugrundeliegenden Qualitätsaussagen – *immer reine Zahlen!*

Diese Umsetzung von Aussagen über Aspektausprägungen in Aussagen über die damit mögliche Zielerreichung ist ein *durch und durch subjektiv gesteuerter Prozeß*. Am ehesten leuchtet diese Feststellung noch im Zusammenhang mit den verbalen Aussagen ein; sie sind von Anfang an subjektiv und gewinnen durch die Umsetzung in Zahlen nur eine scheinbare, aber eben keinerlei tatsächliche Objektivität. Im Falle der zahlenmäßigen Qualitätsaussagen dagegen wird häufig vermutet, daß die den Zahlenangaben vom Ursprung, d. h. von der Messung her anhaftende Objektivität beim Bewertungsprozeß erhalten werden könne. Genau dies stimmt nicht. Zwar sind die Ausgangszahlen objektiv ermittelt, aber der Umsetzungsschlüssel in Punktwerte (»Teilzielerreichungsgrade«) kann nichts anderes sein als eine rein subjektive Festlegung. Wir werden das im nächsten Abschnitt (7.3.6) an Beispielen erörtern und erkennen.

Die Punktwerte haben in ihrer Bedeutung als Teilziel-Erreichungsgrade alle *gleichen* Charakter – dies im *Gegensatz* zu den Qualitätsaussagen, die teils (und zwar unterschiedlich) dimensionsbehaftet, teils dimensionslos waren. Sie konnten beispielsweise nicht addiert werden (die alte Geschichte von den Äpfeln und Birnen…). Die Punktwerte können wir nun aber addieren, und damit haben wir, was wir brauchen: Die Möglichkeit, Teilziel-Erreichungsgrade (Punktwerte) für jede einzelne Alternative zu einem (Gesamt-) Zielerreichungsgrad zu summieren; denn durch solche Gesamtwerte werden ja die Alternativen in eine Rangfolge gestellt, die die endgültige Entscheidung zumindest rechnerisch nahelegt – die Alternative mit dem höchsten Gesamt-Zielerreichungsgrad wäre eben die im Sinne der Zielerreichung günstigste.

Im Fall, daß wir alle Kriterien in bezug auf das Entscheidungsziel für *gleich wichtig* halten, ist dies auch tatsächlich schon das gewünschte Ergebnis. Dies tritt jedoch so gut wie nie ein. In aller Regel legt uns unser Empfinden (Subjektivität!) eine unterschiedliche Gewichtung für die verschiedenen Kriterien nahe, so wie wir das im Abschnitt 7.3.3 erörtert und am Beispiel gesehen haben.

Es sind also im allgemeinen nicht die Teilziel-Erreichungsgrade (oder Punktwerte) selbst, die nach Addition über alle Kriterien den Gesamt-Zielerreichungsgrad einer Alternative ergeben; sie müssen vielmehr vor der Addition zuerst mit dem Gewichtsfaktor des jeweiligen Kriteriums multipliziert werden.

Diese Produkte aus Gewichtsfaktor und Punktwert (Zielerreichungsgrad, Zielerfüllungsgrad) nennen wir allgemeinem Brauch gemäß »Nutzwerte« (Einzel-, Gesamtnutzwerte).

Nachdem der prinzipielle Gang des Entscheidungsprozesses besprochen wurde, werden wir im folgenden Abschnitt seine technischen Details erörtern.

7.3.6 Das Bewerten der Alternativen

Das Bewerten der Alternativen untereinander geschieht einzeln für jedes Kriterium. Dazu beziehen wir uns wieder auf eine Punktwertskala (z. B. 1 bis 10). Den Punktwert 1 ordnen wir derjenigen Aspektausprägung zu, die wir als geringste gerade noch akzeptieren. Umgekehrt belegen wir die Idealausprägung mit dem Punktwert 10.

Diese Zuordnung muß natürlich realistisch getroffen werden (z. B. wäre es unsinnig, bei einer Kaufentscheidung den idealen Preis mit DM 0.00 anzusetzen). Dieser Zwang zur realistischen Einschätzung kann es übrigens erforderlich machen, den Kriteriumsmaßstab, also die Minimal- und die Idealausprägung, erst nach der Suche von Alternativen festzulegen, d. h. nachdem man die nötige Marktkenntnis erworben hat.

Für nicht meßbare Kriterien nimmt man die Umsetzung von verbalen Qualitätsaussagen in Wertpunkte direkt auf einer in der oben beschriebenen Weise geeichten Wertskala vor. Die in der Beschreibungsmatrix niedergelegten Verbalcharakterisierungen werden dann entsprechend der gefühlsmäßigen Abwägung ihres Punktwertes in diese Skala eingepaßt.

Tabelle 7.6 Bewertung Sacharbeit

Fachkenntnisse: II, III, I auf Skala 1–10; Potential: mittelfristig, langfristig

Ausdrucksfähigkeit im Deutschen: I, III, II auf Skala 1–5 Wertpunkte 10; Potential bei diesem Aspekt gering

Kommunikationsfähigkeit: I, III, II auf Skala 1–5 Wertpunkte 10; Potential: längerfristig

Kreativität: I, III, II auf Skala 1–5–10; Potential: längerfristig

Zielstrebigkeit: III, II, I auf Skala 1–5 Wertpunkte 10; Potential schwer zu schätzen

Kontaktbereitschaft: I, III, II auf Skala 1–5 Wertpunkte 10; Potential bei diesem Aspekt gering

innere Einstellung zur Arbeit: III, I, II auf Skala 1–5 Wertpunkte 10; Potential: kurz- bis mittelfristig, mittelfristig

Vorbildwirkung auf andere: I, III, II auf Skala 1–5 Wertpunkte 10; Potential: mittel- bis längerfristig

Beispiel »Bewerberauswahl«

Bewertung der Alternativen bezüglich der nicht meßbaren Aspekte für die vakante Sachbearbeiterposition.

Wir bedienen uns hierzu der entsprechenden Zielformulierung Tabelle 7.1, und der Aspektqualitäten aus Tabelle 7.5, die wir nicht noch einmal im vollen Wortlaut eintragen, sondern durch Pfeile mit der jeweiligen Alternativennummer (I, II, III) darstellen (Tabelle 7.6).

Wir wiederholen das Ganze (Tabelle 7.7) mit Blick auf einen später möglichen Einsatz als Führungskraft. Dazu muß auf die entsprechende Zielformulierung, Tabelle 7.2, Bezug genommen

Tabelle 7.7 Bewertung »Führungskraft«

Kriterium	Skala (1 – 5 – Wertpunkte 10), Alternativen I, II, III
Fachkenntnisse	III, II (um 4–5), I (um 7)
Ausdrucksfähigkeit im Deutschen	I (um 2), III, II (um 5–6)
Kommunikationsfähigkeit	I (um 1), III (um 3), II (um 7)
Kreativität	I (um 1), III, II (um 7–8)
Zielstrebigkeit	III (um 3), I, II (um 6–7)
Kontaktbereitschaft	I (um 1), III, II (um 7–8)
innere Einstellung zur Arbeit	I, III (um 3–4), II (um 6)
Vorbildwirkung auf andere	III (um 3), II (um 6)

werden. Da es sich hierbei um eine längerfristige Erwägung handelt, dürfen wir den Bewerbern das zwischenzeitliche Ausschöpfen ihrer Entwicklungspotentiale unterstellen. Dennoch bleiben diese Werte nicht erhalten, da teilweise für Führungskräfte höhere Minimal- und Idealanforderungen gestellt werden, wie ein Vergleich von Tabelle 7.1 mit 7.2 zeigt.

Wir wenden uns nun dem Fall eines meßbaren Kriteriums zu. Hier könnten wir analog dem bei den nicht meßbaren Kriterien Gesagten vorgehen: Eine Skala (linear von 1 bis 10 geteilt) einrichten, Anfangs- und Endpunkt zielangemessen eichen und dann noch einige Zwischenwerte geeignet einpassen. Dann könnten wir die Punktwerte zu den konkreten Qualitätswerten der Alternativen interpolatorisch ablesen.

Dieses Vorgehen fällt uns hier aber mindestens ebenso schwer wie früher im Fall verbal gefaßter Qualitätsaussagen, wenn nicht sogar schwerer. Warum das so ist, läßt sich nur vermuten: Bei den verbalen Qualitätsaussagen ist uns bewußt, daß sie von Anfang an subjektiv sind, dort gehen wir wohl – eingedenk dessen – ein wenig unbekümmerter an die Punktwertzuordnung heran. Hier meinen wir vielleicht unterbewußt, die Objektivität der zahlenmäßigen Qualiätsaussagen dadurch über die Umsetzung hinwegretten zu können, daß wir uns nur recht viel Mühe dabei geben. – Schärfen wir es uns deshalb nochmals ein: Die Objektivität der meßbaren Qualitätsaussagen überdauert nicht den Bewertungsprozeß, wie auch immer wir diesen ausführen.

Immerhin gibt es ein Hilfsmittel, diesen Prozeß doch etwas anschaulicher auszuführen als durch das Einpassen in eine Skala. Ja, der Prozeß gewinnt dadurch sogar deutlich an Diskutierbarkeit, also auch an Transparenz. Dieses Vorgehen bedient sich der sogenannten *Wertkurven*.

Wir stellen die meßbare Qualität auf einer geeignet geteilten Abszissenachse dar und die Wertskala auf der Ordinantenachse. In dieses Koordinatensystem zeichnen wir dann eine Kurve – eben die Wertkurve –, die die Zuordnung von technisch festgestellter Qualität zu zielbezogenem (Gebrauchs-, Nutz-)Wert festlegt.

Um ein Gefühl für den Umgang mit Wertkurven zu entwickeln, wollen wir jetzt einige Fälle näher diskutieren. Wir werden erkennen, daß es mehrere Grundtypen solcher Wertkurven gibt, die für die Mehrzahl der Praxisfälle gelten.

Beispiel 1

Es soll ein Lautsprecher für privaten Gebrauch angeschafft werden. Ein Kriterium (unter anderen) ist die Obergrenze der Klangtreue auf der Frequenzskala, eine technische Qualitätsaussage also. Wir stellen fest, daß Geräte mit den erstaunlichsten Leistungen in dieser Hinsicht zu haben sind, die allerdings auch im Preis erstaunlich sind. Allein diese Feststellung legt uns die Frage nahe: » Ja, *muß* denn das sein?« – im Grunde die Frage nach dem *Wert* der hochgezüchteten technischen Qualität für *unseren* speziellen Zweck – *unser* Ziel. Wir erinnern uns gelernt zu haben, daß unser Hörvermögen je nach Lebensalter bis zu Frequenzen von 16 oder 17 kHz oder auch nur noch bis etwa 12 kHz reicht. Nehmen wir also den höheren Grenzwert 17 kHz. Ein Gerät, das bis zu dieser Grenze klangtreu arbeitet, erfüllt die höchsten sinnvoll zu stellenden Ansprüche. Ein Gerät, das die Klangtreue bis – sagen wir – 30 kHz treibt, bietet uns keinerlei zusätzlichen Hörgenuß oder Wahrnehmungs*wert*. Der Grenze 17 kHz werden wir vernünftigerweise den Ideal-Punktwert 10 zuordnen, den Wert 1 für die schlechteste gerade noch akzeptierte Qualität legen wir – das ist reine Geschmackssache, also subjektiv! – auf 13 kHz. Damit liegen zwei Fixpunkte der Wertkurve fest. Zeichnen wir sie nun in ein Diagramm aus Frequenz- und Punktwert-Achse ein, so lassen sich zahllose Kurven zwischen diese beiden Punkte einfügen.

Wir wollen diese beispielhaft eingetragenen Kurven daraufhin prüfen, ob sie in Anbetracht der Entscheidungssituation sinnvoll sind (Bild 7.1).

Kurve 1:
Kurven dieses Charakters lassen sich nicht begründen. Was sollte der Grund für einen Rückfall des Wertes im Bereich 14,0 bis 15,5 kHz sein, wo doch die Qualität weiter im gewünschten Sinne steigt.

Kurve 2:
Sie zeigt zwar den Fehler der Kurve 1 nicht mehr, aber die Nichtzunahme im Bereich um 14,5 kHz ist hier genau so wenig nachvollziehbar wie der Rückgang dort.

Kurve 3:
Der lineare Verlauf vermeidet beide Ungereimtheiten. Allerdings, abrupte Knicke in Kurven mit naturwissenschaftlichem Hintergrund legen immer Zweifel nahe: Wie sollte also hier der Knick bei 17 kHz begründet werden, wo der linear steigende Kurventeil in den bis 30 kHz (oder auch noch weiter) reichenden, horizontalen Kurventeil einmündet?

Kurve 4:
Diese verstärkt den Mangel von Kurve 3.

Kurve 5:
Hier endlich sind alle Mängel der Kurven 1 bis 4 vermieden. Sie steigt monoton, ohne Wendepunkte und geht glatt in den horizontalen Teil über, ganz so, wie man es erwartet, wenn man bedenkt, daß ja der Fixpunkt bei 17 kHz durch nichts so punktscharf ausgezeichnet ist. Das Ende unseres Hörvermögens – selbst, wenn es genau an dieser Stelle erreicht wäre – kommt ja ebenfalls nicht abrupt; es nimmt schon im Bereich unterhalb 17 kHz nach und nach ab. Also: Mit

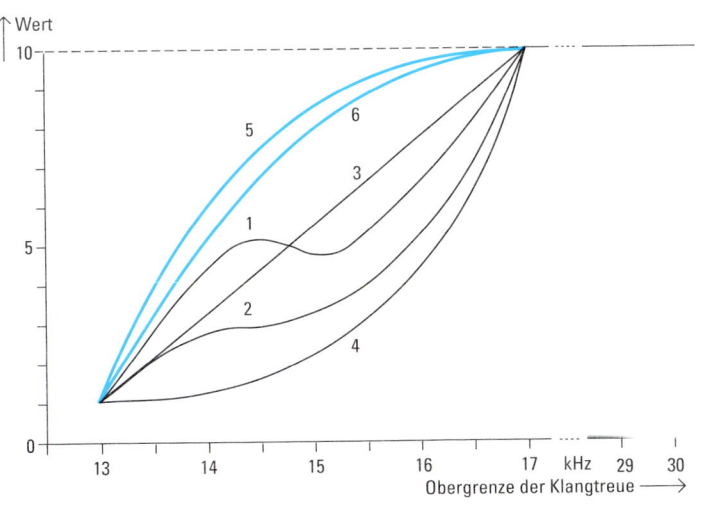

Bild 7.1
Wertkurve mit Sättigung

141

Kurve 5 kann man vom Grundcharakter her schon einverstanden sein.

Kurve 6:
Sie wäre zu kommentieren wie Kurve 5. Sie gefällt möglicherweise manchem Entscheider besser, weil sie ihm problemadäquater erscheint. Sie ist nicht so extrem wie die Nr. 5.

Zusammenfassend läßt sich sagen:
Kurven 1–4 sind aus sachlichen Gründen abzulehnen. Die Wahl der Kurven 5 oder 6 oder aller Zwischenstufen ist wieder einmal reine Geschmacksache. Es sei hier aber wiederholt, was gegen Ende des Abschnitts 7.2 schon einmal gesagt wurde:

> Allein die detaillierte Dokumentation unserer Überlegungen trägt zur Absicherung unserer Entscheidungsarbeit bei. Sie bedingt, daß wir weit intensiver über die Einzelheiten der Situation nachdenken müssen, als wir es ohne sie täten. Sie gibt uns letztlich emotional größere Sicherheit bei unserem Tun.

Wertkurven des Typs 5 oder 6 werden üblicherweise »Sättigungskurven« genannt. Sie entstehen immer dann, wenn eine Größe – wie hier der Wert – nicht beliebig zunehmen kann, die zugehörige Skala also nicht »nach oben hin offen ist«, und wenn der Wert bei weiterer Steigung der Qualität nicht wieder abnimmt.

Beispiel 2

Wir suchen eine Wohnung. Als eins der Kriterien schiebt sich nach den ersten Marktstudien sofort die Höhe des Mietpreises in den Mittelpunkt der Betrachtung. Ihr sollten wir besondere Aufmerksamkeit widmen.

Wie hat die Wertkurve auszusehen? Mit einer Sättigungskurve wie im Beispiel 1 kommen wir dieses Mal nicht zurecht. Dort galt innerhalb bestimmter Grenzen (zwischen 13 und 17 kHz) das Prinzip »je höher die Qualität ›Obergrenze der Klangtreue‹ desto besser für die Wertschätzung«. Hier gilt genau das Gegenteil: Je höher die Maßzahl für den Aspekt »Wohnkosten« desto schlechter für die Wertschätzung; denn unsere monatliche Restliquidität zur Deckung aller übrigen Lebenshaltungskosten nimmt rapide ab, je höher die Wohnkosten steigen.

Stellen wir uns vor, wir bekämen eine Wohnung passender Größe (100–110 qm) in einem Ballungszentrum für DM 950,– Warmmiete (Die angegebenen Preise sind nicht unbedingt typisch!) angeboten. Dann würden wir dieser Wohnung (einmal abgesehen von anderen eventuell vorhandenen Mängeln) hinsichtlich des Kriteriums »Wohnkosten« sofort den Idealwert 10 zubilligen. Der äußerste Mietpreis, den wir noch akzeptieren könnten, läge bei DM 1.800,–. Dies wäre die absolute »Schmerzgrenze«.

Damit liegen wieder zwei Fixpunkte für unsere Wertkurve im Diagramm »Wert der Wohnkosten gegen Höhe der Wohnkosten« fest. Wie hat also – im großen Ganzen – die Wertkurve zu verlaufen? Überlegen wir! (Bild 7.2)

Ausgehend von der Ideal-Warmmiete von DM 950,– (eine geringere Miete ist gemessen an den Marktverhältnissen unrealistisch) würde uns ein um DM 100,– teureres Angebot noch nicht wesentlich ins Grübeln bringen; denn bis zur »Schmerzgrenze« von DM 1.800,– blieben uns noch DM 750,– zusätzlicher Liquidität monatlich. Das heißt doch nichts anderes als : Die DM 100,– verschmerzen wir noch vergleichsweise leicht (»es hätte ja weit schlimmer kommen können«), also ein nur geringfügiger Wertverlust ΔW für diese ersten zusätzlichen DM 100,–. Jede zusätzlichen DM 100,– würden unsere monatliche Restliquidität im gleichen Umfang verringern. Ge-

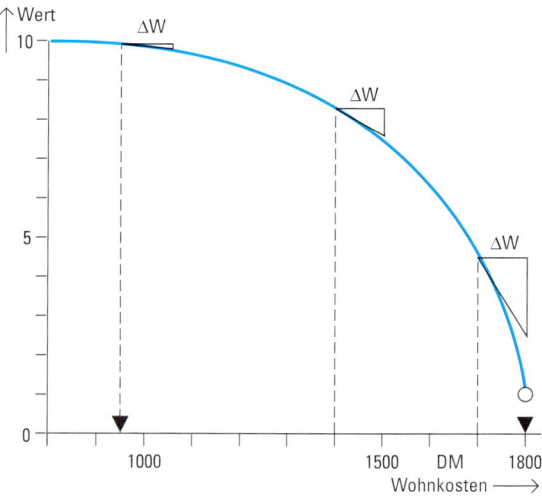

Bild 7.2 Wertkurve für Beispiel Wohnkosten

fühlsmäßig würden wir das mit immer *stärker zunehmender* Besorgnis beanworten. In der Sprache der Wertkurve ausgedrückt, die ja ein Spiegelbild dieser gefühlsmäßigen Einschätzungen ist, kann das nur heißen, daß sie über jede zusätzlichen DM 100,– schneller fällt, bis sie an der »Schmerzgrenze« DM 1.800,– ihren steilsten Verlauf hat.

Beispiel 3

Wir wollen noch einen dritten wichtigen Wertkurventyp kennenlernen und betrachten dazu abermals die Situation einer Wohnungswahl, und zwar dieses Mal die Qualität »Wohnfläche«.

Unabhängig davon, ob wir überhaupt die Miete bezahlen könnten (hierüber »wacht« das Grenzkriterium »Mietpreis«) fänden wir eine Wohnfläche von 110–120 qm (5 Zimmer) ideal für unsere 4-köpfige Familie. Eine Wohnung von 80 qm wäre das absolute Minimum und nur eine Notlösung, um in dem Ballungsgebiet erst einmal Fuß zu fassen. Andererseits wären 160 qm das Äußerste, was noch bewirtschaftet (aufgeräumt, gereinigt ...) werden könnte.

Die Situation ist also gekennzeichnet durch das Gegeneinanderwirken zweier Unterkriterien des Kriteriums »Wohnfläche«. Dem ersten, dem Wunsch nach viel Platz in der Wohnung, steht das zweite entgegen, nämlich die Furcht vor zu viel damit verbundener Arbeit. Wir suchen also nicht eine Qualität zu *maximieren* sondern zu *optimie-*

ren, d.h. wir suchen das Optimum zwischen zwei (aus unterschiedlichen Gründen) unerwünschten Extremen, hier die 80 qm auf der einen, die 160 qm auf der anderen Seite.

In Bild 7.3 wurden hier drei Kurven zueinander in Konkurrenz gestellt, um deutlich zu machen, in welchem Ausmaß sich in diesem Fall die Subjektivität auswirken kann. Bezogen auf die Mittelkurve liegen die Punktwertabweichungen in der Größenordnung ± 1, also im Rahmen einer ganz allgemeinen Schätzfehlerspanne. Es sei übrigens noch darauf hingewiesen, daß die Wohnflächen-Wertkurve im Fall eines kinderlosen Ehepaars zwar ein ähnliches Aussehen hätte, aber vermutlich wegen des geringeren Platzbedarfs ein Stück nach links verschoben wäre. – Die Kriterien sind eben ziel- und situationsabhängig definiert, auch was die Festlegung der Ideal- und der Minimalausprägung der Zielaspekte betrifft (s. Beginn Abschnitt 7.3.2). Dies hätten wir uns auch beim Beispiel »Mietpreis« überlegen können, wo die »Schmerzgrenze« für einen ausgesprochenen Großverdiener deutlich höher liegen dürfte. Auch im Beispiel 1 läßt sich ein solcher ziel- und zweckbestimmter Einfluß aufzeigen, wenn wir etwa an eine wissenschaftliche Verwendung des Lautsprechers denken, statt an die dort zugrunde gelegte privat motivierte Anschaffung.

Beispiel »Bewerberauswahl«

Auch hier wollen wir das Gelernte an unserem anwendungsnahen Beispiel nachvollziehen. Zwei Kriterien sind meßbar, die Aussage über den frühestmöglichen Dienstantritt und der ausdiskutierte (!) Gehaltswunsch.

Wir entwickeln zuerst die Wertkurve für den Eintrittstermin auf der Basis der Festlegungen in Tabelle 7.1. Es handelt sich um den Kurventyp wie im obigen Beispiel 2 für die Mietkosten. Auch hier gilt: Je länger die Zeit bis zum möglichen Dienstantritt, desto weniger entspricht dies den Wünschen, desto weniger Wertpunkte verdient die Alternative (Bild 7.4).

Zwar wissen wir, daß nur wenige Punkte dieser Kurve eine reale Bedeutung haben (wegen der Gewohnheit, Kündigungen an Quartalstermine zu binden). Um jedoch den prizipiellen Verlauf deutlich vor Augen zu haben, schadet es gar nichts, die ganze Kurve zu zeichnen statt nur eine Punktfolge.

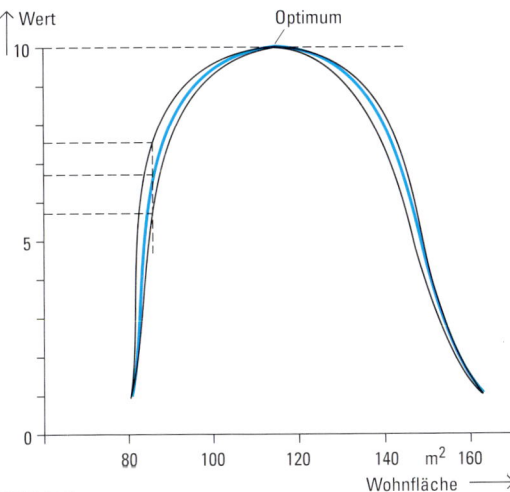

Bild 7.3
Wertkurve mit Optimum für Beispiel Wohnfläche

In der diesem Beispiel unterlegten Situation könnte sogar der Gedanke aufkommen, die Kurve »durchhängend« zu fixieren. Dies könnte in dem Falle damit begründet werden, daß der neue Mitarbeiter gerade in den nächsten 4–6 Wochen noch von besonderem »Wert« wäre, weil in 3 Monaten ein sehr arbeitsintensives Projekt abgeschlossen sein muß. In solcher Situation wäre der Wertverlust über die ersten 6 Wochen besonders groß, danach nicht mehr so sehr. Eine solche Überlegung hätte aber nur einen Sinn, wenn ein Bewerber vorhanden wäre, der sowohl sofort in das Un-

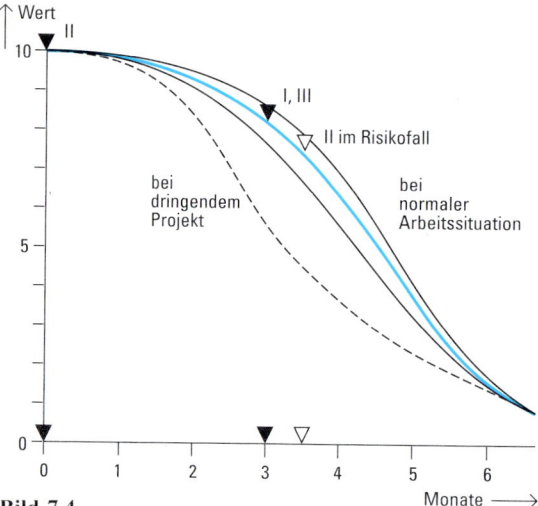

Bild 7.4
Wertkurve für den Eintrittstermin
im Beispiel »Bewerberauswahl«

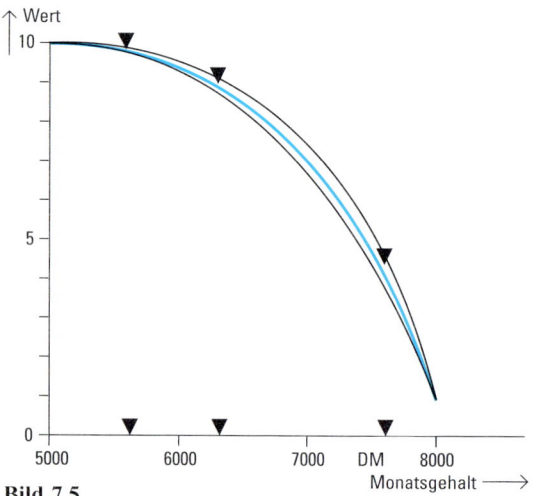

Bild 7.5
Wertkurve für Gehaltswunsch
im Beispiel »Bewerberauswahl«

ternehmen *eintreten* könnte und *auch sofort voll einsetzbar* wäre. Ein anderer – mit normaler Einarbeitungszeit – würde mehr Arbeitskraft Dritter binden als eigene einbringen. In einem solchen Fall wird man für die Bewältigung der dringenden Terminarbeiten besser eine schnell einsetzbare Leasingkraft heranziehen und die Neueinstellung, die ja unter langfristigen Aspekten zu betrachten ist, *unabhängig* von dem Terminproblem mit der gebotenen Sorgfalt betreiben.

Man kann immer wieder beobachten, wie Entscheider versuchen, mehrere kleinere – nur rein *zufällig* aufeinandertreffende, aber eigentlich voneinander *unabhängige* – Einzelprobleme durch die Suche nach einer *übergreifenden* (*»großen«*) Lösung aus der Welt zu schaffen, anstatt diese Unabhängigkeit für mehrere »kleine« Lösungen zu nutzen. Die Ursache dafür kann sein, daß der Entscheider die Unabhängigkeit der Probleme voneinander nicht bemerkt hat; dann hat er die Situation zu oberflächlich analysiert. Vielleicht gehört er aber auch zu jenen Menschen, die sich gern mit »großen Würfen« profilieren möchten, aber gar nicht ahnen, wie sehr sie sich damit den Erfolg erschweren, wenn nicht sogar unmöglich machen; denn jede Lösung, die sozusagen »alles können muß« ist weit teurer und weit schwerer zu finden – wenn überhaupt! – als mehrere Teillösungen, die jeweils nur einen Teil der Anforderungen zu erfüllen haben.

Wir konnten an diesem Beispiel wieder einmal sehr deutlich sehen, wie stark ein Wechsel der Situation die Wertschätzung von Alternativen verändern kann.

Als zweiter Punkt blieb noch der Gehaltswunsch zu bewerten. Der Kurventyp ist wieder derjenige von Beispiel 2 (Bild 7.5).

In beiden Fällen, bei der Wertkurve für den Eintrittstermin wie auch bei der für das Gehalt, ist der Verlauf selbstverständlich wieder in gewissem Umfang willkürlich. Er hätte mit etwa 1 bis 1,5 Punkten nach oben wie auch nach unten (siehe schwarze Kurven) abweichen können, und wer es so oder anders im Einklang mit seinem Empfinden sieht, der soll es auch so gelten lassen. Wichtig ist vor allem, daß er seine subjektiven Eindrücke in der hier gezeigten Weise fixiert. Nur dann läßt sich sachlich darüber reden und nur dann auch läßt sich die Bewertung gezielt korrigieren, falls sich am nächsten Tag Zweifel an der Weisheit des vorigen Tages regen.

Mit diesen Ausführungen sind alle wichtigen Details der Alternativenbewertung erörtert und wir können uns endlich dem letzten Prozeßschritt zuwenden – dem rechnerischen Nutzenvergleich der Alternativen.

7.3.7 Rechnerischer Nutzenvergleich der Alternativen

Wir wissen bereits, daß die Bewertungspunkte Maßzahlen für die Zielerreichungspotentiale der Alternativen in Bezug auf die einzelnen Kriterien sind. Im Abschnitt 7.3.2 hatten wir auch schon die Notwendigkeit der Kriterienwichtung und in 7.3.3 die Vorgehensweise dazu kennengelernt.

Damit sind wir nun in der Lage, die Einzelnutzwerte der Alternativen kriterienbezogen zu bilden. Dies geschieht gemäß Abschnitt 7.3.5 durch Multiplikation des Punktwerts der jeweiligen Alternative (bezüglich eines bestimmten Kriteriums) mit dem Wichtungsfaktor dieses Kriteriums. Durch anschließende Addition über alle Kriterien erhalten wir den Gesamtnutzwert dieser Alternative.

Indem wir die Gesamtnutzwerte für alle Alternativen bilden, erhalten wir eine Zahlenreihe, die die Alternativen in eine absolut geeichte Rangfolge stellt, die also nicht nur aussagt, welche der Alternativen die Plätze 1, 2, 3 usw. einnehmen, sondern wie sich ihre Nutzwerte zahlenmäßig zueinander verhalten.

Vielfach wird dieser Schritt als der eigentliche Witz der Entscheidungsmatrix-Methode interpretiert. In Wirklichkeit ist er nur ein sehr formaler Ausklang des Prozesses, dessen wichtigste Teile wir – auf der Zielsetzung aufsetzend – mit der Beschreibung und der Bewertung in den vorausgegangenen Abschnitten kennengelernt und am Beispiel nachvollzogen haben.

Eine für Vergleichszwecke interessante Größe ist der Nutzwert der sogenannten Idealalternative. Diese ist eine *theoretische* Alternative, die bezüglich sämtlicher Kriterien die Bewertung 10 hat. Ihr Gesamtnutzwert ist deshalb die 10fache Summe der Wichtungsfaktoren, also der Idealnutzwert. Bezieht man die Nutzwerte der realen Alternativen auf den Idealnutzwert, der ja der 100%igen Zielerreichung entspricht, so ergeben sich daraus die prozentualen Zielerreichungsgrade der Realalternative. Eingedenk der Tatsache, daß in alle Zahlen – Wichtungsfaktoren und Wertpunkte – ein gewisses Maß an Willkür eingeflossen ist, werden wir uns hüten müssen, das rechnerische Ergebnis in seinem Aussagewert *über*zubewerten. So gesehen ist mit dem rechnerischen Ergebnis auch noch nicht die Entscheidung an sich gefallen – es sollte eher als eine Art Vorentscheidung betrachtet werden, die durch ein paar zusätzliche Betrachtungen bestätigt werden muß. Das sind insbesondere die *Risikoanalyse* und die *Parametervariation*. Beide sollen in den nächsten zwei Abschnitten besprochen werden.

Für den Augenblick möge der Hinweis genügen, daß zwei Alternativen, deren Nutzwerte sich um bis zu 5% unterscheiden, im großen Ganzen als gleichwertig anzusehen sind, unbeschadet eines anderweitigen Ergebnisses der Parametervariation. Nutzwertunterschiede von 10% und mehr deuten in demselben Sinn auf substantielle Wertunterschiede der Alternativen hin.

Beispiel »Bewerberauswahl«

Wir haben nun alle Wichtungsfaktoren und Punktwerte zur Verfügung, um endlich den letzten Schritt hin auf die rechnerische Ermittlung der Gesamtnutzwerte der Alternativen tun zu können.

Wir führen die getrennte Betrachtung für die momentan zu besetzende Sachbearbeiterposition und für die eventuell längerfristig zu übernehmende Führungsposition auch auf dieser Stufe fort. Dabei bilden wir für die »Sachbearbeiter«-nutzwerte eine Zwischensumme ohne die »vertraglichen Aspekte«. Wir wollen ja diese Werte mit jenen vergleichen können, die sich für die Führungskraft ergeben.

In der Tabelle 7.8 zeigt sich nun ein deutliches Übergewicht der Alternative II gegenüber III und I. Mit 74% des Idealnutzwertes ist dieser Bewerber den beiden anderen um 16 (bzw. 17) % Nutzwert voraus, bezogen auf den »zweitbesten« ist er sogar um 27% besser.

Dies gilt für die augenblickliche Einschätzung. Wir wollen bei allen Bewerbern den mittel- bzw. längerfristig (etwa durch Praxiserfahrung oder auch durch gezielte Weiterbildung) zu erwartenden Zuwachs einzelner Nutzwerte berücksichtigen. Mit den in den Wertskalen von Abschnitt 8.3.6 bereits enthaltenen Wertzuwachsvermutungen lassen sich durch Multiplikation mit den zugehörigen Wichtungsfaktoren die Nutzwertzu-

145

Tabelle 7.8 Beispiel »Bewerberauswahl« Bildung der Nutzwerte

| Zielkriterien | Für Sachbearbeiterposition nach jetziger Einschätzung | | | | | | | Für Führungsposition nach längerfristiger Einschätzung | | | | | | |
| | | Alternative I | | Alternative II | | Alternative III | | | Alternative I | | Alternative II | | Alternative III | |
	Wichtg.	Wert	Nutzw.	Wert	Nutzw.	Wert	Nutzw.	Wichtg.	Wert	Nutzw.	Wert	Nutzw.	Wert	Nutzw.
Fachkenntnisse	10	10	100	4	40	8	80	6	8	48	6	36	5	30
Ausdrucksfähigkeit	5	4	20	8	40	6	30	8	3	24	7	56	6	48
Kommunikationsfähigkeit	4	3	12	7	28	4	16	10	1	10	8	80	4	40
Kreativität	6	2	12	8	48	5	30	7	1	7	8	56	7	49
Zielstrebigkeit	8	8	64	7	56	4	32	10	6	60	7	70	2	20
Kontaktbereitschaft	4	3	12	8	32	6	24	10	1	10	8	80	7	70
Innere Einstellung zur Arbeit	8	5	40	7	56	3	24	8	4	32	7	56	5	40
Vorbildwirkung	3	1	3	7	21	4	12	10	0	–	7	70	3	30
(Zwischen-)Summe	48	–	263	–	321	–	248	69	–	191	–	504	–	327
Eintrittstermin	7	7	49	10	70	7	49							
Gehaltswunsch	6	6	36	10	60	9	54							
Gesamtnutzwert	61	–	348		451		351							
prozentualer Idealnutzwert	610 = 100%	–	57%	–	74%	–	58%							

wächse ermitteln. Mit ihnen ergeben sich die Nutzwerte der Tabelle 7.9.

Diese Betrachtung zeigt, daß auf längere Sicht das schon gegenwärtig vorhandene Übergewicht des Bewerbers II noch zunehmen wird. Sein Nutzwert bezogen auf den des langfristig zweitbesten Bewerbers III ergibt einen relativen Vorteil von 31% .

Tabelle 7.9
Mittel- und längerfristige Nutzwertentwicklung der Bewerber I, II und III

	Nutzwerte zur Zeit		mittelfristig		längerfristig	
Bewerber I	348	57%	348	57%	348	57%
Bewerber II	451	74%	492	81%	529	87%
Bewerber III	351	58%	385	63%	411	67%

Dieses Ergebnis für sich genommen liegt weit oberhalb der oben genannten Grenze von 10% relativem Nutzwertunterschied, von dem ab die Alternative mit dem höheren Nutzwert als substantiell besser gelten darf. Das ist eine sehr deutliche Aussage zugunsten des Bewerbers II.

Dieser Eindruck wird unterstützt durch das Ergebnis für die Führungsposition. Hier stellen wir zunächst einmal fest, daß Bewerber I dafür nicht in Betracht kommt. Er erfüllt – zumindest aus derzeitiger Sicht – nicht die Mindestanforderung bezüglich der Vorbildwirkung.

Bewerber II läßt hier einen auf die Zwischensumme des Idealnutzwertes von 10x69 = 690 Punkten bezogenen Nutzwert von 504, entsprechend 73%, erwarten, Bewerber III mit 327 nur 47%.

Selbst wenn der bessere Bewerber ungewollt zu gut, der zweite zu schlecht beurteilt sein sollte, der hier zu Tage tretende »Substanzunterschied« ist mit derlei Argumenten nicht wegzudiskutieren.

7.3.8 Risikoanalyse

In vielen Entscheidungssituationen müssen wir uns für eine der Alternativen entscheiden, *noch bevor wir wissen*, in welchem von mehreren denkbaren Zuständen sie sich uns nach der Wahl präsentiert oder welche weitere Entwicklung sie nehmen wird.

Beispiele

– Ziehen eines Loses in der Lotterie,
– Kauf einer völlig neu konzipierten Maschine (für die es keine Referenzen gibt),
– Kauf von Bauerwartungsland, bei dem offen ist, ob es innerhalb vernünftiger Frist zu Bauland erklärt und als solches verfügbar wird.

Wir sprechen dann von einem *Risiko*, das wir mit der Entscheidung für die betreffende Alternative eingehen. Manchmal erscheint uns das Risiko so groß, daß wir diese Alternative trotz aller übrigen bestechenden Vorzüge nicht akzeptieren.

Damit ist klar, daß der Aspekt »Risiko« in demselben Sinn wie alle übrigen Kriterien im Entscheidungsprozeß berücksichtigt werden muß. Wir vermeiden damit, daß sich subjektive Einflüsse *un*ausgesprochen und damit *un*kontrolliert auf die Entscheidung auswirken.

Viele Risiken lassen sich durch ihr Kostenäquivalent darstellen, andere tragen zusätzlich oder ausschließlich ideelle Züge.

Beispiel

Der Ausfall eines bestimmten Systems führt zu Abschaltung und längerem Stillstand eines Kraftwerks. Die Nichtverfügbarkeit der Anlage ist die eine, die kommerzielle Seite des Risikos; die andere ist die negative Auswirkung des Stillstands auf die Verfügbarkeitsstatistik und damit auf mögliche Kaufentscheidungen potentieller Kunden, die dieses Kraftwerk als Referenzanlage betrachten. Der eingangs erwähnte Ausfall des Systems kann also auch *ideelle* Konsequenzen haben und als Folge davon wiederum solche kommerzieller Natur.

In jedem Fall knüpfen wir an die Ermittlung der Gesamtnutzwerte an.

Die Fragen, die wir bei einer Risikoanalyse an jede Alternative getrennt zu stellen haben, sind,

– welche negativen Konsequenzen bei *ihrer* Wahl denkbar sind,
– mit welcher Wahrscheinlichkeit diese eintreten können,
– ob überhaupt eine Gegenmaßnahme – außer dem Verzicht auf die Alternative – denkbar ist und
– welche Mittel wir gegebenenfalls aufwenden müssen, um diese Konsequenzen entweder von vornherein auszuschließen oder nachträglich zu beheben bzw. erträglich zu machen.

Handelt es sich um Konsequenzen, die mit großer Wahrscheinlichkeit eintreten werden, so wird man den Risikofall gar nicht erst abwarten, sondern gleich auch die Gegenmaßnahme mit einplanen und durchführen. Die anfallenden Kosten belasten dementsprechend das Budget und müssen bei der betreffenden Alternative den bereits berücksichtigten Kosten zugeschlagen werden. Selbstverständlich ist darauf zu achten, daß beide Kostenanteile *zusammen nicht* die eventuell vorgegebene Kostenobergrenze *überschreiten*.

Der risikobedingte zusätzliche DM-Betrag ist anhand der Bewertungsskala in Kostenbewertungspunkte umzusetzen. Multiplikation dieser Punktzahl mit dem Wichtungsfaktor für Kosten liefert uns die risikobedingte Nutzwertminderung der fraglichen Alternative.

Ist die Wahrscheinlichkeit dagegen gering, wird man sich dafür entscheiden, abzuwarten, ob der Risikofall überhaupt eintritt, und erst dann Maßnahmen ergreifen. (Unabhängig von diesem Abwarten sollte aber ein Notfallplan in jedem Fall bereitliegen, der vorher, also rechtzeitig und mit der erforderlichen Sorgfalt, entwickelt werden konnte).

In diesem Fall darf man aber nicht die *vollen* Zusatzkosten in die Entscheidungsmatrix einbringen, sondern nur deren Erwartungswert; dieser ergibt sich als Produkt aus tatsächlichen Zusatzkosten und der Wahrscheinlichkeit des Eintretens. Der Kostenerwartungswert stellt im wesentlichen auch die Basis für die versicherungstechnische Prämienberechnung dar. Das Einbeziehen des Kostenerwartungswerts in die Entscheidungsmatrix läßt sich dementsprechend auch als kostenmäßige Berücksichtigung einer für den Risikofall abgeschlossenen Versicherung deuten.

Außer denjenigen Risiken, die Auswirkungen auf die Kosten haben, gibt es noch solche mit *ideellen* Konsequenzen. Diese ideellen Risiken bewirken z. B. gemindertes Image, entgangene Entfaltungs-/Betätigungsmöglichkeiten, verlorenes Vertrauen, geminderten Leumund, schlechtes zwischenmenschliches Klima, sonstige »atmosphärische« Mängel, Verlust von Gesundheit oder Leben. Auch wenn sich ihnen im Einzelfall kein Kostenäquivalent zuordnen läßt, werden sie oft schwerer wiegend empfunden als mögliche Zusatzkosten.

Solche *ideellen* Risiken müssen wie alle übrigen Kriterien gewichtet und entsprechend ihren unterschiedlichen Ausprägungen bei den Alternativen bewertet werden. Aus beiden Zahlen – Wichtungsfaktor und Bewertung – wird durch Multiplikation der Risikowert gebildet, der um so größer ist, je stärker die Beeinträchtigung einer Alternative empfunden wird. Aus dem Risikowert kann dann durch Multiplikation mit der errechneten oder geschätzten Wahrscheinlichkeit der Risiko*erwartungs*wert gebildet werden. Ihn kann man schließlich vom Nutzwert der jeweiligen Alternative subtrahieren. Die solchermaßen risikobereinigten Nutzwerte der Alternativen *können* eine völlig veränderte Rangfolge bilden.

Beispiel »Bewerberauswahl«

Ein merkliches Risiko war nur bei Bewerber II auszumachen, und zwar betrifft es seine kurzfristige Verfügbarkeit. Er macht erst in der nächsten Woche seine Abschlußprüfung. Zwar kann ihm auch dabei ein »Patzer« passieren, aber damit ist eigentlich nicht zu rechnen. Nach unserem Eindruck von diesem Herrn ist das einigermaßen unwahrscheinlich. Was aber Sorgen bereitet, ist sein Gesundheitszustand. Er hat sich offenbar mit Fieber zur Vorstellung geschleppt und hat allein deswegen, aber auch insgesamt einen guten Eindruck gemacht. Keineswegs auszuschließen ist aber, daß er nun eine Erkrankung »ausbrütet« und ihretwegen den Prüfungstermin verpaßt. Das würde seinen Dienstantritt bis nach dem nächsten Prüfungstermin, also um etwa $3^1/_2$ Monate, verzögern.

Wir wollen diese Situation mit Hilfe einer Risikobetrachtung durchspielen. Die Wahrscheinlichkeit

einer ernsthaften Erkrankung setzen wir mit 70% an. Eine Verzögerung um $3^1/_2$ Monate statt sofortiger Verfügbarkeit bedeutet gemäß Bild 8.4 eine Wertminderung dieser Alternative um 3 auf 7 Punkte. Bei dem Wichtungsfaktor 7 für das Kriterium »Dienstantritt« ergibt sich daraus ein Nutzwertverlust von 3x7 = 21 Punkten. Deren Erwartungswert beträgt 0,7x21 ≈ 15 Nutzwerteinheiten. Der Gesamtnutzwert für Bewerber II stellt sich damit also auf 436 Einheiten, ein nur unbedeutend schlechterer Wert als zunächst ermittelt.

Die deutliche rechnerische Favorisierung dieses Bewerbers wird dadurch nicht in Frage gestellt. – Selbst eine Verzögerung um volle 6 Monate wäre wegen der vielen anderen Qualitäten des Bewerbers II, insbesondere seines als hochwertig eingeschätzten Entwicklungspotentials, ohne weiteres in Kauf zu nehmen.

Was an diesem Beispiel besonders deutlich wird, ist das Mißverhältnis zwischen der emotionalen Einschätzung des Wertverlustes der Alternative durch das Risiko und dem obigen rechnerischen Ergebnis. Die empfindungsmäßige Einschätzung der Risikofolgen ist die bei weitem höher. Diese Feststellung ist das Abbild unserer generellen Risikoscheu, in der wir befangen bleiben, weil sie sich selbst nicht überwinden kann.

Indem wir uns nur selten intensiv, sachbezogen damit beschäftigen, erwerben wir nicht die erforderliche Souveränität und Gelassenheit im Umgang mit Risiken. Wir handhaben viel zu oft *auch geringfügige* Risiken als »Todesurteile« über die Alternativen.

7.3.9 Parameteranalyse der rechnerischen Entscheidung

Die subjektiv bedingte Unsicherheit beim Festlegen von Bewertungszahlen, Wichtungsfaktoren und Wahrscheinlichkeiten äußert sich oft in der Befürchtung, daß die schließlich gewählten Zahlen vielleicht doch in gewissem Umfang zu hoch oder zu niedrig angesetzt sind.

Die Parameteranalyse untersucht, wieweit solche für möglich gehaltenen Fehleinschätzungen das zunächst gefundene rechnerische Ergebnis beeinflussen. Dazu wird die Rechnung wiederholt, und zwar mit Zahlenwerten, die bewußt in einem vernünftigen Umfang (nämlich der für möglich gehaltenen Schätzfehlerspanne) geändert wurden. Daraus ergeben sich neue Nutzwerte für die Alternativen.

Wenn diese Nutzwerte die ursprüngliche Rangfolge der Alternativen bestätigen, wird das die Bereitschaft stärken, endgültig im Sinne dieser Rangfolge zu entscheiden.

Wird dagegen die Rangfolge verändert, so gibt die Parameteranalyse unmittelbar die Möglichkeit, nach den Hauptursachen zu suchen. Meist finden sich ein paar Parameter, deren Abänderung den wesentlichen Beitrag zur Umstellung der Rangfolge liefert. Man kann sich dann nochmals gezielt mit diesen Parametern und ihrer zahlenmäßigen Einschätzung beschäftigen.

Im übrigen sollte man (wie schon früher erwähnt) immer den *relativen* Unterschied der *Nutzwerte* der favorisierten Alternativen im Vordergrund sehen, *nicht* einfach die reine *Rangfolge*. Unterscheiden sich beispielsweise zwei Alternativen in ihrem Nutzwert um wenige Prozent, so wird man sie im allgemeinen als gleichwertig betrachten. Je größer der relative Unterschied ist, desto ernster muß er genommen werden – desto weniger müssen wir befürchten, daß er überwiegend durch falsche Einschätzung einzelner Parameter bedingt sein könnte.

Beispiel »Bewerberauswahl«

Hier ist der Nutzwertvorteil des Bewerbers II so erheblich, daß eine Parametervariation die Rangfolge kaum innerhalb vernünftiger Grenzen umkippen lassen kann. Es genügt der Einfachheit halber, sämtliche für den Favoriten festgelegten Punktwerte um je einen Punkt zu senken. Der Nutzwertverlust der dadurch eintritt, ist gerade gleich der Summe der Wichtungsfaktoren, also 61 Nutzwertpunkte, was 10% des Idealnutzwerts entspricht. Auch durch diese recht erhebliche Schätzfehlervermutung bleibt die Rangfolge immer noch deutlich erhalten – sowohl gegenwärtig wie auch – und um so mehr – unter längerfristigem Aspekt. Hier wurde zudem unterstellt, daß alle Einschätzungsfehler im gleichen Sinne begangen sein mögen. Bei einer um »Objektivität bemühten« Betrachtung ist dies der recht unwahrscheinliche Fall, weil sich in der Regel die Schätzfehler zum Teil gegenseitig aufheben.

Dennoch kommt es zuweilen vor, daß sich eine persönliche Vorliebe des Entscheidungsvorbereiters für eine der Alternativen in einer über alle Kriterien verteilten Überbewertung – etwa um je einen Punkt – niederschlägt. Eine solche durchgehende und damit ziemlich unauffällige Überbewertung läßt sich hinsichtlich ihres Einflusses in der oben beschriebenen Weise beurteilen.

Im Beispiel »Berwerberauswahl« werden wir uns nach allen Überlegungen ohne Zaudern für den Bewerber II entscheiden. »Wir wollen ihm für seine Diplomprüfung die Daumen drücken!«

7.4 Entscheidungsbaum-Methode

Bei manchen Entscheidungssituationen sind die Alternativen durch unsere Entscheidung noch nicht eindeutig bestimmt. Wir erfahren erst nach unserer Entscheidung, in welchem speziellen Zustand sich die gewählte Alternative präsentiert, bzw. welche spezielle Entwicklung sie nimmt. Die möglichen Zustände bzw. Entwicklungsrichtungen sind uns zwar vor der Entscheidung bekannt, aber wir können sie nicht *wählen*, wir müssen sie *hinnehmen* (Schicksal!).

Meistens ist es möglich anzugeben bzw. zu schätzen, mit welcher Wahrscheinlichkeit jede der denkbaren Ausprägungen der Alternativen auftreten kann. In solchen Fällen läßt sich durch die Entscheidungsbaum-Methode diejenige Alternative bestimmen, die hinsichtlich der abzuwartenden »Überraschung« (z. B. kostenmäßig) das geringste Risiko enthält.

Die Situation ist – wie auch der rechnerische Gedankengang – analog derjenigen bei der Risikobetrachtung der Entscheidungsmatrix-Methode.

Beispiel [1]

Ein Unternehmen produziert in Stuttgart Spezialmaschinen. Die Maschine einer Lieferung für einen Auftrag aus Hamburg besteht aus drei Baugruppen, die erst beim Kunden zusammengefügt werden. Durch unvorhergesehene Produktionsstörungen ist die Maschine so spät fertiggestellt worden, daß bis zum vertraglich festgelegten Termin der Übergabe an den Kunden gerade noch die Transport- und Montagezeit zur Verfügung steht.

Beim Verladen an der Rampe ist nun die Kiste mit der dritten Baugruppe heruntergefallen. Die Wahrscheinlichkeit eines inneren Defekts dieser Baugruppe wird auf etwa 40% (0,4) geschätzt. Die Wahrscheinlichkeit, daß das Maschinenteil intakt geblieben ist, ergibt sich demnach zu 60% (0,6).

---

[1] »Management für alle Führungskräfte in Wirtschaft und Verwaltung«

Alternativen	Zustand bzw. Entwicklung	Konsequenzen	Tatsächliche Zusatzkosten in DM	Wahrscheinlichkeit eines Schadens	Erwartungswert der Zusatzkosten in DM
1	unbeschädigt	keine		0,6	--,-
	beschädigt	Konventionalstrafe 1 Luftfracht für Ersatzteile 2 Nachtschichten für Reparatur und Montage	10 000,- 3 000,- 2 000,-	0,4	6 000,- _____ 6 000,-
2	unbeschädigt	1 LKW-Fracht für Baugruppe 3 1 Nachtschicht für Montage	2 000,- 1 000,-	0,6	1 800,-
	beschädigt	1 Luftfracht für Baugruppe 3 2 Nachtschichten für Reparatur und Montage	3 000,- 2 000,-	0,4	2 000,- _____ 3 800,-
3	unbeschädigt	1 Nachtschicht für Montage	1 000,-	0,6	600,-
	beschädigt	1 Luftfracht für 3 Baugruppen 2 Nachtschichten für Reparatur und Montage	7 000,- 2 000,-	0,4	3 600,- _____ 4 200,-

In der vorliegenden Situation ergeben sich drei Entscheidungsmöglichkeiten (Bild 7.6):

1) Baugruppen 1, 2 und 3 sofort transportieren und an Ort und Stelle inspizieren,

2) Baugruppen 1 und 2 sofort transportieren, Baugruppe 3 erst prüfen und dann ausliefern,

3) mit dem Transport aller drei Baugruppen warten, bis Baugruppe 3 geprüft ist.

Unabhängig davon, welche Entscheidung getroffen wird, wird mit der entsprechenden Wahrscheinlichkeit die dritte Baugruppe entweder unversehrt oder defekt sein. Von vornherein lassen sich jedoch für jede Entscheidungsmöglichkeit und für jedes eintretende Ereignis die Konsequenzen ermitteln. Im vorliegenden Fall sind es bei der Betrachtung der Kosten unter anderem Konventionalstrafen, zusätzliche Nachtschichten für Montage und Reparatur, zusätzliche LKW-Fahrten, eventuell sogar Luftfrachten.

Bild 7.6 zeigt den Entscheidungsbaum und die Berechnung der Erwartungswerte der zusätzlichen Kosten.

Diese Erwartungswerte sind der zahlenmäßige Ausdruck für den Risikogehalt jeder Alternative. Auch hier ist es möglich, eine Parametervariation vorzunehmen, und zwar für die Wahrscheinlichkeit. Bild 7.7 zeigt eine von 0% bis 100% reichende Skala für die Schadenswahrscheinlichkeit. Über den Endpunkten dieser Skala sind die tatsächlichen Zusatzkosten aufgetragen: Am Punkt

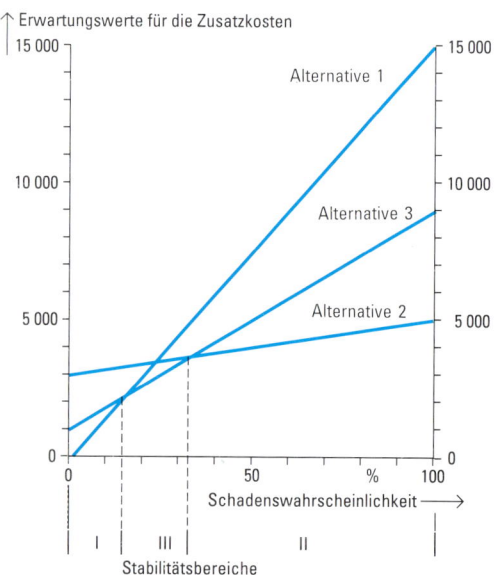

Bild 7.7
Parameteranalyse für variable Wahrscheinlichkeit

0% für den Befund »kein Schaden« und am Punkt 100% für einen tatsächlich eingetretenen Schaden. Indem wir die Zusatzkostenwerte für jede der drei betrachteten Alternativen linear miteinander verbinden, machen wir die Zusatzkosten-Erwartungswerte für alle Zwischenwerte der Wahrscheinlichkeit ablesbar. Auffällig ist ein weiter, von 33% bis 100% reichender Stabilitätsbereich für die gebotene Bevorzugung der Alternative II; denn in diesem Bereich ist sie die Alternative mit den geringsten Erwartungswerten. Die Alternative I dagegen ist im Schadensfalle so teuer, daß man Sie nur dann wählen sollte, wenn man sich seiner Sache sehr sicher ist. Wenn wir aber von »sicher« reden, sprechen wir schon fast nicht mehr von Wahrscheinlichkeiten.

Im Falle eines kleinen Restrisikos sollte man überlegen, ob man nicht durchgehend die Alternative III wählen sollte. Dann zahlt man zwar im günstigsten Falle immer noch DM 1.000,– Zusatzkosten, aber im Schadensfalle nur DM 9.000,– und nicht DM 15.000,–

7.5 Zusammenfassung

Vergleichen wir im Rückblick die Art, wie hier eine Entscheidung vorbereitet und herbeigeführt wurde, mit derjenigen, die wir häufig im Alltag erleben, so sollte deutlich sein, wie oft Entscheidungen unqualifiziert und damit unverantwortlich getroffen werden.

Weder werden vorab präzise Zielkriterien erarbeitet, noch werden die Informationen und Daten in der benötigten Vollständigkeit zielgenau gesammelt und geordnet. Die Folgen sind dann:

• Entscheidungen sind und bleiben undurchsichtig und nicht nachvollziehbar.

• Teamentscheidungen erfordern einen zu großen Zeitaufwand, da die Art der Betrachtung allzu leicht in emotionales Debattieren abgleitet. Dabei fehlt eine taugliche Handhabe, zur sachlichen Erörterung zurückzuführen. Die Zusammenarbeit kann zudem auf längere Sicht gestört bleiben.

Wir können uns durch Anwenden der vorgestellten Methoden als Mitarbeiter empfehlen, die imstande sind, anspruchsvolle Aufgaben verantwortlich zu erledigen und mit sachlich begründeten Entscheidungen abzuschließen, und die sich insbesondere nicht scheuen, ihre unvermeidlich einfließende Subjektivität zahlenmäßig offenzulegen. Wenn wir durch Anwendung dieser Methoden die Teamarbeit versachlichen und damit sichern, beweisen wir unübersehbar auch Führungsqualitäten.

Die für Entscheidungsabläufe wichtigsten Schritte sind:

▷ Zielkriterien vollständig zu beschreiben, dafür Bewertungsmaßstäbe festzulegen und die Kriterien gemäß ihrer Bedeutung zu gewichten,

▷ auf dieser Basis Alternativen zu suchen oder zu entwickeln,

▷ über die Alternativen alle zielrelevanten Daten zu sammeln,

▷ diese mit den zuvor festgelegten Maßstäben zu bewerten.

8 Arbeitsplatzgestaltung und Arbeitshilfsmittel

Der Einsatz moderner, elektronischer Hilfsmittel (PC und/oder Workstation) hat in den 90er Jahren den Büroalltag revolutioniert. Herkömmliche Hilfsmittel werden zunehmend auf den PC übernommen. Dies führt manchmal zu kuriosen Mischformen: So ist es nicht selten, daß ein Word-Brief ausgedruckt, unterschrieben und dann per Fax direkt auf einen anderen PC übertragen wird.

Es ist nicht Ziel dieses Kapitels, den unzähligen PC-Anleitungen noch ein paar Seiten hinzuzufügen. Im Zusammenhang dieses Buches müssen wir uns aber fragen, welche Hilfsmittel wir sinnvollerweise für welche Aufgabensituation wählen müssen und wie wir sie gezielt in unserer Arbeitsorganisation einsetzen können:

▷ Welche Rolle kann dabei unser PC spielen?
▷ Wie finden wir die richtige Mischung zwischen traditionellen Hilfsmitteln und deren elektronischer Form?
▷ Wo sind gravierende Klippen und wie können wir sie umgehen?

Da die Arbeitssituation an jedem Arbeitsplatz sehr verschieden ist, gibt es kein Standardrezept. Dieses Kapitel verbindet deshalb Informationen zu bestimmten Sachverhalten mit Tips für die konkrete Umsetzung für unser Selbstmanagement. Das Kapitel soll Ihnen wesentliche Hinweise geben, wie Ihr Arbeitsplatz in der heutigen Zeit gestaltet sein sollte und welche Hilfsmittel Ihnen zur Verfügung stehen sollten, damit Sie auf Dauer wirklich effizient und effektiv arbeiten können. Dazu müssen Sie über folgende Dinge Bescheid wissen:

Bewährte Hilfsmittel
Nach wie vor brauchen wir immer wieder altbewährte, einfache Hilfsmittel. Terminkalender und Arbeitshilfsbuch sind auch im Zeitalter des Internet in vielen Fällen eine unverzichtbare, überall verfügbare Hilfe.

Arbeitsplatzgestaltung, Schreibtischeinrichtung
Da unsere Büroarbeit einem ständigen Modernisierungsprozeß unterworfen ist, müssen auch Einrichtung und Arbeitsplatz diesem Prozeß angepaßt sein. Für uns ist es ganz wichtig, regelmäßig zu hinterfragen, ob unsere Arbeitsplatzgestaltung und unsere Schreibtischeinrichtung allen aktuellen Anforderungen standhält – zusätzlich aber natürlich auch den Anforderungen, die in den nächsten 2, 3 Jahren aufkommen werden.

Der PC als Helfer bei unserer Aufgabenerledigung
Der Büroarbeitsplatz ist grundsätzlich ein vernetzter *PC-Arbeitsplatz* mit Telefon. Fast alle unsere Tagesaufgaben erledigen wir am PC an Dokumenten, die wir zugesandt bekommen, selbst erstellen, ablegen oder verteilen. Im Rahmen der Multimedia-Eigenschaften unseres PC können wir bald auch Dokumente mit Sprachanmerkungen und Video-Sequenzen behandeln.

Büroprozesse
Wir sollten uns immer wieder deutlich machen, daß auch die Tätigkeiten an unserem Arbeitsplatz nur Teile von umfassenderen Prozessen darstellen. Deshalb müssen wir uns auch in die elektronische Umwelt unserer Prozesse einpassen und die Weiterentwicklung »mitleben«. Mit unseren Partnern müssen wir unsere Abläufe zeitlich koordinieren, was bei oft wiederkehrenden Abläufen über mehrere Arbeitsplätze immer öfter durch Workflow-Systeme überwacht und gesteuert wird.

Ausblick
Die Büroarbeit wird von immer neuen Arbeitsformen geprägt. Beispiele hierfür sind die *Teleheimarbeit* oder das *mobile Arbeiten*.

Abhängigkeit von der Technik und Sicherheit
Trotz der relativen Sicherheit der modernen Hilfsmittel ist nach wie vor eine gesunde Skepsis empfehlenswert. Die Technik kann auch einmal ausfallen. Damit aber dann z. B. der Terminkalender nicht hoffnungslos veraltet ist oder Dokumente vollständig verschwunden sind, brauchen

wir ein *Notfallkonzept* für solche Ereignisse, in dessen Rahmen wir regelmäßig entsprechende Sicherungsmaßnahmen durchführen.

> Der ziel- und aufgabengerechte Einsatz herkömmlicher und/oder elektronischer Hilfsmittel erfordert schrittweise eine permanente tiefgreifende Veränderung unseres Arbeitsverhaltens. Der PC zwingt uns dabei, einmal umgestellte Vorgänge weiterhin immer elektronisch zu bearbeiten, wenn wir nicht Doppelarbeit leisten wollen. Dabei gilt: Jede Halbherzigkeit kostet Zeit und Nerven!

Situationsanalyse
Die Eigenanalyse in Bezug auf Ihren Arbeitsplatz und Ihre Arbeitssituation im Vergleich zu den vorher dargestellten Ansätzen und Tips zum besseren Selbstmanagement zeigt Ihnen auf, wo besonderer Handlungsbedarf besteht. Dazu sollten Sie Ihre Arbeitsabläufe in den großen Tätigkeitsblöcken »Eingang«, »Kommunikation« und »Bearbeitung« als Teil von übergeordneten Büroabläufen betrachten.

8.1 Bewährte, herkömmliche Hilfsmittel

Auch am PC-Schreibtisch benutzen wir immer wieder bewährte, herkömmliche Hilfsmittel, die einfach einzusetzen und jederzeit verfügbar sind.

Bild 8.1 zeigt unseren Arbeitsplatz als Durchgangs- und Bearbeitungsstation für Dokumente im Büro. Der Schreibtisch symbolisiert dabei den Arbeitsplatz mit allen zur Verfügung stehenden Werkzeugen.

In der Übergangszeit zu einer rein elektronischen Bearbeitung mit vollständiger Kompatibilität sind wir darauf angewiesen, unsere Hilfsmittel situationsgerecht zu wählen. Unsere Partner zwingen uns häufig noch zu Bleistift und Papier, wenn sie mit den elektronischen Werkzeugen nicht zurechtkommen oder wenn am Anschluß an ihre Tätigkeit eine elektronische Weiterverarbeitung nicht möglich oder gewährleistet ist. Manchmal ist es allerdings auch einfaches Sicherheitsdenken, wenn z. B. ein Referent auf einer Tagung seine Präsentation außer auf der Datei im Notebook auch als Vortragsfolien mitbringt.

Tabelle 8.1 zeigt eine Gegenüberstellung herkömmlicher und PC-gestützter Hilfsmittel am Beispiel des Terminkalenders mit ihren jeweiligen Vorzügen. An diesem Beispiel wird deutlich, daß der Einzelne optimal mit seinem Taschenterminkalender bedient ist. Vorgesetzte oder Teamarbeiter aber sollten schnellstmöglich die neuartigen Rationalisierungschancen des elektronischen Hilfsmittels für sich nutzbar machen. So gelten für unterschiedliche Arbeitsplätze und -situationen natürlich jeweils spezielle Regeln, welche Hilfsmittel wir sinnvollerweise einsetzen.

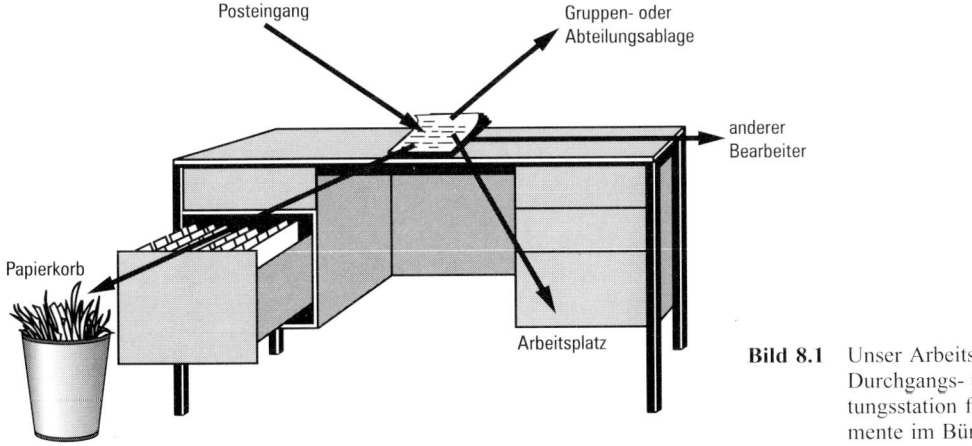

Bild 8.1 Unser Arbeitsplatz als Durchgangs- und Bearbeitungsstation für Dokumente im Büro

Tabelle 8.1 Vorzüge und Nachteile herkömmlicher und PC-gestützter Arbeitshilfsmittel am Beispiel des Terminkalenders

Terminkalender	Terminmanager auf PC
+ immer zur Hand	– nur im PC bzw. Notebook
+ schnell zu nutzen	– Nutzung erst nach längerer Ladezeit
+ gewohnt	– ungewohnt
– evtl. mehrere Kalender (Schreibtisch, Jackett, Sekretärin)	+ ein Kalender für alle Kollegen zugreifbar
	+ Papierkopie für das Jackett möglich
+ Termine gehen nicht verloren	– Risiko, daß durch Systemfehler/Anwendungsfehler Termine verloren gehen
– Suchen nach Termin mit »Meier« langwierig	+ Suchen nach Termin mit »Meier« schnell, einfach
– Besprechungsorganisation aufwendig (alle einzeln fragen)	+ Hilfen bei Besprechungsorganisation
	+ Abgleich freie Termine, Buchungsanfrage, automatischer Eintrag in Terminplan

Tatsächlich kämpfen wir heute an unseren Schreibtischen mit einer zufälligen, teilweise von außen aufgezwungenen Mischung von herkömmlichen Hilfsmitteln und modernen elektronischen Werkzeugen, die sich häufig gegenseitig stören, statt sich zu ergänzen.

Arbeitshilfsbuch

Werden Unterlagen am Arbeitsplatz, bei Besprechungen, auf Dienstreisen usw. häufig benötigt, so sollten sie ergänzend zum PC in einem *Arbeitshilfsbuch* gesammelt werden. Am besten verwendet man dafür ein A4-Ringbuch mit eingelegten Klarsichthüllen oder eine gebundene Kladde.

Die Inhalte des Arbeitshilfbuchs sind möglichst gezielt zusammenzustellen. Es dient gleichzeitig als Terminkalender/Vormerkkalender, Tagebuch, Notizbuch, Planungsinstrument, Erinnerungshilfe, Adressregister, Nachschlagewerk, Ideen-

sammlung und Kontrollbuch. Je nach Aufgabenstellung enthält es

▷ Zeitpläne,
▷ Checklisten,
▷ Tabellen,
▷ Prospekte,
▷ Organisationspläne,
▷ Telefonnummern,
▷ Anschauungsmaterial,
▷ wichtige Richtlinien,
▷ Formulierungsbeispiele,
▷ Standardvorträge,
▷ Musterformulare,
▷ Adressen,
▷ Fachliteraturhinweise usw.

Zeitplaner

Für die Termin- und Aufgabenplanung ist das Zeitplansystem das geeignetste »klassische« Medium. Auf dem Markt gibt es unterschiedliche fertig zusammengestellte Zeitplanbücher (z. B. Biene-Planer und time/Systems oder bei Siemens zpm), mit denen sich bei systematischer Anwendung (siehe dazu auch Kapitel 4.4) ein erheblicher Rationalisierungseffekt erzielen läßt. Die Zeitplansysteme bieten meist auch Formulare, die für Aufgaben- oder Kostenplanung genutzt werden können, außerdem natürlich auch Adressregister.

Die meisten von uns benutzen einen zusammengefalteten Taschen-Jahreskalender (Planer) für unterwegs und außerdem einen Kalender auf dem Schreibtisch. Bei parallel geführten Kalendern kann aber allzuleicht das Übertragen von getrennt vermerkten Terminen vergessen werden. Daher empfiehlt es sich, nur einen einzigen Kalender zu führen, der am Arbeitsplatz und unterwegs (und privat) verwendet werden kann.

Nutzt man zusätzlich einen elektronischen Zeitplaner, dann kann man sich damit einen passenden Ausdruck für den Papier-Zeitplaner erstellen.

Jahresübersicht

Für viele Planungsaufgaben (z. B. Abteilungs-Urlaubsplanung) ist eine Jahresübersicht ideal; auf ihr ist ein ganzes Jahr auf einer Seite untergebracht. Für die Besprechungsecke oder den Besprechungsraum hat sich das Anbringen einer Jahresübersicht im Großformat 100 cm x 60 cm bewährt, da hiermit alle Besprechungsteilnehmer für alle Terminfragen eine Orientierung vor Augen haben.

Wiedervorlagemappe/Terminmappe

Nach wie unverzichtbar ist eine Mappe, in der für jeden Tag des Monats die dort anfallenden Wiedervorlagen und Terminunterlagen schnell zugreifbar aufbewahrt werden.

Die elektronische Form muß man leider noch selbst organisieren, weil die meisten Terminplaner keine derartige Funktion kennen.

Checkliste

Wiederkehrende Arbeiten können wesentlich erleichtert, schematisiert, delegierbar gemacht und sicher beherrscht werden, wenn ihr einmal durchdachter und als zweckmäßig erkannter Ablauf festgeschrieben und auf Checklisten verzeichnet wird. Die einfachste Form ist eine Liste aller relevanten Aspekte oder aller wichtigen Fragestellungen, aber auch Fluß- oder Blockdiagramme können als Checkliste verwendet werden.

Checklisten sind überall dort anzuwenden, wo es auf Vollständigkeit und Sicherheit ankommt. Für wiederkehrende Tätigkeiten sollten sie als Formular vorliegen, das sich einfach und schnell aktualisieren läßt, wenn neue Punkte aufgenommen werden müssen. Aber z. B. auch für »einzigartige« Besprechungen sind Sie gut gerüstet, wenn Sie sich vorher eine Checkliste aller Punkte angefertigt haben, die besprochen werden sollten oder könnten.

Beispiele für den Einsatz von Checklisten

▷ Vorbereitung von Dienstreisen, Besprechungen, Präsentationen, Kundenbesuchen
▷ Durchführung von Abnahmeprüfungen
▷ Zusammenstellung von Unterlagen

Checklisten können wir sehr gut »elektrifizieren«:

▷ Im einfachsten Fall speichern wir eine *Texttabelle* mit allen Arbeitsschritten.

▷ Etwas komfortabler wird es, wenn wir Daten *automatisch* ausfüllen (Autor, Datum, Adresse).

▷ Eine *intelligente* Checkliste erkennt schon Zusammenhänge (z. B. bei Auslandsreise »Fremdwährung besorgen«).

Eine automatisierte Checkliste kann anhand einzelner Felder den Vorgang weiterleiten, richtig ablegen oder automatisch sich als Wiedervorlage melden (siehe auch Abschnitt 8.4.2).

Nutzen Sie Checklisten! Aber machen Sie Ihre Checklisten nicht zu kompliziert, denn es geht meistens schneller, wenn Sie eine einfache Checkliste benutzen, als wenn Sie eine überintelligente automatische Checkliste mühsam an den aktuellen Fall anpassen.

Weitere Hilfsmittel

In den Kapiteln 1 bis 7 sind viele nützliche Hilfsmittel beschrieben. Sie reichen vom Flußdiagramm über Tabellen zur Zielformulierung oder ABC-Analyse bzw. Schnellanalyse des Aufgabenbereiches und dem Aufgabenprotokoll bis hin zu einfachen Netzplan-Diagrammen, Planungsformularen und Entscheidungstabellen. Hier steht ein Schatz an erprobten, praxisnahen und einfachen Hilfsmitteln zur Verfügung, den wir jederzeit und an jedem Ort (auch ohne Strom und ohne Datennetz) nutzbringend einsetzen können. Diese Hilfsmittel sind von der jeweiligen Aufgabe oder Zielsetzung abhängig und daher in diesem Buch auch in den entsprechenden Kapiteln eingeordnet.

Optimales Selbstmanagement hilft uns, die geforderte Mischung aus traditionellen Hilfsmitteln (z. B. Hängeregistratur und PC) zu organisieren.

8.2 Arbeitsplatzgestaltung, Schreibtischeinrichtung

Eine ruhige Arbeitssituation und vernünftig eingerichtete Hilfsmittel können bis zu 30% Rationalisierung bringen! Dies haben die Erprobungen mit Teleheimarbeitsplätzen erbracht (Wir sprechen hier von Teleheimarbeit im Gegensatz zu Telearbeit, bei der der Arbeitnehmer einen großen Teil seiner Arbeitszeit weder am Arbeitsplatz im Betrieb noch am Arbeitsplatz zu Hause verbringt. Diese Form der Telearbeit ist insbesondere in Vertriebsabteilungen schon sehr verbreitet.).

Soweit wir Einfluß auf unsere Arbeitssituation haben, sollten wir auf eine ruhige Umgebung und auf die richtigen Hilfsmittel achten!

Der elektronisch unterstützte Büroarbeitsplatz erfordert eine umfangreiche technische (Gebäude-)Infrastruktur und die Vernetzung der Arbeitsplätze mit Breitband-Leitungen. Eine mitarbeitergerechte, umweltorientierte Baugestaltung trägt ebenfalls zu einer optimalen Arbeitssituation bei.

Die unterschiedliche Aufgabenstruktur der Bürotätigen resultiert in völlig unterschiedlichen und zum Teil gegensätzlichen Anforderungen:

▷ Der Teammitarbeiter ist abhängig von der Kommunikation im Team.
▷ Der Sachbearbeiter braucht eine optimale Organisation seines individuellen Arbeitsplatzes.
▷ Der Experte kombiniert beide Anforderungen und will vor allem mobil sein.

Im Konzept des sogenannten Vario-Büros hat z. B. jeder Mitarbeiter eine kleine, abgeschottete Arbeits-Box. Für die Kommunikation stehen entsprechend viele Besprechungsecken zur Verfügung. Wichtig ist, daß der Mitarbeiter in seiner Box durch eine Glastür gesehen werden kann und auch selbst sieht, was draußen los ist.

8.2.1 Arbeitsplatz

Insbesondere die PCs und Workstations stellen hohe Anforderungen an die Ergonomie und an den Raum (Licht, Blendung, Lärm, usw.). Die spezifischen Aspekte, die bei der Einrichtung eines modernen Bildschirm-Arbeitsplatzes nach der europäischen Bildschirmarbeitsverordnung zu berücksichtigen sind, sprengen den Rahmen dieses Buches. Wir sollten bei der Arbeitsplatzgestaltung daher immer einen Fachmann hinzuziehen, der die richtige Aufstellung vor allem des Bildschirmes (z. B. nicht vor einem hellen Hintergrund), die richtige, blendfreie Beleuchtung und weitere Gesichtspunkte wie z. B. auch die Wärmeabfuhr untersuchen kann. Das minimiert die psychische und organische Belastung und hat somit einen positiven Effekt auf unseren Arbeitserfolg.

Arbeitsplatzgestaltung

An unserem Arbeitsplatz erreichen wir die größte Zeitersparnis, wenn wir benötigte Unterlagen und Arbeitspapiere stets griffbereit zur Verfügung haben, wenn wir uns bei der Arbeit nicht durch einen überladenen Schreibtisch ständig selbst blockieren oder ablenken und wenn wir Schriftstücke nicht handschriftlich »vorschreiben«, sondern (bis zu 3 Seiten) selbst schreiben oder diktieren.

Es empfiehlt sich daher, den Arbeitsplatz, also Schreibtisch, Aktenschränke, Hängeablagen usw.

als »Werkbank« für unsere Aufgaben einzurichten:

Auf dem Schreibtisch sollten nur diejenigen Vorgänge deponiert sein, die wir augenblicklich bearbeiten.

Die nach Arbeitsschluß aufgeräumte Schreibtischplatte ermöglicht es, am nächsten Morgen gezielt mit der Tagesarbeit zu beginnen Wenn wir häufig bei der Arbeit gestört werden, keine Arbeit ohne störendes Umherlaufen und »Fummeln« zu Ende bringen können, dann sollten wir uns unseren Arbeitsplatz genauer betrachten:

▷ Der Schreibtisch ist die zentrale Arbeitsfläche. Hier befinden sich die häufig benutzten Hilfsmittel, z. B. Telefon, Kalender, ständig benutzte Stifte und PC.

▷ Im Schreibtisch-Unterbau sollte sich eine Loseblatt-Hängeablage befinden. Sie ist leicht und ohne großen Zeitaufwand aufzubauen und kann dank der Flexibilität einer Hängeregistratur leicht und ohne Aufwand wieder umgestellt werden.

▷ Nachschlagewerke, die wir häufig brauchen, gehören in die Hängeablage, in ein schnell zugängliches Regal oder in einen offenen Schrank. Wenn wir sie für eine bestimmte Arbeit ständig benötigen, können sie vorübergehend auch auf dem Schreibtisch ihren Platz haben.

Die Hängeregistratur läßt sich z. B. sortieren nach

▷ Terminunterlagen (zu bestimmten Terminen),
▷ Projektunterlagen (zu bestimmten Projekten),
▷ ereignisbezogene Unterlagen (zu wiederkehrenden Ereignissen) oder
▷ verrichtungsbezogene Unterlagen (für bestimmte Aufgaben).

Sie läßt sich auch in verschiedene Bereiche aufteilen, von denen jeder Bereich eine bestimmte Art von Unterlagen enthält. Alle diese Papier-Unterlagen *ergänzen* die elektronische Ablage im PC, die diese Dokumente nicht enthält, weil sie z. B.

▷ nur für den Moment oder vorübergehend gebraucht werden,
▷ Originaldokumente sind (z. B. in mehrfarbigem Hochglanzdruck),
▷ als Handunterlage für eine Besprechung oder Dienstreise dienen oder

▷ weil man in umfangreichen Dokumenten am Bildschirm leicht die Übersicht verliert.

Der PC-Schreibtisch

Was einen Schreibtisch wirklich PC-gerecht macht, ist bis heute nicht definiert. Alle Büromöbel orientieren sich bis jetzt an der tradierten Arbeit mit Papier. Der PC wird meistens einfach »draufgestellt«. Bisher bestimmten auch die großen und tiefen Bildschirme den möglichen Aufstellort. Mit modernen Flachbildschirmen entfällt das Problem, daß häufig keine ausreichende Entfernung vom Betrachter zum Bildschirm möglich war. Besonders die meist übliche *gemischte Arbeitsweise* zwingt uns laufend zu Kompromissen, weil wir mal am PC arbeiten, mal mit Papier.

Für unser Selbstmanagement ist deshalb entscheidend, ob

▷ wir schon alle Eingangspost elektronisch bekommen,
▷ unser elektronischer Kalender der führende Kalender ist und
▷ unsere Ablage elektronisch vorliegt.

Jeder Medienbruch führt dazu, daß unsere Ordnung verloren geht. Vermeiden wir also weitestgehend die parallele Arbeit zwischen PC und Papierordnern!

Die Gestaltung des elektronischen Schreibtisches, also der PC-Oberfläche, unterliegt ähnlichen Gesetzen wie die Form des traditionellen Schreibtischs. Der Chaot wird auch auf dem Bildschirm immer 20 Fenster zugleich geöffnet haben und mit Hilfsprogrammen wie »post-it« überall elektronische Merkzettel »anheften«.

Im Sinne des Selbstmanagement gilt auch hier der Grundsatz:

Ein aufgeräumter Schreibtisch/PC hilft uns bei der Arbeit und erspart viel unnütze Sucherei und Ablenkung.

8.2.2 Das moderne Büro

Dank großer Arbeitsspeicher, raffinierter Software und schneller Kommunikationsnetze ist es möglich geworden, die Funktionen von Einzelgeräten miteinander zu Arbeitsplatzsystemringen zu verknüpfen und sie im Rahmen einer internationalen Zusammenarbeit über Firmengrenzen hinaus zu betreiben. Dadurch können z. B.

▷ an einer Stelle erfaßte Daten und Informationen im Dialog auch von anderen Stellen aus abgerufen und weiterverarbeitet werden, und zwar unabhängig von Ort und Zeit,
▷ Informationen (z. B. Briefe, Bestellungen, Materialdispositionen) direkt vom Ersteller aus an andere Stellen weitergeleitet und dort hinterlegt werden,
▷ während eines Telefongesprächs auf der gleichen Leitung auch Texte und Bilder simultan übermittelt und dem Gesprächspartner sichtbar gemacht werden.

Der moderne Büroarbeitsplatz wird »nur noch« als ein Glied in einer Kette von Informationsverarbeitungsplätzen verstanden, er vereint die Funktionen der Textverarbeitung, Sprach- und Bildverarbeitung, Datenverarbeitung und Kommunikation. Die unterschiedlichen Aufgaben, die der Arbeitsplatzinhaber zu bearbeiten hat, können von ihm (z. B. hinsichtlich der Bearbeitungsreihenfolge) mit dem Arbeitsplatzsystem geplant und anschließend mit Hilfe der erreichbaren und abrufbaren Netze, Dienste und Informationsdienste (z. B. Internet, Telematik-Dienste, internationale Wissensbanken) bearbeitet werden. Das Ergebnis wird an andere Arbeitsplätze weitergeleitet.

Der PC oder die Workstation auf dem Schreibtisch nutzt die Dienstleistung der diversen Server am Netz, z. B. den zentralen Netzwerkdrucker mit Doppelseitendruck, wobei hinter einem dieser Server auch der Übergang zum Host und zu dessen Verfahrenswelt steht.

Alle diese Abläufe haben nichts zu tun mit der reinen fachlichen Qualifikation des Bürotätigen. Aber er kann seine fachliche Qualifikation umso besser einbringen, je effizienter er seinen Arbeitsplatz nutzt.

8.3 Der PC als Helfer bei unserer Aufgabenerledigung

Der PC ist unverzichtbares Zugangsmedium zu allen Dokumenten und Informationen im Intranet/Internet mit einer Fülle von Verarbeitungsfunktionen, die unsere Arbeit erleichtern können. Der klassische PC ist der »Desktop«, bei dem Systemeinheit und Bildschirm auf dem Schreibtisch stehen. Weniger Platz auf dem Schreibtisch braucht der »Tower«, bei dem die Systemeinheit als Turm neben oder unter dem Schreibtisch steht.

Mobil machen wir uns mit den »Notebook« oder »Laptop«.

Das Notebook kann über eine »Docking Station« an das firmeninterne Netz und/oder über das Telefon an das ISDN-Netz bzw. ein Funknetz angeschlossen werden. Damit sind für den Besitzer jederzeit alle Ressourcen verfügbar. Er kann vom eigenen Schreibtisch, von zu Hause, vom Hotel oder vom Zug aus

▷ auf seinen Eingangspostkorb zugreifen,
▷ Unterlagen aus dem Dokumentenarchiv holen,
▷ aktuelle Daten mit der Server-Datenbank oder dem Host austauschen,
▷ diese Daten grafisch darstellen lassen,
▷ per Fax-Gateway im firmeninternen Netz Rückfragen durchführen,
▷ Kommunikationsadressen aus dem aktuellen Verzeichnis auf dem Adreß-Server holen,
▷ per E-Mail Informationen mit Kollegen austauschen oder
▷ Videokonferenzen führen.

Im Zusammenspiel mit dem D-Funktelefon kann das Notebook auch überall auf Reisen, im Auto, im Schwimmbad oder auf der Berghütte eingesetzt werden.

Der kleinere Bruder des Notebooks ist der »Handheld«, der aber in seinen Funktionen noch sehr eingeschränkt und damit eher ein elektronischer Terminkalender mit Adreßverzeichnis ist.

8.3.1 Dokumente und Formulare

Das Dokument

Im Büro behandeln wir viele verschiedene Arten von Dokumenten:

▷ einfacher unstrukturierter Text auf weißem Papier
▷ einfacher Text mit Kopf- und/oder Fußzeile
▷ Text auf Vordruck
▷ Text mit Grafik im Text
▷ Text mit Bildern (Standardformate TIF, TIF G4, GIF)
▷ Text mit Audio-Teilen (Standardformat WAV)
▷ Text mit Video-Teilen (Standardformat MPEG)
▷ Tabellen
▷ Berechnungen

▷ Präsentationsfolien
▷ multimediale Präsentation mit Audio- und/ oder Video-Teilen

Dokumente können auch verloren gehen. Daher gehört zu jedem Dokument immer auch eine Sicherungskopie auf einem anderen Rechner oder Netzlaufwerk.

Häufig werden viele Megabyte über das Netz an irgendwelche Server geschickt, dort abgelegt oder gar extern versendet. Kostenbewußtes Selbstmanagement muß hier vermeiden, daß wir zu große Datenmengen unkomprimiert hantieren. Hierzu gibt es Tools wie z. B. Winzip, die das Volumen auf wenige Prozent des Bruttowertes reduzieren. Besonders aufmerksam sollten wir im eigenen Interesse beim Scannen sein. Eine einfache A4-Seite kann je nach Speicherformat von etwa 2 bis 3 Megabytes auf etwa 50 bis 100 Kilobytes komprimiert werden.

In der Zusammenarbeit mit Kollegen erleben wir öfter, daß wir deren Dokumente nicht lesen können, weil sie in einem unbekannten Format bearbeitet wurden. Hierzu gibt es *Viewer*, die praktisch alle marktüblichen Formate interpretieren können. Ein solcher Viewer ist standardmäßig in Windows 95 und in Windows NT enthalten.

Nach Möglichkeit sollten Sie mit allen Partnern rechtzeitig die verwendeten Formate vereinbaren!

Das Formular

Die herkömmliche Form, allen Partnern in einem Büroprozeß eine gemeinsame Arbeitshilfe zu geben, ist das Formular. Es bietet uns

▷ die Übersicht über unsere Angaben und Hilfen und Erläuterungen hierzu,
▷ gibt Ausfüllregeln und Feldarten vor (z. B. Datum),
▷ steuert den Abarbeitungsweg am einzelnen Platz und entlang der Prozeßkette,
▷ gibt allgemeine Daten vor (Vordruck),
▷ stellt die notwendigen Informationen an Dritte sicher (Durchschläge) und
▷ verhindert, daß Unbefugte falsche Felder ausfüllen (Durchschreibesätze mit abgedeckten Feldern).

Formulare sind in der Vergangenheit zu Unrecht in ein schlechtes Licht gekommen, sie sind auch heute noch ein praktisches Medium.

Ihre moderne Ausprägung, die Bildschirmmaske (z. B. E-Forms von Microsoft), funktioniert nach den gleichen Grundsätzen wie das Formular auf Papier, hat aber einige Vorteile:

▷ Dem System bekannte Felder werden automatisch ausgefüllt (Datum, Absender, Vorgangs-Nr., Ablage-Nr.).

▷ Eingaben in Felder (numerisch, Datum, Zählfeld), Zusammenhänge zwischen Feldern (Todestag früher als Geburtstag) und Widersprüche gegenüber Hintergrunddateien (Geräte-Nr. stimmt nicht mit Gerätedatei überein) werden automatisch geprüft.

▷ Das Programm kann in Makros eigene Bearbeitungen schon während der Eingabe vornehmen (Anmeldung wird direkt bearbeitet).

Wie die Beispiele zeigen, liegen hier viele Möglichkeiten für ein optimales Selbstmanagement.

Gleichgültig, ob wir einen Briefvordruck für uns entwickeln oder ob wir einen Arbeitsprozeß optimieren, mit der richtigen Gestaltung der elektronischen Formulare und der unterlegten Makros legen wir fest, wie weit die Optimierung gehen wird.

8.3.2 Eingangspost

In einem Büro, das alle seine Abläufe auf den PC abgestützt hat, ist es unabdingbare Voraussetzung, daß auch die Eingangspost gescannt wird, die für weitere Arbeitsgänge gebraucht wird.

Für die Formate DIN A4 und DIN A3 stehen Scanner zur Verfügung, die alle üblichen Texte, Grafiken, Bilder und Photos als Punktinformation einlesen können. Sinnvollerweise steht ein Scanner am LAN der Allgemeinheit zur Verfügung. Dezentral werden Scanner zumeist in Sekretariaten und in Dienstleistungsstellen (z. B. Archiven, Dokumentationstellen) eingesetzt. Das Ergebnis des Scan-Prozesses ist eine Datei, in der die Bildpunkte gespeichert sind. Je nach Aufgabenstellung kann ein solches Bild mit einem Grafik-Software-Paket wie z. B. MS-Paintbrush verändert werden. Gescannte Texte können – mit gewissen Einschränkungen – von sogenannten OCR-Programmen wieder in bearbeitbare Texte umgesetzt werden. Hierbei treten etwa 4 bis 8% Lesefehler auf, die von professionellen Scan-Diensten gegen Verrechnung per Hand nachgebessert werden.

»Perfekte« OCR-Programme, die fehlerfreie Texte liefern, wird es auf absehbare Zeit wohl nicht geben.

Auf eigene Scan-Versuche sollten wir verzichten. Nur professionelle Scan-Dienste können größere Mengen wirklich wirtschaftlich bearbeiten.

Ein gescanntes Dokument wird elektronisch abgelegt. Manche Scan-Dienste bieten an, bei der Ablage gleich eine einfache »Verschlagwortung« z. B. nach Autor, Titel, Datum zu machen. Manche Anwender legen zwischen die Scan-Seiten einen Barcode, der diese Erstverschlagwortung enthält. In der Regel liegt es beim Auftraggeber, wann er sich seinen Scan abholt, und welche Ablagekriterien er dann vergibt.

Wenn wir unsere Eingangspost möglichst zeit- und kostengünstig verarbeiten wollen, sollten wir vorher überlegen:

Wieviel Papierpost kommt heute bei mir an? Wieviel davon sind Unterlagen, die ich nicht scannen würde? Wie will ich die Dokumente verschlagworten? Was für Dokumente sind das?

Erst nach einer solchen Analyse kann man entscheiden, ob man gegebenenfalls selbst scannen will oder einen professionellen Dienst einschaltet. In jedem Fall muß alle zu bearbeitende Post im allgemeinen elektronischen Ablagesystem (Document Handling System) abgelegt werden, um eine wirtschaftliche Bearbeitung zu ermöglichen.

8.3.3 Schreiben, diktieren, unterschreiben

Kurze Texte schreibt heute jeder Büromitarbeiter an seinem PC selbst. Ab etwa 10 Seiten sollten wir das Sekretariat oder einen Schreibdienst einschalten und den Text diktieren (z. B. über Diktiersoftware, wie z. B. Dragon Dictate, direkt in den PC). Spielt allerdings die Formatierung eine wesentliche Rolle, dann ist es sinnvoll, auch längere Texte selbst in den PC einzugeben.

Diktieren mit dem Diktiergerät erfordert Übung; diese ist leicht erreichbar durch stetiges und bewußtes Praktizieren. Eine eventuelle Scheu vor dem Diktieren kann man dadurch überwinden, daß das zu erstellende Schriftstück stichwortartig konzipiert und danach in einfachen Sätzen formuliert wird. Notfalls kann man dieses »Skript« dem

Diktat beilegen, um der Sekretärin eine Orientierung zu geben.

Seit 1995 gibt es marktübliche PC mit Spracheingabe, die für bestimmte Texte schon gut nutzbar sind. Eines dieser Produkte ist *Dragon Dictate*. Mit seiner Hilfe kann man klar strukturierte Texte nach etwa 4 bis 12 Stunden Training recht gut diktieren. Eine echte Rationalisierung schafft man z. Zt. aber nur, wenn viele komplexe Fachworte im Text enthalten sind, wie z. B. in einem Arztbericht. Diese teilweise langen, oft aus mehreren lateinischen Worten zusammengesetzten Problemworte werden immer richtig geschrieben, wenn sie einmal erkannt wurden.

Der Korrekturablauf und der Verlauf von *Abstimmprozessen* bestimmt ganz wesentlich die Durchlaufzeiten für die Erstellung von Berichten, Protokollen usw. Neben dem Nutzen technischer Hilfen, wie sie z. B. Word mit der Funktion ÜBERARBEITEN bietet, müssen wir auch die Abfolge der Abstimmung und die Freigabe unserer Dokumente genau planen. Folgende Wege sind denkbar:

1. Wir geben allen Beteiligten gleichzeitig den Entwurf und ordnen jedem Beteiligten eine Korrekturfarbe zu, dann mischen wir die Korrekturen allein und geben das Dokument frei.

2. Wir geben allen Beteiligten gleichzeitig den Entwurf und ordnen jedem Beteiligten eine Korrekturfarbe zu, dann wir mischen die Korrekturen allein, geben das Dokument an einen übergeordneten Entscheider und stimmen mit ihm seine Korrekturen ab.

3. Wir geben den Entwurf der Reihe nach herum (vom »Entscheider« absteigend bis zum »Mitläufer«).

4. Wir geben den Entwurf der Reihe nach herum (vom »Mitläufer« aufsteigend bis zum »Entscheider«).

Es ist augenscheinlich, wie diese unterschiedlichen Abstimmvorgehen einzusetzen sind und wie sie sich auswirken werden: 1 und 2 gehen schneller als 3 und 4, 3 und 4 machen uns weniger Arbeit als 1 und 2.

Wenn wir den Ablauf mit unseren Kollegen bis hin zur elektronischen Unterschrift durchorganisieren, können wir erhebliche Durchlaufzeitverkürzungen erreichen.

Durch organisatorische Maßnahmen müssen wir sicherstellen, daß wir die Korrekturläufe unserer Dokumente überwachen und verhindern, daß

▷ Dokumente nicht »hängen bleiben«,
▷ Dokumentversionen sich nicht überholen (der Chef würde eine unfertige Version unterschreiben) und
▷ unfertige Versionen nicht verteilt werden.

Ein erster Ansatz ist, daß wir die Tools im Dateimanager von Word, Powerpoint und Excel nutzen, um dort in der Datei-Info entsprechende Anmerkungen einzutragen.

Ein gutes Document Handling System verwaltet alle Versionen eines Dokumentes und steuert bzw. überwacht den vorgesehenen Ablauf. Die Ablaufsteuerung übernimmt meist ein ergänzendes Workflow-System, das je nach Umfang des Büroprozesses ausgewählt werden sollte. So gibt es z. B. zum Document Management System »Docs Open« auch das passende Workflow-System namens »Workman« und auch gute Kombi-Systeme, die beide Aufgaben vereinigen, wie z. B. das System »Components« der Fa. Faba.

8.3.4 Ablegen, suchen, finden

An allen Büroarbeitsplätzen werden Dokumente erstellt, abgelegt, verteilt und gesucht. Bevor wir entscheiden, wie wir mit einem Dokument umgehen, müssen wir uns darüber im Klaren sein, um welchem Typ von Dokumenten es sich dabei handelt:

▷ Texte
▷ Grafiken
▷ Bilder
▷ Tondateien
▷ Videosequenzen
▷ Multimediale Mischdokumente

Ein weiteres wichtiges Unterscheidungskriterium ist die Art der Dokumente. Bild 8.2 gibt eine Übersicht, mit welcher Art von Dokumenten wir in unserer täglichen Arbeit zu tun haben. Für diese Dokumentarten gibt es jeweils stark unterschiedliche Funktionsanforderungen. Technische Dokumentation muß z. B. meist Versionen und Index verwalten, was bei Schriftgut nur in Verbindung mit Verträgen Sinn macht.

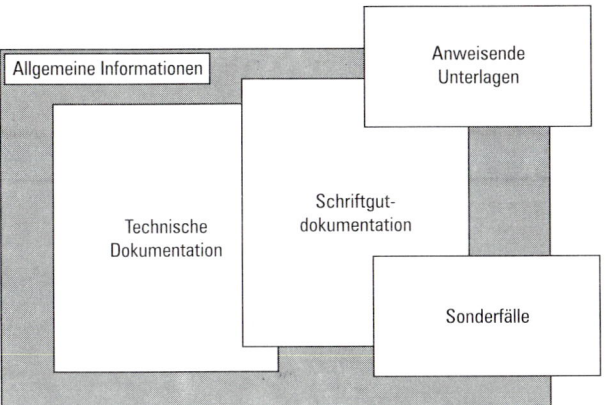

Bild 8.2
Dokumentarten

Vor dem Hintergrund der allgemeinen Informationen, die moderne Unternehmen heute im Intranet einstellen, sind die gesetzlich geregelten, ablagepflichtigen Dokumente wichtig. Im Anlagenbau dominiert hier die *Technische Dokumentation*, die sich zumeist an Nachweispflichten aus der Produkthaftung orientiert, gegenüber der *betriebswirtschaftlichen Dokumentation,* die nach Abrechnungseinheiten strukturiert ist und im HGB definiert wird. Im sog. *Schriftgut* behandeln wir allgemeine Briefwechsel nach den Auflagen des HGB, aber auch *anweisende Unterlagen*, das sind z. B. Rundschreiben oder Arbeitsanweisun-

gen, und *Sonderfälle*, wie Literaturauswertungen, Börsenstatistik usw.

Gegenüber der hoch formalisierten technischen und betriebswirtschaftlichen Dokumentation mit ihren mehrstufigen, hierarchischen Ablagekriterien muß die Schriftgutablage auf unterschiedliche Ablagekriterien und komplexe Suchvorgänge eingerichtet sein. Bild 8.3 macht deutlich, wie die Komplexität einer Dokumentenablage steigt, wenn die Dokumente weniger formalisiert abgelegt und deshalb mit aufwendigen Suchstrategien gesucht werden müssen.

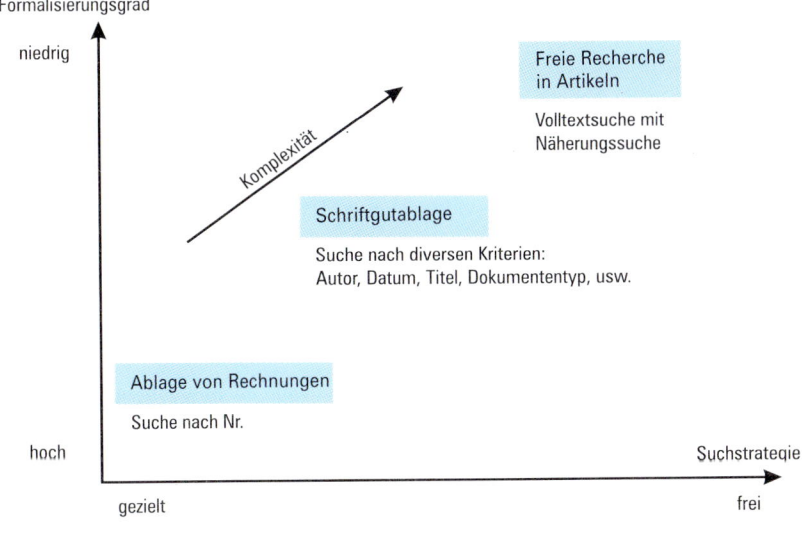

Bild 8.3
Formaliserungsgrad und Suchkriterien für die Ablage von Dokumenten.

161

Je nach Aufgabenstellung kann der Ablage- und Suchaufwand sehr hoch sein.

Unser Aufwand zur Schriftgutverwaltung muß sich an der Menge und Vielfalt der Unterlagen, vor allem aber an den Anforderungen orientieren, die an uns gestellt werden. So wird z. B. ein Vertrag über die Lieferung eines Produktes in Milliardenhöhe sicher aufwendiger abgelegt werden als die Anforderung eines Informationsangebotes bei unserem Stammlieferanten.

Unsere Ablagesystematik muß garantieren, daß wir Dokumente in Papier und in elektronischer Form gemischt

▷ während der Bearbeitung ablegen,
▷ exakt über die notwendige Dauer der Archivierungszeit aufheben sowie
▷ jederzeit schnell und einfach finden können.

Die klassische Ablage in Ordnern, Hängemappen oder Heftern ist aufwendig und deshalb nur bedingt geeignet, wenn

▷ das Dokument unter mehreren Suchkriterien gefunden werden soll (Ablegen mehrerer Kopien),
▷ mehrere Bearbeiter darauf zugreifen sollen (wer hat entnommen) und wenn
▷ die Bearbeiter an unterschiedlichen Orten vom Archiv entfernt sitzen (Kopienversand).

Ein elektronisches Ablagesystem kennt diese Probleme nicht. Hier legen wir alle Dokumente in elektronischer Form in eine Datenbank und geben ihnen Schlagworte (Deskriptoren) mit. Nun können wir nach allen vorgesehenen Feldinhalten suchen, die wir ihm mitgegeben haben. Auch unsere Kollegen finden nun das Dokument über ihren PC in gleicher Weise sogar an weit entfernten Orten. Im Rahmen der zunehmenden Einbindung der Arbeitsabläufe in Workflow-Steuerung tragen die Dokumente auch die Informationen über ihren Bearbeitungsablauf. Das Ablagesystem wird dann zum Document Handling System, wenn es die elektronische Hantierung mit Dokumenten unterstützt.

Der wesentliche Nutzen liegt in

▷ der Qualität und Schnelligkeit der Recherche,
▷ eingespartem Ablageplatz,

▷ »ordnungsmäßiger Aufbewahrung« nach HGB sowie
▷ Erfüllung der Kriterien nach ISO 9000.

Die zentrale Bedeutung eines elektronischen Ablagesystems für die Abstimmungs- und Kommunikationsabläufe einer Firma wird deutlich, wenn man ganze Büro-Arbeitsabläufe elektronisch unterstützen will und die Dokumente elektronisch von Arbeitsplatz zu Arbeitsplatz weitergegeben werden (hier ist bewußt das Wort »Arbeitsplatz« gewählt, da nicht die Person, d. h. der Name des Bearbeiters entscheidend ist, sondern die Funktion). Diese Weitergabe läßt sich ersetzen durch das Einbringen in ein gemeinsames Archiv, aus dem nachfolgende Bearbeiter das Dokument »herausnehmen« können.

Allerdings müssen wir für jede Art von Dokumenten Regelungen für den Praxisbetrieb erarbeiten:

▷ Schutz der Dokumente vor unbefugtem Zugriff (aber nur bedarfsgerecht!),
▷ möglichst geringe Abhängigkeit von der Verfügbarkeit des Systems und
▷ Kennzeichnungspflicht und Art der Kennzeichnung beim Ablegen.

Kennzeichnungspflicht beim Ablegen

Jede neu erstellte oder von Firmenfremden empfangene und bearbeitete Unterlage sollte unverzüglich nach dem vereinbarten Ablageschema gekennzeichnet werden. Das erspart späteren Kennzeichnungsaufwand (erneutes Lesen der Unterlage). Die Ablage ist aufgrund dieser Kennzeichnung dann auch durch Hilfskräfte möglich. Die »Kennzeichnungspflicht« liegt beim Bearbeiter der Unterlage, nicht beim Registrator!

In Word kann z. B. die Funktion »Speichern« bzw. »Öffnen« direkt auf das Document Handling System geschaltet werden, um zu erzwingen, daß wir alle neuen Dokumente im Document Handling System halten!

Vorsicht! Alle Archivierungs- und Retrieval-Funktionen sind von der Deskribierung der Unterlagen abhängig. Ein in einer elektronischen Ablage falsch zugeordnetes Dokument ist praktisch unauffindbar und so gut wie verloren.

Auch die vielgepriesene Volltextsuche wird häufig versagen. Zum einen erinnert man sich vielleicht eben doch nicht an das richtige Stichwort, zum anderen ist dann eben gerade dieses Stichwort falsch vom Scanner erkannt worden. Auch die sog. »Näherungssuche« ist nur ein weiteres Hilfsmittel ohne Garantie. Hier werden die gesuchten Begriffe mit Hilfe von Fuzzy Logic und neuronalen Netzen auf ähnliche Suchbegriffe erweitert. Leider mit dem Nachteil, daß die Trefferzahl erheblich steigt und sich das richtige Dokument unter dem Wust der Näherungstreffer verliert.

Die wesentlichen Kostenfaktoren von Document Handling Systems liegen in der Anpassung des Systems auf die Belange des Nutzers (Customizing) und im laufenden Betrieb (Administration).

Übliche Kosten für die Pflege einer Ablage inklusive der Raumkosten liegen nach einer alten Untersuchung im Haus Siemens bei 100% für den Hefter am Platz, 80% für den Stehordner am Platz, 50% für Hängemappen am Platz und 30% für die elektronische Abteilungsunterlage. Diese Werte schließen alle Investitionen für das Anpassen des Systems an die Kundenstruktur, die Anschaffungskosten und alle Betriebskosten mit ein. Auch wenn die Zahlen nicht für jeden Anwender exakt zutreffen, geben sie doch einen Eindruck, wieviel Kapital sich durch eine sorgfältig geplante Ablage sparen läßt.

Zur Kostensenkung in unserer gemischten Schriftgutverwaltung sollten wir folgende Maßnahmen ergreifen:

▷ Die Bedeutung des Schriftstückes bewerten,
▷ übertriebenes Sicherheitsdenken abbauen und
▷ jeweils eine Ablageart ab einem Stichtag geschlossen in das Document Handling System übernehmen.

Nach derzeitiger Sicht bleibt allerdings – schon allein aus Sicherheitsgründen – die Mischform »Papier und elektronische Dokumente« als Selbstmanagement-Aufgabe für die Ablage und die Archivierung bestehen. Nutzen wir die Papierablage als »Backup«, dann müssen wir darauf achten, daß wir nur das aktuelle Dokument ablegen und eventuell solche, die wir zum Nachweis für bestimmte Vorgänge, Fehler usw. benötigen.

8.3.5 Die Kartei, die Datei, die Datenbank

Die weitverbreitetste Datenbank ist die Adreßdatei. Jeder hat zumindest sein Taschenbüchlein mit allen wichtigen Adressen. Viele davon sind veraltet, manche neue Adresse ist noch nicht eingetragen.

Das Problem jeder Datei ist die Pflege!

Eine aktuelle Adreßdatei ist aber unabdingbare Voraussetzung für gutes Selbstmanagement. Sie müssen also dafür sorgen, daß Sie mit möglichst geringem Aufwand

▷ neue Adressen sofort eintragen können,
▷ vorhandene Adressen bei jeder Gelegenheit automatisch aktualisieren und
▷ immer auf die aktuellen Adressen zugreifen können.

Wenn wir unsere Situation analysieren, stellen wir meistens fest:

▷ Wir haben einen Taschenkalender mit persönlichen Adressen.
▷ Wir haben eine Schreibtischkartei mit offiziellen Partneradressen.
▷ Wir haben viele elektronische Directories (beinahe jedes Microsoft Programm benutzt eine eigene Adreßverwaltung!).
▷ Die Mitarbeiter der eigenen Firma sind in einem Corporate Directory auffindbar.

Unser Selbstmanagement muß hier an vielen Stellen ansetzen:

Adressen sollten wir nur an einer Stelle verwalten (nicht in jedem Programm), das führende Register ist im PC und steht all unseren Teamkollegen im Netz zur Verfügung

Makros sollten dafür sorgen, daß wir neue Partner automatisch in unser Adreßverzeichnis im MS-Exchange eintragen lassen können, wenn wir mit ihnen kommunizieren.

Adressen, die anderweitig (z. B. im Corporate Directory) gepflegt werden, dürfen wir nicht doppelt halten, sondern nur einen Hinweis darauf, damit sie sich möglichst selbst aktualisieren können.

Zusatzangaben zu Adressen sollten wir in eigenen Dateien vertraulich hantieren.

Eine fest eingeplante Auffrischungsaktion z. B. einmal im Monat stellt sicher, daß wir nur aktuelle Daten verwalten.

Weitere Dateien bzw. Datenbanken für unser Selbstmanagement sind z.B. unsere Plandaten, die wir im Team erarbeitet und in der gemeinsamen Ablage abrufbar haben.

8.3.6 Planen

Das – periodische – Erstellen und die Pflege von Jahres-, Monats- und Wochenplan (siehe dazu auch Kap. 3 und 4) sind mit vertretbarem Aufwand nur mit Hilfe des PC möglich. Nur so können wir Pläne rechtzeitig aufstellen und immer aktuell halten.

In der Projektplanung müssen wir viele Tätigkeiten in einer Gesamtschau planen und später in der Realisierung verfolgen können. Hierzu setzen wir Projektplanungssysteme wie z.B. MS-Project ein.

Die Stärke des PC-Verfahrens liegt besonders darin, daß wir immer alle Auswirkungen einer Änderung direkt vor Augen haben. Allerdings

müssen wir dafür sorgen, daß alle Projektbeteiligten ihre spezifischen Teilaspekte im elektronischen Projektmanager selbst verwalten. Sonst werden wir als Projektleiter sehr schnell zum Sekretär unseres Projektes oder agieren mit völlig veralteten Werten!

Wochenplanung

Besonders die Wochenplanung bestimmt unser Verhalten in unserer Arbeitswelt. Sie ist die Aufgabe des Terminmanagers (z.B. MS-Schedule oder MS-Outlook). Bild 8.4 zeigt als Beispiel eine Maske eines Wochenplans.

Niemand arbeitet für sich allein auf einer Insel. Unsere Termine sind zumeist Kontakte mit Kollegen. Zumindest innerhalb unseres LAN sollten wir uns deshalb die Fähigkeiten von Schedule bzw. Outlook zunutze machen und

▷ unsere Terminplanung im Netz für andere sichtbar machen (private Termine geschützt),

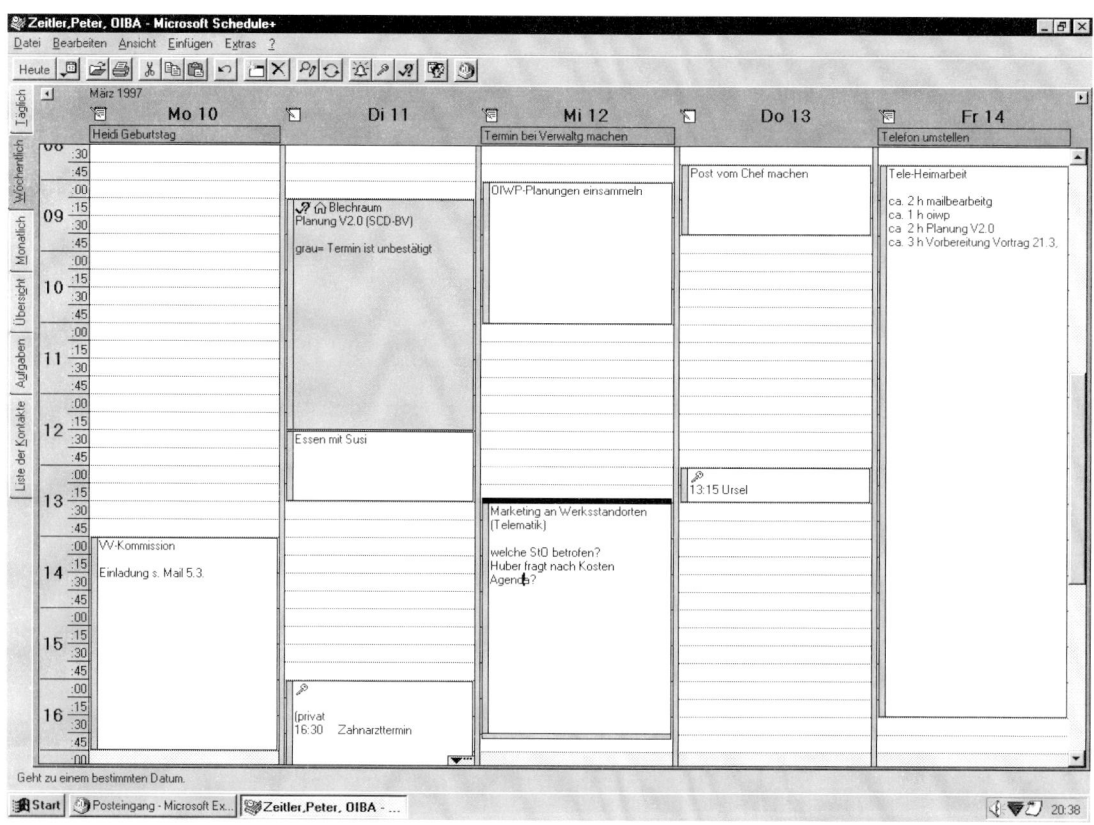

Bild 8.4   Wochenplanung mit MS-Schedule

▷ Terminkalender von Kollegen einsehen können,

▷ Besprechungstermine in den Kalendern der Kollegen suchen und eintragen sowie

▷ Besprechungsanfragen per Mail in Kombination mit Schedule/Outlook versenden, die dann automatisch eine Rückantwort verwalten.

Wenn wir unsere Tätigkeiten in den elektronischen Terminkalender eintragen, ergibt sich automatisch eine sehr detaillierte Kapazitätsplanung.

Die Verbindung zur Projektplanung z. B. mit MS-Project muß sicherstellen, daß alle wichtigen Meilensteintermine im Terminkalender verwaltet werden und sich möglichst automatisch verschieben. Dies ist entweder über die OLE-Schnittstelle (Object Linking and Embedding) oder über ein Assistentenprogramm, wie z. B. Smart Assist von SNI möglich. Eine solche automatische Verbindung spart uns viel Zeit und Ärger!

Allerdings sollten wir auch immer darauf achten, daß wir Zeit für unvorhergesehene Dinge freihalten!

Aktionen und Projekte planen

Der Kern des Selbstmanagements ist die Planung und Verfolgung unserer Aufgaben und Termine. Diese Planungsarbeit läuft in Schichten ab (siehe auch Kapitel 2, 3 und 4):

A Planung der grundsätzlichen Rahmenbedingungen

▷ Entwicklungsplanung (Stellen- und Aufgabenziele, Kapazitätsplan, Finanzplan)

▷ Zielvereinbarung bzw. Jahresplanung (quantifizierbare Ziele, Investitionen, Mittel, Kapazitäten)

▷ Quartalsplan (Quantifizierbare Ziele, Investitionen, Mittel, Kapazitäten)

B Planung der Projekte, Aufgaben, Aktionen

Projekte werden über eine bestimmte Laufzeit geplant und verfolgt. Wenn sie über mehrere Jahre laufen, müssen sie für Ziele, Investitionen, Mittel und Kapazitäten in die entsprechenden Jahrespläne aufgenommen und dort verfolgt werden.

Wegen der permanenten Forderung nach Durchlaufzeitverkürzung und Rationalisierung müssen wir unsere Projekte mit immer höherem Aufwand bis ins kleinste austüfteln und vorplanen. Je detaillierter aber die Planung angelegt ist, desto anfälliger ist sie naturgemäß gegen kleinste Störungen und desto aufwendiger ist die Verfolgung und Aktualisierung. Es ist also leicht einzusehen, daß die Vorteile der detaillierteren Planung und Verfolgung nur mit Hilfe der elektronischen Hilfsmittel rationell genutzt werden können. Erst wenn die Ist-Daten aus dem Projekt heraus, z. B. durch direkte Eingabe von den Projektmitarbeitern, automatisch in das Projektmanagement-Verfahren zurückfließen, ist eine zeitnahe Verfolgung möglich.

Je nach Umfang des Projektes, der Häufigkeit der Änderungen und der Anzahl der Beteiligten bietet die moderne Informationstechnik drei Klassen von Planungswerkzeugen an:

▷ *Netzplanung* auf einem leistungsstarken Server für Mehrprojektplanung mit großen Projekten und vielen Beteiligten, wobei die Arbeitskapazitäten und der Bedarf an Finanzmitteln und Geräten laufend verfolgt werden können.

▷ *Netzplanung auf Workstations oder Arbeitsplatzrechnern* (z. B. MS-Projekt) mit den gleichen Funktionen wie im Großrechner, allerdings für weniger umfangreiche Projekte. Auch bei vernetzten Systemen ist die Zahl der Planungsmitarbeiter gegenüber der Groß-DV-Lösung eingeschränkt.

▷ Einfache *Terminlisten mit Balkenplandarstellung* z. B. auf der Basis von Excel.

Aufgaben planen wir einerseits aus der Gesamtaufgabenstellung unserer Stelle heraus, andererseits als Teil von Projekten.

Die Aufgabenplanung führt zur *Maßnahmen- oder Aktionsplanung*, die bis herunter zur einzelnen Tätigkeit zu einem konkreten Termin detailliert durchzuführen ist.

Neben allen diesen hierarchisch abgeleiteten Planungen gibt es an jedem Arbeitsplatz ein mehr oder weniger starkes Störfeuer an Anfragen, Kleinaufträgen, Besorgungen und Terminen. Diese tausend Kleinigkeiten »vernebeln« unser geplantes Vorgehen und setzen unser Selbstmanagement teilweise völlig außer Kraft. Wer kennt nicht den Satz: »Jetzt habe ich 9 Stunden rotiert und eigentlich bin ich mit meinen Aufgaben kein Stück weiter.« Hier hilft nur die *Liste offener Punkte* (LOP), die wir immer aktuell führen.

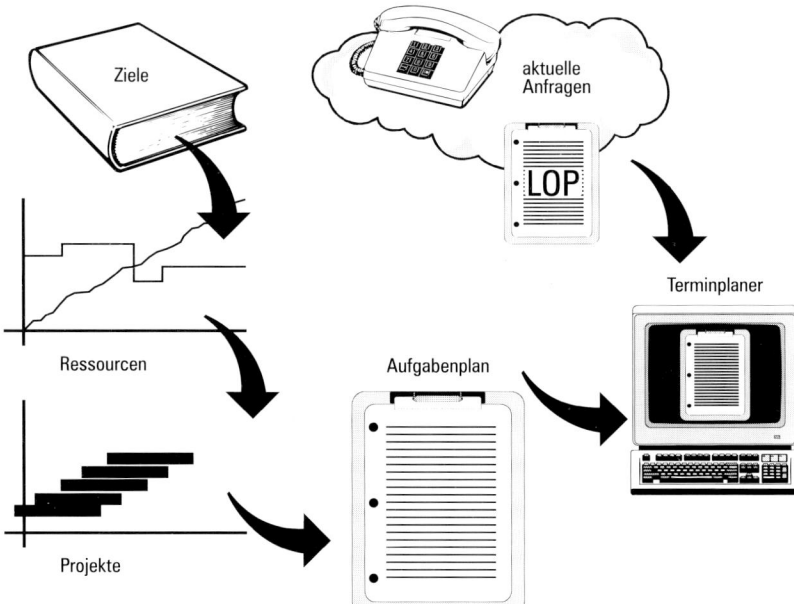

Bild 8.5
Wie unsere Planungsabläufe
zusammenhängen

Bild 8.5 zeigt den groben Zusammenhang unserer Planungsabläufe. Aus Gründen der Übersichtlichkeit sind die wichtigen Rückflüsse aus den diversen Planungen nicht dargestellt. Unser Selbstmanagement-Werkzeug muß hierfür aber Lösungen haben.

> Nur wenn alle Planungszyklen sich weitestgehend automatisch gegenseitig abgleichen und letztlich im Terminplaner landen, können wir komplexere Situationen noch beherrschen.

Eine Möglichkeit hierzu ist die Kombination der Projektplanung in MS-Projekt mit der Termin- und Aktionsplanung in MS-Schedule bzw. MS-Outlook.

Arbeitshilfsbuch, Zeitplaner

Unser modernes Arbeitshilfsbuch in unserem PC basiert z. B. auf dem elektronischen Terminverwaltungssystem MS-Schedule. Es

▷ hat eine Uhr und einen Kalender,
▷ unterstützt Jahres-, Monats-, Wochen- und Tagesplan hinsichtlich aller
    Termine
    Kontakte
    Aufgaben,
▷ führt Adreß-/Telefonliste, Benutzer/Gruppen,

▷ unterstützt bei Projektplanung und Aufgabenplanung
▷ verwaltet unsere Liste offener Punkte,
▷ verwaltet Notizen zu Terminen, Kontakten, Aufgaben

und ist über das Netz für unsere Kollegen im Zugriff. Je nach Berechtigung dürfen sie »nur lesen«, »lesen und ändern« oder sogar »neue Termine eintragen«. Private Einträge sind für sie gesperrt.

Planen unterwegs

Als »mobiler Arbeiter« können wir unser Notebook als elektronisches Arbeitsbuch immer mitnehmen. Wir haben damit zu Hause, auf Reisen, im Hotel und bei Kunden jederzeit alle unsere Aktivitäten im Griff und einen Zugang zu allen relevanten Daten über den Netzanschluß und ein Fax/Btx/E-Mail-System.

Im Gegensatz zum papierenen Arbeitsbuch kann das elektronische Zeit-Plan-Buch aber nicht nur passiv Aktivitäten und Termine auflisten, sondern als programmierter PC kann es auch:

▷ aktiv an Termine erinnern (Weckton)
▷ aktiv Einladungen für Besprechungen verschicken (E-Mail, Fax, Voice Mail)
▷ Hotelbuchungen erledigen

▷ Etagenservice bestellen
▷ Besprechungsvorbereitung liefern (Vorgang aus Ablage suchen)
▷ elektronische Dokumente mitnehmen
▷ sich immer bei Bedarf mit dem Stand in der Firma abgleichen (neue Mails, neue Termine, usw.)

Wer nicht immer und überall ein Notebook dabei hat, wird wohl zumeist zusätzlich mit einem papierenen Arbeitshilfsbuch auskommen müssen. Hier gibt es in Kaufhäusern ab 20.- DM und bei Spezialisten für mehrere 100,– DM repräsentative Ringbuch-Lösungen.

Die Inhalte sind zumeist ähnlich und entsprechen den oben dargestellten Rubriken der elektronischen Form. Sinnvolles Selbstmanagement kann auf der Basis dieser Arbeitshilfsbücher aber nur verwirklicht werden, wenn die Abstimmung mit dem elektronischen Kalender zuverlässig täglich erfolgt. Hierfür gibt es PC-Programme passend zu den Ringbüchern (z.B. time/systems) und die Möglichkeit, die aktuellen Inhalte des elektronischen Arbeitsbuches im gewünschten Format (DIN A4 bis DIN A6) auszudrucken. Letztlich bleibt das Problem, daß wir zwei gleichartige Arbeitsbücher laufend abgleichen müssen und die Kollegen im Netz meist eine veraltete Fassung vorfinden.

> Der Nachteil von Arbeitshilfsbüchern in Ringbuchform ist, daß man abgelaufene Unterlagen ausheftet, um das Buch handlich zu halten. Ein gebundenes Buch, z.B. eine einfache Kladde hat den Vorteil, daß über einen bestimmten Zeitraum alle Aktivitäten (insbesondere Besprechungsnotizen und -skizzen) parat sind. Allerdings muß man die konstanten Teile wie das Adreßverzeichnis, Arbeitspläne usw. immer wieder in das nächste Buch übernehmen.

8.3.7 Kommunizieren

Der Büroarbeitsplatz ist immer integriert in die technischen Möglichkeiten der Firmenkommunikation:

▷ Telefon
▷ Fax
▷ E-Mail
▷ Intranet
▷ Videokonferenz

In größeren Firmen gibt es Telefonanlagen, die die Sprachkommunikation steuern, und Local Area Networks (LAN) für den Datenverkehr am Standort. Standortübergreifend werden Wide Area Networks (WAN), das Integrated Services Digital Network (ISDN) oder andere Übertragungsdienste genutzt.

Das sog. LAN ist rechtlich in erster Linie ein Datennetz innerhalb eines postalischen Grundstückes. In der Praxis werden oft alle Netze einer Firma in einer Stadt oder in einem bestimmten Gebiet als ein *logisches LAN* betrachtet und administriert. Zunehmend wird auch die Telefonie über LANs abgewickelt, so daß die Unterscheidung in »Datennetz« und »Sprachnetz« heute überholt scheint. In gleicher Weise verschwimmen auch die Grenzen zwischen LAN und WAN, wenn z.B. als LAN und als WAN normale ISDN-Strecken genutzt werden.

Um die Telefonfunktionen des ISDN nutzen zu können, muß der PC entweder selbst über Sprachein- und -ausgabemöglichkeiten verfügen (siehe Multimedia), oder er muß ein digitales Telefon einbinden. Diese Gerätekombination ermöglicht ein komfortables, PC-gestütztes Telefonieren mit

▷ Anwahl durch den PC zu vorgegebenem Datum/Uhrzeit,
▷ Anwahl aus der Adreßdatei heraus,
▷ Statistik kommender und gehender Telefonate,
▷ Übersicht über vergebliche Anrufversuche mit einfacher Wahlwiederholung,
▷ Übersicht über nicht angekommene Rufe und
▷ programmierbarem Anrufbeantworter.

Die Einbindung in ein Bürokommunikationsnetz (LAN, WAN) bietet dem einzelnen Arbeitsplatz viele Vorteile wie

▷ Zugriff auf gemeinsame Ressourcen (Drucker, Scanner, Plotter usw.),
▷ Zugriff auf gemeinsame Daten oder Programme,
▷ Austausch elektronischer Nachrichten oder
▷ Zugriff auf externe Dienstleistungen (Rechnerleistungen, Verfahrensleistungen, Informationsangebote, Kommunikationsdienste, Internet).

Diese Einbindung bringt allerdings auch Einschränkungen und Gefahren mit sich:

▷ Jeder Arbeitsplatznutzer muß sich den Regeln unterwerfen, die das Netz ihm vorgibt (Software, Zugangsschutz, »Ort« der Ablage usw.).

▷ Der Austausch von Dokumenten im Netz erfordert gleiche, oder zumindest kompatible Software (das bedeutet unter Umständen, daß man sich vor dem Austausch absprechen oder informieren muß).

▷ Es besteht die Gefahr, übers Netz Viren einzufangen.

▷ Nur wenn Netz und Server funktionieren, können die angeschlossenen Systeme zuverlässig arbeiten.

▷ Bei lascher Handhabung der Sicherheitsregeln öffnet das Netz Unbefugten Zugang zu vertraulichen Dokumenten.

Dokumente verteilen (Fax, E-Mail)

Die klassische Hauspost befördert noch immer viel zu viel Papier von einem Arbeitsplatz zum anderen.

Das externe Fax-Volumen nimmt noch immer nicht spürbar ab. Viele Partner, insbesondere Kleinfirmen sind noch immer nur per Fax erreichbar.

Wir sollten uns deshalb selbst analysieren:

Wieviele Faxe bekomme ich ? Wieviele Faxe versende ich ? Kommen meine Faxe alle aus dem PC oder sind es Papiere mit handschriftlichen Bemerkungen? Wieviele Faxe möchte ich nur ansehen?

Abhängig von der echten Situation sollten wir uns überlegen, ob wir abgehende Faxe direkt aus dem PC senden wollen oder ob wir auch ankommende Faxe direkt im PC empfangen möchten. Die zweite Version ist erheblich teurer.

Electronic Mail hat gegenüber Briefpost und Fax den Vorteil, daß der Empfänger das Dokument gleich

▷ elektronisch erhält,
▷ elektronisch bearbeiten kann,
▷ elektronisch ablegen kann,
▷ elektronisch weiterverteilen kann (auch an Verteiler),
▷ sieht, ob der Empfänger das Dokument erhalten bzw. gelesen hat,
▷ Rückantwort verlangen kann

und daß vom E-Mail-System automatisch Postausgangs- und Posteingangsbücher geführt werden.

Der Unterschied zwischen Mail und Arbeit in gemeinsame Dateien liegt darin, daß die Mail eine Kopie für den Empfänger – zu dessen freier Verfügung – darstellt, während bei der Arbeit in einer gemeinsamen Datei (siehe Abschnitt 8.3.11) nicht mehr nachvollziehbar ist, wer welche Korrekturen durchgeführt hat (wenn das nicht ergänzend zum eigentlichen Dokument »notiert« ist).

Die Art der Verteilung von Dokumenten schlägt sich in unserem Selbstmanagement in drei Aspekten nieder:

1. Die Zieladressen oder Verteiler sollten aus unserer aktuell gepflegten *Adreßdatei* kommen.

2. Unser Mailsystem sollte unbedingt ein *Postausgangsbuch* führen, in dem wir abgesandte E-Mails auch nach längerer Zeit nachvollziehen können.

3. Bei der elektronischen Verteilung unserer Briefe entfallen die aufwendigen Arbeitsgänge Kopieren, Sortieren, Kuvertieren und Frankieren.

> Die Einfachheit der elektronischen Verteilung bringt es häufig mit sich, daß wir eine Mail an zu viele Adressen verschicken, weil »der das doch sicher auch wissen muß«. Wir sollten unsere Verteiler sehr sorgfältig prüfen!

Nebenbei geben Posteingangs- und Postausgangsbuch wichtige Planungsgrundlagen für unsere Aufgabenanalyse, da hier unser gesamtes Postaufkommen erfaßt ist.

Oft ist es uns zu lästig, eingehende Dokumente gleich ins Document Handling System abzuspeichern, weil wir sie vielleicht nicht gleich brauchen. Das ist falsch!

> Keinesfalls dürfen wir Dokumente im Mailsystem gespeichert halten, da sie uns unter Umständen bei Bedarf im Document Handling System nicht zur Verfügung stehen! Außerdem müssen wir die Mail ein zweites Mal öffnen, um an die Dokumente heranzukommen, das ist vergeudete Zeit! Für Wiedervorlagen haben wir eine andere Lösung.

Kommunikation im LAN

Im Local Area Network stehen neben den funktionalen Servern wie Mail-Server, Fax-Server, usw. auch firmeninterne Ablage- und Informationsserver zur Verfügung, deren Datenbanken (SQL, Access oder auch Oracle oder Ingres) uns mit »harten«, strukturierten Daten versorgen. In der Regel werden diese Server von Dienstleistungsstellen betrieben, die uns hier Informationen im Originalformat (z. B. Word) anbieten.

Für den Uneingeweihten ist es oft schwer oder unmöglich, in der hierarchischen Baumstruktur dieser LAN-Server etwas zu finden. Deshalb verlagert sich das Feld der Informationsserver derzeit stark auf das Intranet.

Kommunikation im Intranet

Der moderne Büroarbeitsplatz ist ein Umschlagsplatz für Informationen. Die Qualität und die Geschwindigkeit unserer Arbeit hängt direkt zusammen mit unserer Fähigkeit, alle wichtigen Informationen zu einem Thema ständig parat zu haben. Die steigende Informationsmenge und der Wunsch nach immer stärkerer Aktualität zwingt uns dazu, täglich in immer weiteren Kreisen aktiv nach Informationen zu suchen.

Tut man dies im *Internet*, dann sagt man »surfen«, weil es sich dort in der unüberschaubaren Informationsmenge ja kaum noch um gezielte Suche handelt, sondern um mehr oder weniger ungesteuertes Hangeln von Information zu Information. Hier ist unser Selbstmanagement besonders stark gefordert:

> ▷ Nur bei einer klaren Zielvorstellung im Internet surfen!
> ▷ Möglichst Suchmaschinen (Search Engines) einsetzen!
> ▷ Zwischenergebnisse sofort in einer Kladden-Datei festhalten!
> ▷ Auch freie Surf-Aktionen mitschreiben und zeitlich begrenzen!
> ▷ Wichtige Adressen sofort im Verzeichnis der Bookmarks abspeichern und dort pflegen!

Im *Intranet*, dem firmeninternen Internet, stehen heute viele Informationen in einer klaren, nach Sachgebieten geordneten Struktur für praktisch alle Mitarbeiter zur Verfügung:

A Statische Informationen

Unternehmensziele und -daten
Informationen über Kunden und Produkte
Rundschreiben und Fachanweisungen
Recherche in Datenbanken
Organisationsstrukturen
Organisationspläne
Aufgabenpläne
Mitarbeiteradressen

B Arbeitsdaten

Finanzdaten
Inventarlisten, Verkaufszahlen
Rundschreiben
Qualitätsdokumentation
Normen
Protokolle
Terminübersichten
Text- und Grafikarchive

C Unterstützung von Workflow-Prozessen

Schwarzes Brett
Koordination von Teams
Anwesenheitsübersichten
Interaktive Geschäftsvorgänge
Internes Bestellwesen
Supportleistungen
Hilfefunktionen

D Aus- und Weiterbildung

Allgemeines Kursangebot
Kurse über Netz
Tutor-Dienste

Jede im Internet dargestellte Seite (Page) ist ein einzeln gespeichertes Dokument. Daraus resultiert die Möglichkeit, Querverweise (Hyperlinks) von jedem Begriff einer Page auf eine beliebige andere Seite (auch in einem anderen Land, bei einem anderen Unternehmen) zu machen. Durch Anklicken des jeweiligen Stichworts verzweigt das Darstellungsprogramm, der Browser, auf diese Seite.

Dokumente im Internet haben ein spezifisches Format. Mit html kann man recht gute passive Seiten gestalten. Mit JAVA oder Active-X kann man der Seite ein Verarbeitungsprogramm einprogrammieren, das z. B. Eingaben überprüft und Aktionen einleitet (Applets).

Im Gegensatz zum Internet mit seiner totalen Freiheit stehen im Intranet nur gesicherte, verbindliche Informationen. Hierzu gibt es spezielle Protokolle, z.B. das Point to Point Protocol von Microsoft, mit deren Hilfe man abgesicherte, *private Netzwerke im Internet* schaffen kann.

Aus dem Internet übernommen wurden auch die *Personal Homepages*, mit denen sich die Mitarbeiter auch im Intranet darstellen können.

> Für unser Selbstmanagement könnte die Personal Homepage hilfreich sein, wenn wir dort angeben,
>
> ▷ welche Aufgaben wir bearbeiten,
> ▷ wann und wie wir erreichbar sind oder
> ▷ welche besonderen Fähigkeiten wir haben.

Das World Wide Web

Das Internet oder auch World Wide Web (WWW) hat viele Millionen Nutzer und viele tausend Informationsanbieter. Täglich kommen unüberschaubare Mengen hinzu. Da es kein übergreifendes Netzwerkmanagement gibt, weiß niemand über alle Entwicklungen Bescheid. Das sogenannte »Web« hat sich zu einer eigenen Welt mit eigenen Gesetzen entwickelt, die von fast allen Unternehmen als zusätzliche Werbefläche genutzt wird, aber auch Gefahren birgt.

> Geizen Sie mit ihrer E-Mail-Adresse und/ oder nutzen Sie ein Pseudonym, wenn Sie sich im Internet bewegen, und schützen Sie sich vor unerwünschter Werbung.

Anbieter wie z.B. http://www.hotmail.com bieten einen kostenlosen E-Mail-Filter, in dem unerwünschte Werbung hängen bleibt.

Auch AOL (America Online) kann Werbe-Mail herausfiltern.

Besonders für Eltern gedacht, aber auch in Firmen einsetzbar sind *Zugangskontrollprogramme* wie z.B. NetNanny (http://www.netnanny.com), die den Zugang zu bestimmten Seiten oder zu Seiten mit bestimmten Inhalten überwachen bzw. verhindern.

> Jeder WWW-Nutzer sollte sich vor Augen führen, daß er in diesem internationalen Netz schnell immense Kommunikationskosten verursachen kann, wenn er z.B. von einem Server in Amerika etliche Seiten mit Bildern abholt.

Eine neuartige, wichtige Art der *Weiterbildung* geschieht über das Internet. Ein Beispiel ist das Microsoft Online Institute (http://moli.Microsoft.com), das spezielles Training für Microsoft-Produkte ermöglicht. Auch Universitäten bieten bereits die Online-Studiengänge an, so z.B. die Fernuniversität Hagen.

Dokumente im WWW

Da im WWW die Dokumente als einzelne Seiten möglichst attraktiv gestaltet werden sollen, braucht man dafür spezielle Darstellungsformate. Für uns ergibt sich daraus folgendes Problem bzw. Aufgabenfeld:

▷ Eigene Dokumente, die wir ins WWW stellen, haben zwei verschiedene Speicher- und Darstellungsformen (z.B. Word und html, Java oder Active-X, KIT usw.)

▷ Gefundene Dokumente sind zumeist nur in einem WWW-Format gespeichert, müssen aber für die weitere Bearbeitung umgesetzt werden.

Das Document Management System muß die Verbindung zwischen den beiden Dokumenten halten und dafür sorgen, daß beide immer auf dem gleichen Stand sind. Wenn wir dies nicht einrichten können, müssen wir selbst eine derartige Referenztabelle pflegen!

Microsoft hat dieses Problem erkannt und integriert schrittweise den Zugang zum Internet und die Behandlung von Web-Dokumenten (html, Java, Active-X, usw.) direkt in die Office-Produkte und teilweise direkt in das Betriebssystem.

Ein Problem aller Web-Seiten wird bleiben, bzw. sich noch enorm verstärken: Jede schön bunt gestaltete Web-Seite mit animierten Texten, Farbfotos oder gar eingelegten Videosequenzen ist ein Speicherfresser mit bis zu 10 Megabyte! Diese Bit-Menge wird gespeichert, übers Netz geschickt und – natürlich – auch bezahlt!

Suchen, finden, nutzen

Viele interessante Informationsangebote finden wir im WWW aufgrund von Hinweisen aus unserem Kollegenkreis. Im Fachhandel gibt es massenhaft Literatur mit »empfehlenswerten« Adressen. Wenn wir aber zu einem Thema selbst auf die Suche gehen wollen, gibt es vier Wege durch das Informationsgestrüpp:

1. Verzeichnisse (Yellow Pages)

http://www.yahoo.de
    internationales Verzeichnis in deutscher
    Sprache

http://www.dino-online.de/seiten.html
    deutsches Verzeichnis

http://vroom.web.de
    deutsches Verzeichnis

http://www.suchen.de
    deutsches Verzeichnis

2. Search Engines

http://www.netguide.de
    Verzeichnis und Suchmaschine

3. Freies Surfen

In der Regel suchen wir Informationen zu bestimmten Stichworten oder Themengebieten. Manchmal wollen wir aber bewußt einfach neugierig sein und durch freies Surfen assoziativ »mal reinschauen«. Hier empfiehlt es sich,

▷ die verschlungenen Wege in einem WWW-
    Diary mitzuschreiben,
▷ die angesprungenen Adressen in ein eigenes
    Diary zu kopieren,
▷ sich ein Zeitlimit zu setzen und
▷ offen gebliebene Links extra zu speichern,
    wenn Sie sie später einmal verfolgen
    möchten.

4. Diskussionsforen

Zu beinahe jedem beliebigen Thema gibt es im WWW Diskussionsforen. In der speziellen Sprache des Web heißen sie »Chats«. Hier tauschen beliebige Teilnehmer ihr Wissen und ihre Meinungen zum eingebrachten Thema aus (sie »chatten«). Manche Fachfrage läßt sich auf diese Weise schnell und kompetent lösen.

Die großen Dienstanbieter T-online, AOL und Compuserve, aber auch Unmengen kleinerer Anbieter vermitteln uns den Zugang zum Internet, bieten eigene Dienstleistungen (z. B. Betreiben einer Mailbox) und Beratungsleistung. Natürlich gegen Verrechnung. Zum Beispiel bietet auch Publicis MCD, deren Verlagsabteilung dieses Buch bearbeitet, produziert und veröffentlicht hat, Internet-Dienstleistungen an.

Bei der Planung und Kalkulation einer Internetanbindung ist genau zu prüfen, ob das Angebot auf unseren Bedarf zugeschnitten ist oder nicht. Unterschiedliche Anbieter kalkulieren völlig unterschiedlich. So gibt es die Möglichkeit, einen Komplettpreis auszumachen (z. B. X,– DM je Monat inklusive Datentransfer und Telekommunikation bei 64 KB Standleitung) oder einen Festpreis für den Anschluß plus Gebühren für den Datentransfer (z. B. Y,– DM je Monat plus 1,50 je MB Datentransfer). Dazu können einmalige Kosten für die Installation kommen.

Manche Anbieter bieten einen Internetzugang für sehr wenig Geld, geben allerdings nicht an, wie hoch die Datenübertragungsraten und -kosten erwartungsgemäß sein werden.

Telefonieren

Das ISDN-Netz der Telekom ist ein schnelles Übertragungsnetz (2 Kanäle zu je 64 Kbit/s), das den Datenübertragungsdienst (Datex), den Telex/ Teletex-Dienst und den Telefon-Dienst in einem digitalen Netz vereinigt. Das Netz bietet zwei Nutzkanäle (also quasi eine zweite Leitung) und einen Steuerkanal, der z. B. die Nummer des Anrufers signalisieren kann, auch wenn beide Leitungen besetzt sind. Durch diese Funktionen erschließen sich unserem Selbstmanagement neuartige Möglichkeiten:

▷ Anzeige der Rufnummer des anrufenden Teilnehmers und automatischer Rückruf
▷ Durchwahl
▷ Anklopfen
▷ Anrufweiterschaltung
▷ Dreierverbindung
▷ Gebührenanzeige

Eine wesentliche Funktion der ISDN-Anlage ist das *Voice-Mailing*. Hierbei wird für jeden angemeldeten Teilnehmer ein Postkasten verwaltet, in dem ankommende Telefonate wie in einem Anrufbeantworter abgelegt werden können. Der Postkasteninhaber kann von jedem beliebigen Telefon aus diese Nachrichten abrufen, an andere Telefon-Postkästen weiterleiten oder selbst zusätzliche Nachrichten ablegen.

Im beiderseitigen ISDN-Verkehr bringt die Funktion *Automatischer Rückruf* weitere Vereinfachungen. Sie wird verwendet, wenn der angewählte Teilnehmer besetzt oder nicht erreichbar ist. Das Telefon wartet selbsttätig ab, bis der Teilnehmer das laufende oder nächste Gespräch beendet hat und erneuert dann den Anruf. Außerdem kann während eines Telefongesprächs ein weiterer Teilnehmer zugeschaltet werden (*Dreierkonferenz*). Verläßt man seinen Arbeitsplatz, kann man durch die Funktion *Anrufumleitung* ankommende Telefongespräche zu dem Anschluß weiterleiten, in dessen Nähe man sich aufhält.

Durch die Verbindung des PC mit dem Telefon können wir uns eine einfache Wahlhilfe oder auch ein intelligentes Telefonmanagement einrichten. Der Nutzen einer reinen Wahlhilfefunktion ist für den normalen Büroarbeiter minimal, da jedes Telefon sowieso schon Zielwahlspeicher und Wahlwiederholung hat.

Für das Selbstmanagement einer Sekretärin oder eines Vieltelefonierers aber erschließt das Telefonmanagement eine ganze Reihe von praxisnahen täglichen Telefonhilfen:

▷ Anruferliste abarbeiten nach Prioritäten (Ruf-Nr. aller Anrufe werden gespeichert)
▷ Wahlwiederholung zu einem vorgegebenen Zeitpunkt (z. B. erst nach der anstehenden Besprechung)
▷ Automatische, programmierte Anrufe (z. B. Anruf zum Geburtstag, zu einem Mahntermin, usw.)
▷ Automatische Schaltung einer Telefonkonferenz (z. B. Statusbericht nach einer Reise)
▷ Einblenden von Daten zum Anrufer anhand der übermittelten Telefon-Nr.
▷ Einblenden von Unterlagen im Zusammenhang mit dem Partner
▷ Einblenden einer Bemerkungstextzeile für Anmerkungen zum Gespräch
▷ Führen einer Telefonate-Liste mit Bemerkungstexten

Wenn wir das Telefonmanagement nutzen, sollten wir aber wirklich alle Anrufe durch den Terminplaner auslösen lassen können.

Falls unsere Selbstanalyse ergeben hat, daß wir häufig nicht erreichbar sind, weil wir viel unterwegs sind, müssen wir uns mit folgenden Postdiensten beschäftigen:

Skyper ist der Funkrufdienst mit einer großen Anzahl von Infotainment-Programmen. Der kleine News Assistant rührt sich, wenn es was zu melden gibt, und empfängt Textnachrichten, die direkt an die Nr. gesandt wurden.

Scall ist der wachstumsstarke Pagingdienst für junge Leute. Er war der erste ohne monatlichen Grundpreis.

Cityruf ist die kostengünstigste Art der Erreichbarkeit. Das Absetzen eines Cityrufes ist derzeit schon ab 0,12 DM möglich.

Mobilfunk ist allgemein bekannt. Achten wir darauf, daß wir unser Notebook über unser Handy kommunizieren lassen können! Probleme gibt es allerdings z. B. beim Arbeiten im Zug oder im Flugzeug!

Multimediale Kommunikation

Seit 1989 werden unter den Stichworten Hypertext, Multimedia und Hyperdoc Softwarepakete für PCs angeboten, die bewegte, farbige Bilder, bewegte Grafiken und Videosequenzen behandeln können.

Nutzungsbeispiele:

1. Ein Immobilienmakler kann einem Kunden sehr attraktiv das angebotene Haus darstellen, indem er es auf dem Bildschirm dreht. Die Innenräume werden als Farbgrafiken gezeigt, wobei auf Knopfdruck dann die Raumgröße und sonstige Daten eingeblendet werden. Auch computeranimierte Videos sind möglich, die der Betrachter selbst steuert, als würde er sich in dem Haus bewegen. Hier ist der Übergang zu den Techniken des *Cyberspace*, in dem wir uns als virtuelle Wesen in einem virtuellen Raum bewegen und unsere Bewegungen (Kopf, Hände, Augen) über Sensoren auf die virtuelle Bewegung in der virtuellen Welt übertragen werden.

2. In der Techniker-Anleitung für ein Automobil kann der Techniker auf einem Übersichtsbild das schadhafte System (z. B. die Bremse) anklicken, worauf dieses System vergrößert dargestellt wird. Diese Prozedur geht bis zum kleinsten Teil. Auf Wunsch zeigt der PC dann jeweils auch besondere Tips zum Aus- oder Einbau oder zu Einstellvorgängen als Video-Spot oder als bewegte Farbgrafik. Dabei können die Kommentare auch durch Originaltöne ergänzt werden.

3. Die Kommentare zu einem Textentwurf werden in Word als Sprachanmerkungen eingegeben.

Videokonferenzen mit dem PC am Beispiel von I-View

Videokonferenzen sind für eine Fülle von Einsatzfeldern geeignet:

▷ Distance Learning (virtueller Klassenraum), Training, Ausbildung etc.
▷ Einsatz bei verteilten Arbeitsteams, z.B. Firmen mit verschiedenen Standorten, Fabriken und ihren Zulieferern, Serviceabteilungen
▷ Weitere Einsatzmöglichkeiten bieten sich überall dort, wo eine Beratung durch Experten erfolgt, wie z.B. bei Banken, Versicherungen, Reisebüros usw.

I-View unterstützt auch lokale Multimedia-Anwendungen. So können Sie über I-View MPEG-Videos von einer CD-ROM lesen und abspielen oder Stereo-Audio auf optionalen Lautsprechern oder über ihre vorhandene Audiokarte abspielen. Für die Nutzung von I-View müssen Sie »nur« die Karte in den PC einstecken. Die Karte belegt nur einen Steckplatz, sowohl Video als auch ISDN sind dort implementiert.

Die Vorteile von Viedokonferenzen sind:

Bessere Arbeitsergebnisse

Der schnelle Zugriff auf Spezialisten und Experten in aller Welt und die Möglichkeit der engen Zusammenarbeit führt zu einer höheren Qualität des Outputs. Projekte und Prozesse können so in hohem Maße beschleunigt werden.

Schnellere Entscheidungen

Statt komplizierter Termin-Koordination genügt ein kleines »Sichtfenster«, um Entscheider auf Kundenseite oder unternehmensintern kurz zu sehen und zu sprechen. Ein wesentlicher Vorteil ist, daß man sein »Gegenüber« sieht und ihn mit guten Argumenten überzeugen kann, was durch einen offenen Blick und eine sympathische Erscheinung durchaus erleichtert wird.

Höhere Effektivität

Weniger Zeit für Routinereisen, da mit einer Videokonferenz so manche Geschäftsreise überflüssig wird. Der Zeitaufwand für Außer-Haus-Termine wird somit reduziert und es bleibt mehr Zeit für das Wesentliche.

Höhere Rentabilität

Bis vor kurzem kam niemand umhin, für eine Ein- oder Zweistundenkonferenz in einer entfernten Stadt einen 8-Stunden-Tag zu opfern. Die Videokonferenz bietet Ihnen die Möglichkeit, den Kostenfaktor zu reduzieren, der nicht hoch genug eingeschätzt werden kann – *Ihre Zeit.*

Intelligente Communication Agents

Wie dargestellt, haben wir viele Informationskanäle und verlieren uns in der Flut an Informationen. Während früher wenigstens die wichtigen Informationen per Hauspost auf unseren Schreibtisch kamen, müssen wir uns jetzt selbst laufend aktiv um unsere Informationsversorgung kümmern – der Trend geht deutlich von der *Bringschuld* zur *Holschuld.*

Wenn ich aber einer Search Engine zum x-ten Male eingegeben habe,

▷ sie möge mir bitte die Börsenkurse von 12 bestimmten Aktien suchen,
▷ ich möchte am Montag bitte immer die Übersicht über Neuigkeiten in der Entwicklung und
▷ am Freitag hätte ich gerne eine Literaturübersicht zu meinem Fachgebiet,

dann kann sich der Communication Agent oder »Electronic Assistant« das speichern. Mit einiger Geduld ist es dann möglich, diesem »Sekretär« beizubringen, welche Informationen er mir bitte wann als *Electronic Newspaper* bereitzustellen hat.

Derartige Software wird wohl in Zukunft einen wichtigen Bestandteil unseres Selbstmanagements bilden.

> Richtig programmiert, können uns Communication Agents eine erhebliche Zeiteinsparung und/oder einen deutlichen Informationsgewinn bringen.

8.3.8 Darstellen

Berichte und Protokolle

Wer viele *Berichte* erstellt, muß in seinem Selbstmanagement einige Hilfsmittel einrichten:

▷ Berichte werden numeriert und mit ihrem jeweiligen Versionsstand in einer Berichtsliste erfaßt

oder

▷ Berichte werden im Document Management System beschrieben und abgelegt, d. h. die
 – Berichteliste und die
 – Versionsverwaltung
 entfallen.

Berichte und Protokolle müssen oft abgestimmt und unterschrieben bzw. freigegeben werden. Dieser Ablauf bindet viel Kapazität und verschlingt Durchlaufzeit. Ein kleines Abstimmungs-Verfolgungs-System (Workflow) im Zusammenspiel mit dem Document Management System entlastet uns hier enorm.

Gut angefertigte *Protokolle* enthalten im wesentlichen einen Katalog von Maßnahmen und Terminen. Die automatische Überführung der Maßnahmen in unsere Liste offener Punkte würde viel Zeit und Reibungsverluste sparen. Leider gibt es dafür bisher noch keine fertige Lösung auf dem Markt. Sofern wir können, müßten wir uns selbst Makros hierzu schreiben, aber der Zeitaufwand ist wohl nur in den wenigsten Fällen gerechtfertigt. Termine hingegen sollten sich automatisiert in die Terminplanung überführen lassen.

Folien

Folien entstehen an vielen Stellen in unserem Team. Nur eine gute Deskribierung und eine allgemein verfügbare Folien-Ablage verhindert hier Doppelarbeit und – was noch schlimmer wäre – konträre Aussagen.

Der Ablauf der Foliengestaltung (Abstimmung, Freigabe) bindet viel Kapazität und verschlingt Durchlaufzeit. Ein Abstimmungs-Verfolgungs-System (Workflow) im Zusammenspiel mit dem Document Management System bietet auch hier gute Hilfen.

Folien sind oft veraltet. Unser Document Management System sollte dafür eine automatische Wiedervorlagefunktion haben. Ideal wäre, wenn unsere Wiedervorlage im Rahmen des Terminplaners dazu benutzt werden könnte, Folien nach einer bestimmten Zeit zur Aktualisierung vorzulegen und auch gleich die Zeit für ihre Überprüfung einzuplanen.

Statistiken

»Hallo, Herr Huber, stellen Sie doch bitte bis morgen zur Statussitzung eine Statistik unserer Verbesserungsvorschläge zusammen.« "Aber

Herr Ober, das sind mindestens 1000 Stück! Das schaffe ich nie!«

Ein bekannter Vorgang. Der Chef hat eine Idee, wie er sein Referat besser darstellen könnte, aber die Statistik dauert zu lange. Wären die Verbesserungsvorschläge mit ihren Eckdaten in einem Document Management System erfaßt, könnte Herr Huber leicht einige gezielte Recherchen machen und dann die Daten mit Excel in kurzer Zeit zu aussagefähigen Statistiken umformen.

> Die meisten Statistiken basieren auf ganz wenigen Grundzusammenhängen, die wir uns speichern sollten. Damit steht uns ein Fundus von Standard-Auswertungen zur Verfügung, die wir nur hinsichtlich ihrer Werte aktualisieren müssen, um schnell zu einem mit früheren Auswertungen vergleichbaren Ergebnis zu kommen.

8.3.9 Besprechungsorganisation

Wer häufig Besprechungen organisieren muß, hat sicher längst eine Checkliste der üblichen Tätigkeiten. Eine elektronische Besprechungs-Checkliste kann noch einige Hilfen zusätzlich leisten:

Teilnehmer festlegen
 aus ähnlicher Besprechung übernehmen

Teilnehmeradressen
 im Directory suchen und übernehmen

Termine abstimmen
 in den elektronischen Terminkalendern suchen, sonst per Mail anfragen

Besprechungszimmer
 Anfragen per Mail oder Suche und Buchung im Verzeichnis (Schedule)

Bewirtung
 per Mail (Anzahl Teilnehmer weiß das System) buchen

Einladungstexte
 Standardtexte sind vorgegeben
 Beginn/Ende/Raum aus der vorherigen Bearbeitung
 Tagesordnung abstimmen über Mail

Einladung
 versenden inklusive vorbereitenden Unterlagen per Mail
 mit Rückantwort zu Termin und Tagesordnung

Protokoll
auf Basis der Einladung und der vorbereitenden Unterlagen
- abstimmen per Mail oder Videokonferenz
- ablegen im Document Management System
- ggf. ins WWW stellen
- Termine, Maßnahmen in entsprechende Planungsdateien übernehmen

Eine solche Bearbeitung läßt sich mit einfachen Hilfsmitteln, z. B. mit Schedule und Smart Assist von SNI leicht automatisieren und erspart uns von da an bei jeder Besprechung viel Zeit und Ärger.

8.3.10 Dienstreisen, Seminare, Urlaub

Längere Abwesenheiten wie Dienstreisen, Seminare oder Urlaub müssen im Terminplan entsprechend geführt werden. Oft vergessen wird der Aspekt der *Vertretung*, der auch im Notfallkonzept berücksichtigt sein muß.

MS-Exchange bietet hierfür einfache, aber wirkungsvolle Hilfsmittel.

Die Vorbereitung dieser Aktionen erfordert daher auch eine Checkliste, ähnlich der für Besprechungen. Nach den gleichen Prinzipien können wir uns auch hier wieder eine elektronische Version einer Checkliste aufbauen, die uns bei der ˙

▷ Reiseplanung (Autoroutenplaner, Reiseinformationen im Internet),
▷ Fahrplanauskunft (z. B. Autoroute, Hafas, usw.),
▷ Hotelsuche und -buchung oder der
▷ Vorbereitung der Besprechungen

entlastet wird. Im Vergleich zur einfachen, tausendfach bewährten Checkliste auf Papier kann die elektronische Form aber in diesem Beispiel erheblich mehr leisten:

▷ Die Abstimmung der Termine mit den Partnern erfolgt z. B. über automatische E-Mails aus der Funktion »Besprechung« von MS-Schedule.
▷ Die Rückmeldungen vermerkt Schedule übersichtlich an der Besprechungseinladung.
▷ Die Routenplanung kann uns (halb-)automatisch über Reisezeiten (Autoroutenplaner oder Fahrplan) informieren.
▷ Die ausgewählten Züge oder Flüge werden automatisch mit Platzreservierung gebucht.

▷ Die ausgewählten Hotels werden automatisch per E-Mail oder Fax gebucht.
▷ Die Tagesordnungen für die Besprechungen werden per E-Mail an die Teilnehmer verteilt und den entsprechenden eigenen Bearbeitern zur Vorbereitung per E-Mail zugestellt.
▷ Die vorbereitenden Unterlagen dieser Bearbeiter werden nach der Abstimmung per E-Mail an die Teilnehmer verteilt und in die entsprechende elektronische Reisemappe einsortiert.

Der Vorteil dieser elektronischen Reisevorbereitung kommt erst richtig zur Wirkung, wenn wir alle Vorbereitungsunterlagen automatisiert aus dem Document Management System herauskopiert und dann in unserem Notebook auf der Reise dabei haben. Bei unserer Rückkehr sorgt die Funktion »Aktenkoffer« von Windows 95 oder NT dann in Verbindung mit dem Document Management dafür, daß veränderte Dokumente als neue Version zurückgeschrieben werden.

8.3.11 Groupware

Als Mitglied eines Teams tauschen wir laufend Informationen mit den Teamkollegen aus. Wir

▷ bearbeiten die Eingangspost gemeinsam,
▷ greifen auf die gleiche Ablage zu,
▷ suchen gemeinsam nach Informationen,
▷ organisieren gemeinsam Besprechungen,
▷ stimmen uns laufend ab und
▷ verteilen unsere Ergebnisse gemeinsam.

Der klassische PC mit Microsoft Office ist hierfür (noch?) nicht optimal ausgelegt. Hier können einzelne Arbeitsplätze bzw. Mitarbeiter zwar auf gemeinsame Ablagen zugreifen und ihre Terminkalender gegenseitig einsehen, sie bleiben aber immer isoliert. Der übliche Nachrichtenaustausch ist Mail.

Die *Groupware Systems* wie z. B. Lotus Notes oder Microsoft Exchange gehen hier weiter:

▷ Alle Gruppenmitglieder arbeiten mit gemeinsamen Datenbanken.

▷ Statt dem Partner Dokumente per Mail zu kopieren, bekommt dieser nur einen Hinweis und arbeitet gleich an dem echten Dokument weiter.

▷ Die Datenbanken gleichen sich im ganzen Netz laufend ab (Replikation).

Im Rahmen eines Groupware Systems muß sich unser Selbstmanagement zwangsläufig zuerst nach den Möglichkeiten des Systems und den Methoden in der Gruppe richten.

Andererseits fallen natürlich alle technischen Schnittstellenprobleme und Inkompatibilitäten innerhalb des Büroprozesses weg, wenn alle Bearbeiter nur elektronisch arbeiten.

8.3.12 Mobiles Arbeiten

Büroarbeit findet heute nicht mehr nur am Schreibtisch statt. Wir alle arbeiten »unterwegs«. Sei es während einer Reise, beim Kunden, zu Hause und so weiter. Wirtschaftlich wird diese mobile Arbeit mit Hilfe eines Notebooks oder Laptops. Bei der Dokumentbearbeitung muß man aber Einschränkungen im Bedienkomfort (Tastatur, Bildschirm) akzeptieren. In Kombination mit einem Funktelefon können wir mit diesen mobilen PCs im Prinzip an jedem Platz der Welt arbeiten.

Vier wesentliche Voraussetzungen im Selbstmanagement hat diese mobile Form der Arbeit:

▷ Wir brauchen alle wichtigen Unterlagen elektronisch (oder notfalls in Papier).
▷ Wir müssen Termine prüfen und neu eintragen können.
▷ Wir müssen über unser Funktelefon (Handy) und über E-Mail erreichbar sein.
▷ Alles, was wir unterwegs elektronisch verändern, muß beim Andocken an das Netz in den Originaldokumenten auch nachgeführt werden (*Aktenkoffer* bei Windows 95 oder NT).

Im Hinblick auf die Sicherheit hat das mobile Arbeiten deutlich erhöhte Anforderungen.

Bei der *Betriebssicherheit* ist zu beachten, daß

▷ die Batterie schnell leer wird,
▷ der Drucker Papier und Tinte braucht,
▷ Telefon- oder Funkverbindungen abbrechen oder abgehört werden können und
▷ der »Abteilungsexperte« und der Wartungstechniker weit weg sind.

Bei der *Datensicherheit* ist zu beachten, daß portable Geräte einen hohen Wert darstellen. Aber nicht nur Diebe, auch unsere Vergeßlichkeit sorgen dafür, daß unser Notebook mit firmenver-

traulichen Daten verloren gehen kann. Deshalb muß dafür gesorgt sein, daß alle Daten verschlüsselt sind. Verschlüsselungstools sind im Markt verfügbar, wir sollten aber beachten, daß dies firmenpolitische und staatspolitische Aspekte tangiert und uns mit dem Sicherheitsbeauftragten absprechen.

In manchen Ländern, z. B. in Arabien, ist der Einsatz von Verschlüsselungssystemen übrigens verboten!

8.3.13 Teleheimarbeit

Unter den Begriff Teleheimarbeit (oder Telearbeit oder Teleworking) fallen alle beruflichen Tätigkeiten, die wir zu Hause durchführen und bei denen wir regelmäßig in Kontakt mit unserem Unternehmen stehen müssen oder für die wir den PC als Arbeitsmittel verwenden. Wie oft wir zu Hause arbeiten, zu welchen Tageszeiten, an welchen Wochentagen, ob zu festen oder flexiblen Arbeitszeiten oder im Bereitschaftsdienst, spielt dabei keine Rolle.

Stärken des Heimarbeitsplatzes sind insbesondere die Ungestörtheit und die wegfallenden Wegezeiten am Morgen und am Abend.

Teleheimarbeit fordert unser Selbstmanagement in ähnlicher Weise wie mobiles Arbeiten:

▷ Wir brauchen alle wichtigen Unterlagen zu Hause elektronisch.
▷ Wir müssen zu Hause Termine prüfen und neu eintragen können.
▷ Wir müssen über unser Telefon/Fax und über E-Mail erreichbar sein.
▷ Alles, was wir zu Hause elektronisch verändern, muß beim Andocken an das Netz in den Originaldokumenten auch nachgeführt werden (*Aktenkoffer* bei Windows 95 oder NT).

Ein besonderes Problem der Teleheimarbeit liegt in der eingeschränkten persönlichen Kommunikation mit den Kollegen. Unser Selbstmanagement kann hier helfen, indem wir

▷ gemeinsame Terminkalender einsetzen,
▷ gemeinsame elektronische Ablagesysteme nutzen,
▷ regelmäßige »Chats« in einem elektronischen Diskussionsforum abhalten und
▷ regelmäßige persönliche Treffen im Terminkalender planen.

Selbstverständlich gelten bei der Teleheimarbeit die Aspekte der Arbeitszeitverfolgung, der Sicherheit beim Netzbetrieb und der Gestaltung unseres Heimarbeitsplatzes, die meist in Betriebsvereinbarungen geregelt sind. Umfassende praktische Informationen zu diesem Thema bietet Ihnen z. B. das »Handbuch Telearbeit« von Dirk Börnecke.

8.4 Büroprozesse

Wir müssen bedenken, daß sich unsere Hilfsmittel, insbesondere der Technikeinsatz, innerhalb des gesamten Arbeitsablaufes auch an allen anderen Arbeitsplätzen auswirken werden.

So kann z. B. ein Schriftstück per Fax den nächsten Arbeitsplatz schneller erreichen, dort aber Mehrarbeit auslösen, weil der gesamte Text dort wieder abgeschrieben werden muß. Wenn alle Partner eines Büroprozesses die Dokumente elektronisch behandeln und weitergeben, dann kann uns das System auch helfen, den Fluß der Dokumente durch das Unternehmen zu beobachten und Stockungen zu erkennen.

Bei der Betrachtung der Prozesse im Unternehmen unterscheiden wir:

Geschäftsprozesse:
z. B. Erzeugung und Verkauf von Anlagen

Büroprozesse:
z. B. Erstellung eines Angebotes

Abteilungsprozesse:
z. B. Vorkalkulation eines Anlagenteiles

Schreibtischprozesse:
z. B. Erstellen eines Reiseberichtes

Mikroprozesse:
z. B. Einholen einer Unterschrift

Vorgänge:
z. B. Ablegen eines Dokumentes

Je nach der Art des Prozesses ist zur Restrukturierung oder Optimierung eine völlig unterschiedliche Vorgehensweise nötig.

Bei großen Prozessen setzen wir in der Regel mächtige Analysetools wie z. B. ARIS oder FACETS ein, um den Ablauf erst einmal beschreiben und untersuchen zu können. Dabei wird er fast immer in viele kleinere Büroprozesse zerlegt, die man nun neu gestalten kann.

Nach der Analyse und der Neugestaltung kann man diesen neuen Ablauf in Arbeitsanweisungen festschreiben oder mit Hilfe eines Workflow Systems (z. B. Workparty von SNI) auch die Steuerung und Verfolgung des Prozesses übernehmen. Dies wird man vorzugsweise auf den Ebenen der Büro- und der Abteilungsprozesse tun. Für die Vorgänge und Mikroprozesse bieten sich kleinere Tools an (z. B. Smart Assist).

Im Rahmen unserer Betrachtungen zum Selbstmanagement ist es wichtig, daß wir uns über die Prozesse klar werden, in deren Ablauf wir selbst (manchmal ohne es zu wissen) eingebunden sind (siehe dazu auch Kapitel 1.5). Dabei ist zu unterscheiden zwischen festen Aufgaben in regelmäßigen Prozessen und der Mitarbeit in »neuen« Projekten. Folgende Ansätze zur Analyse sind denkbar:

1. Sie listen alle Ihre Aufgaben auf und ordnen sie Büroprozessen zu.

2. Sie gehen Ihre Adressdatei durch und listen auf, welche Partner Ihnen regelmäßig Arbeiten zuleiten oder welchen Partnern Sie Aufgaben zuleiten. Daraus ergeben sich die zugehörigen Büroprozesse.

3. Sie listen die Arten von Dokumenten auf, mit denen Sie arbeiten, und ordnen ihnen Büroprozesse zu.

8.4.1 Wirtschaftlichkeit der Büroprozesse

Wirtschaftlichkeit im engeren Sinn wird von der Betriebswirtschaft definiert als Rendite auf das eingesetzte Kapital. In der Büroorganisation wird ein Prozeß als »wirtschaftlich« eingestuft, wenn er zur Erreichung seines (End-)»Produktes« in den Aspekten

▷ Arbeitszeit (stellvertretend für alle diesbezüglichen Kosten),
▷ Qualität (inhaltliche Richtigkeit, Qualität des Ablaufes, Qualität der Darstellung),
▷ Durchlaufzeit (Zeitraum vom Start, z. B. Auftragsvergabe, bis zum Abschluß),
▷ Kundenzufriedenheit und
▷ Mitarbeiterzufriedenheit

gleich oder besser bewertet wird als die Abläufe der Konkurrenz. Hierbei wird vorausgesetzt, daß das Büroprodukt (z. B. Angebot, Prüfbericht, Reiseabrechnung) als solches »den Aufwand wert«

Tabelle 8.2 Dimensionen üblicher Prozesse in großen Unternehmen

Prozeßtyp	Anzahl Beteiligte ca.	Durchlaufzeit ca.
Geschäftsprozesse	1000	2 Jahre
Büroprozesse	100	2 Monate
Abteilungsprozesse	10	2 Wochen
Schreibtischprozesse	3 – 4	4 – 10 Tage
Mikroprozesse	2 – 4	2 – 5 Tage
Vorgänge	1	2 – 5 Minuten

ist (siehe auch Kapitel 1.3). Jeder Büromitarbeiter ist an solchen Prozessen beteiligt (siehe dazu auch Kapitel 1.5). Den Umfang von Büroprozessen macht Tabelle 8.2 deutlich.

Im Rahmen des Selbstmanagements können wir nur bei Vorgängen, Mikroprozessen und Schreibtischprozessen die Kosten und Durchlaufzeiten *allein* beeinflussen, an den übrigen Prozessen sind wir – wie auch immer – beteiligt.

> Um im Selbstmanagement Maßnahmen zur Optimierung von Prozessen zu planen, müssen wir uns verdeutlichen,
>
> ▷ was ein Büroprodukt kostet,
> ▷ was es »wert« ist und
> ▷ wodurch Durchlaufzeiten entstehen.

Was kostet ein Büroprodukt?

Der wirtschaftliche Einsatz von Hilfsmitteln in einem Prozeß orientiert sich am Wert des Büroproduktes, das der Prozeß erzeugt, und am (Einsparungs-) bzw. Optimierungspotential. Alle Aufwendungen addieren sich von Arbeitsplatz zu Arbeitsplatz zu den Gesamtkosten.

Beispiel: *Büroprodukt »Bericht«*

1. Kosten der Erstellung beim Autor (Stundensatz enthält Lohn-, Lohnnebenkosten, Raummiete, PC, ...)
2. Kosten der Überarbeitung durch die Sekretärin
3. Kosten der Überprüfung/Korrektur durch den Chef
4. Kosten für die Infrastruktur (Ablage, Rückfragen per Telefon, Mail, ...)
5. Kosten für 3 Korrekturläufe

6. Kosten für die Vervielfältigung und Verteilung
7. Kosten bei den Adressaten: Posteingang, Lesen bis zur Umsetzung

Damit ergibt sich eine Modellrechnung, wie sie in Tabelle 8.3 dargestellt ist.

Der beispielhafte Bericht kostet demnach etwa 3000 DM. Das ist das 6- bis 7-fache der reinen Erstellungskosten! Es ist also offensichtlich, daß hier organisatorische und technische Rationalisierungsmaßnahmen angesetzt werden müssen. Auf die Durchlaufzeit gehen wir später noch ein.

Selbstmanagement heißt auch *kostenbewußt handeln*. Das bedeutet, daß wir berücksichtigen, welche Anforderungen an das spezielle Büroprodukt in Bezug auf

▷ Qualität des Inhalts,
▷ rechtzeitiges Vorliegen und
▷ Qualität der Form

gestellt sind und was im Rahmen unseres Anteils am Erstellungsprozeß beeinflußbar ist. Nur diese ganzheitliche Sicht läßt uns die Kosten im Prozeßverlauf richtig einschätzen und unsere Prioritäten bei der Aufgabenplanung richtig vergeben.

> Die Sicht auf den Prozeß gibt uns Hinweise, was wir selbst zur Verbesserung des Ablaufes beitragen können:
>
> Ist unser Arbeitsbeitrag wirklich notwendig oder könnte ihn ein Partner übernehmen?
>
> Kommt der Vorgang zum richtigen Zeitpunkt zu uns oder müßte ein weiterer Schritt eingeschoben oder ein Schritt weggelassen werden?
>
> Steht unser Aufwand im richtigen Verhältnis zum Gesamtaufwand?

Was ist der Wert eines Büroprodukts?

Büroprodukte sind fast immer Dokumente, die

▷ zum Produkt gehören (Bedienungsanleitungen, Preislisten, ...),
▷ seinen Produktionsprozeß begleiten (Zeichnungen, Stücklisten, Bestellungen, ...),
▷ die administrative Seite der Produktion darstellen (Lohnabrechnung, Zahlungsverkehr, ...),
▷ die Vermarktung des Produkts unterstützen (Anzeigen, Ablaufpläne für Kampagnen, Briefings ...) oder

Tabelle 8.3 Modellrechnung für das Erstellen eines Berichts

Tätigkeit	Kosten	Einsparmöglichkeit durch Selbstmanagement	Maßnahmen
1. Erstellen Autor (inkl. Ablage)	3 Std. zu 150,– = 450,–	1 Std. = 150,–	Letzten Bericht löschen Intelligentes Berichts-formular entwerfen Arbeit in ruhige Situation verlegen Document Management System (DMS) nutzen
2. Überarbeiten Sekretariat	0,5 Std. zu 90,– = 45,–	0,25 Std. = 22,50	Einsparung erzielt durch intelligentes Formular und DMS (kein Suchen)
3. Korrektur Chef	0,25 Std. zu 180,– = 45,–	5 min = 15,–	Einsparung durch DMS (kein Suchen)
4. Infrastrukturanteil	50,–		
Zwischensumme	*590,–*	*187,50*	
5. 3 Korrekturläufe	3 x 590,– = 1770,–	2 x 187,50 + 590,– = 965,–	Einen Korrekturlauf einsparen durch bessere Vorbereitung
6. Vervielfältigung und Verteilung an 10 Adressaten	0,5 Std. zu 90,– = 45,–	20 min = 30,–	Verteilung per E-Mail
7. Lesen/Umsetzen bei 10 Adressaten	10 x 0,3 Std. zu 150,– = 450,–	10 x 0,05 Std. = 75,–	
Gesamtsumme	*2855,–*	*1257,50*	

▷ selbst ein Produkt sind (Bücher, Zeitschriften, Vorträge, multimediale Präsentationen, ...).

Der betriebswirtschaftliche Nutzen eines Büroproduktes ergibt sich aus der Kombination von Inhalt, Qualität und Rechtzeitigkeit. Vom Nutzen profitieren alle diejenigen, die mit dem Büroprodukt arbeiten, d.h. umgehen müssen. Damit ergibt sich aber noch nicht automatisch eine Wirkung, die sich in einem Geschäft, Gewinn usw. für ein Unternehmen niederschlägt. Beurteilt man Büroprodukte nach ihrer Wirkung, dann ergeben sich vier Kategorien:

▷ Vermarktbares Endprodukt (Zweck: Verkaufserfolg)
▷ Teil des Produktionsprozesses (Zweck: Förderung/Störung der Produktion)

▷ Maßnahmenvorschlag (Ziel: Umsetzung)
▷ Information (Zweck: Anstoß zum Handeln)

Das Büroprodukt ist auf sein Ziel bzw. seinen Zweck hin zu optimieren, wobei auch die absolute, d.h. die speziell für das Produkt eingesetzte Arbeitszeit und die Durchlaufzeit ihren positiven oder negativen Beitrag im Hinblick auf die inhaltliche und formale Qualität des Ablaufes und des Ergebnisses haben.

8.4.2 Durchlaufzeit ist alles

Ein besonderer Schwerpunkt unseres Selbstmanagements muß in der aktiven Verfolgung der Durchlaufzeiten liegen.

Jeder von uns hat wohl schon einmal stundenlang bei einem Arzt gewartet, um dann in 5 Minuten »abgefertigt« zu sein. Dieses Unverhältnis zwischen der echten Bearbeitungszeit und der Gesamtdauer eines Vorganges kann sich noch wesentlich verschlimmern, wenn mehr Stationen an einem Prozeß beteiligt sind.

Nach H. Zangl gelten für alle Prozesse – vom Vorgang bis zum Geschäftsprozeß – die folgenden Bestimmungsgrößen:

▷ Bearbeitungszeiten
▷ Transformationszeiten
▷ Abstimmungs- und Kontrollzeiten
▷ Transportzeiten
▷ Rüstzeiten
▷ Liegezeiten

Unseren Anteil an der Gesamtdurchlaufzeit steuern wir durch unser Selbstmanagement.

Ein typisches Szenario für als unwichtig eingestufte Vorgänge sieht folgendermaßen aus:

Bei einem *Verwaltungsprozeß* (z. B. Ablauf einer Bestellung) steht einer Summe aller Bearbeitungszeiten von 1 Stunde eine Durchlaufzeit von mehreren Wochen gegenüber. Als niedrige Priorität eingestuft, bleibt der Vorgang an jedem Platz erst einmal 1 bis 3 Tage liegen. Eine Rückfrage kann erst nach Tagen geklärt werden, und die Transportzeiten mit der Hauspost über 6 beteiligte Arbeitsplätze addieren sich zu stolzen 9 Tagen! Sollte ein Mitarbeiter der Kette auf Dienstreise sein, verlängert sich die Durchlaufzeit meist um mindestens diese Reisezeit. Wenn dann noch unvollständige oder fehlerhafte Bearbeitungen hinzukommen, die eine zeitaufwendige Nachklärung erfordern, kommen astronomische Durchlaufzeiten zustande.

Ganz anders laufen die sogenannte *Direktionsaufträge*, bei denen jeder Vorgesetzte genau beobachtet, wie schnell und zuverlässig der Vorgang abgewickelt wird und bei denen er notfalls selbst die Vertretung des abwesenden Mitarbeiters übernimmt.

An Arbeitsplätzen, die stark in derartige Abläufe eingebunden sind, werden wir deshalb unsere Vorgänge aus eigenem Interesse exakt verfolgen. Dies ist natürlich leichter, wenn alle Vorgänge elektronisch ankommen, weil damit schon der Eingangsstempel und der Eintrag in der Abarbeitungsliste bzw. der »Liste offener Punkte« automatisch erfolgt. Andere Vorgänge müssen wir selbst eintragen. Auch beim Ausgang hat der elektronische Vorgang wieder Vorteile:

▷ Er liefert einen »Ausgangsstempel«.
▷ Er sorgt für die Austragung aus der Abarbeitungsliste.
▷ Er ermöglicht einen automatischen Querverweis auf angefallene Bearbeitungsdokumente.

Schlecht organisierte Vorgänge erkennen wir an

▷ zu starker Aufgabenteilung (zu viele Bearbeiter verlieren sich in Details),
▷ vielen Fragen, wo der Vorgang sei,
▷ vielen Korrekturläufen und
▷ häufigen Abstimmgesprächen zu Kompetenzen und Pflichten (… das hätten Sie doch längst…).

Bei manchen schlecht organisierten Vorgängen sollten wir immer wieder unsere Forderungen nach Elektronifizierung geltend machen oder aber selbst den Vorgang zwangsweise über den Scan-Dienst leiten.

Wenn wir selbst Einfluß nehmen können, sollten wir untersuchen, ob und welche Form von Workflow-Steuerung gegebenenfalls in Frage käme.

8.5 Technik und Sicherheit

»Es ist 11 Uhr. Frau Bauer soll bis zum Statusgespräch um 14 Uhr für ihren Chef noch 4 Folien korrigieren. Sie geht an ihren PC und sucht die Folien auf dem entsprechenden Ablageserver. Es erscheint die Meldung: »Sie haben keinen Zugriff auf den Server«. Nach mehreren Fehlversuchen wird ihr langsam mulmig. Sie überprüft zum x-ten Mal ihr eingegebenes Paßwort und alle ihrer Ansicht nach möglichen Fehlerquellen. Aber der PC meldet immer wieder: »Datei nicht vorhanden, oder Laufwerkfehler«. Um 11:30 Uhr ruft sie die Hotline an und hört: »Hier ist die Hotline, unsere Telefone sind zur Zeit leider alle besetzt, bitte sprechen Sie uns eine Nachricht auf Band, wir rufen baldmöglichst zurück.« Kurze Pause, nächster Versuch: »Hier ist die Hotline, unsere Telef.........«.

Man kann sich leicht vorstellen, daß die Folien nicht bis 14 Uhr fertig sind – ein alltägliches Vorkommnis, das auch durch übliche technische Sicherungsverfahren nicht allein in Griff zu bekommen ist.

Wir müssen uns immer unsere Abhängigkeit vom PC deutlich vor Augen führen und Notstrategien entwickelt haben, die *erprobtermaßen* greifen, wenn die Technik einmal streikt. Wir dürfen uns dabei nicht auf die Hotline oder den Servicetechniker verlassen.

Notfallkonzept

Unser persönliches Notfallkonzept sollte für alle wichtigen Störfälle erprobte und vorbereitete Lösungen kennen. Ein Beispiel könnte so aussehen wie in Tabelle 8.4.

Tabelle 8.4 Notfallkonzept

Problem	Aktion	Partner	Bemerkungen
PC fällt aus	Ersatz-PC in der Buchhaltung nutzen, falls frei	Buchhaltung, Tel. 5872	Der »Ausweich-PC« muß vorbereitet sein, damit die eigene Schreibtischumgebung dort vorliegt.
Fehler im Betriebssystem	Ersatz-PC	Buchhaltung, Tel. 5872	s.o.
Netz fällt aus	Off-Line arbeiten, sonst mit Ersatz-PC	Netzadministrator, Tel. 4000	PING-Prozedur (Ordner) selbst durchspielen
Harddisk Crash	Norton-Utilities und Ersatz-PC	Techniker, Tel: 7575, kann evtl. helfen	Wann habe ich das letzte Mal gesichert?
Datei gelöscht oder verschwunden	Datei aus Sicherung wieder einspielen lassen	Netzadministrator, Tel. 4000 Wann habe ich das letzte Mal gesichert? Gibt es eine Zweitsicherung für besonders wichtige und/oder alle aktuellen Dokumente?	
Anwendung fällt aus (z.B. Mitkalkulation)	Server neu starten, Daten wieder aufsetzen	Liste der Anwendungsbetreuer	Notfallregelung der Anwendung
Mailbox nicht erreichbar		Netzadministrator, Tel. 4000	Habe ich ein zweites Mail-System, z.B. im Internet? Kann mir der Administrator des Mail-Backbone ein Log File geben, das meine Mails des entsprechenden Zeitraums zeigt?
Schedule-Daten nicht erreichbar	Arbeitsbuch nehmen	Netzadministrator, Tel. 4000	im Arbeitsbuch liegen Kopien meiner Monatspläne
Intranet fällt aus		Netzadministrator, Tel. 4000	
Drucker fällt aus		Systembetreuer, Tel. 3567	Habe ich Alternativen eingerichtet?
Kein Zugriff auf persönl. Adreßbuch	Arbeitsbuch nehmen	Netzadministrator, Tel. 4000	Im Arbeitsbuch liegen Kopien meiner Adressen
Kein Zugriff auf Directory	Arbeitsbuch nehmen	Netzadministrator, Tel. 4000	Im Arbeitsbuch liegen Kopien meiner Adressen

Fortsetzung Seite 182

Tabelle 8.4 Fortsetzung, Notfallkonzept

Problem	Aktion	Partner	Bemerkungen
Document Management System reagiert nicht		Netzadministrator, Tel. 4000	Wer ist der Autor? An wen wurde das Dokument verteilt?
Telefon fällt aus		Telefonbetreuer, Fax/Tel. 2356	
Fax fällt aus		Telefonbetreuer, Fax/Tel. 2356	
Voice Mail fällt aus		Telefonbetreuer, Fax/Tel. 2356	
Schlüssel für PC vergessen		Techniker, Tel: 7575, kann evtl. helfen	Bei Sekretärin hinterlegt
Schlüssel für Schreibtisch vergessen			Bei Sekretärin hinterlegt
Paßworte vergessen		Systembetreuer, Tel. 3567	Bei Sekretärin hinterlegt
Arbeitsbuch ist weg			Kein Problem, wenn alle Eintragungen in die elektronischen Werkzeuge übertragen wurden
Kollege in Urlaub – Schlüssel und Paßworte sind unzugänglich		Systembetreuer, Tel. 3567	Bei Sekretärin hinterlegt

Es ist so gut wie unmöglich, ein allgemein gültiges Notfallkonzept zu entwerfen. Jeder PC-Anwender muß sich aber möglichst präzise über diese Ereignisse Gedanken machen, entsprechende Regelungen erarbeiten und sich notfalls kleine Hilfsprogramme programmieren (lassen).

Die zunehmende Stabilität und Verfügbarkeit der PC-Systeme hat früher vorhandene, gute Lösungen vom Markt verschwinden lassen, wie z.B. das System SAFEGUARD von Firma utimaco, das eine Automatik anbot, die vor dem Ausschalten des PC alle (während der Sitzung angefaßten) Dateien in eine Delta-Sicherungsdatei speicherte.

Damit wir dem Spezialisten schnell und präzise Auskunft über unser System geben können, empfiehlt es sich, alle wichtigen Daten in einem *Systempaß* möglichst an der Seite des Bildschirms anzubringen.

Darin enthalten sollte sein:

▷ Gerätetyp, Anschaffungsdatum, Lieferant, Serien-Nr. usw. für PC, Bildschirm, Drucker, Scanner usw.

▷ Betriebssystemversion, Ablageort BIOS-Paßwort, NT-Notfall-Diskette, Angaben über die Installation (z.B. Aufteilung der Harddisk, Dual Boot)

▷ Alle Softwarepakete mit genauer Angabe der Version und Kaufdatum

▷ Benutzereinträge, -adressen, Anmeldeunterlagen für Netzdienste wie Internet, T-online, AOL usw.

▷ Wartungstagebuch mit Aufschreibungen aller technischen Maßnahmen am PC

▷ Angaben über Eigentümer und Benutzer des Systems, deren Ablageadressen usw.

▷ Angaben über bestimmte Ablagen (z.B. Adreßverzeichnisse, wichtige Terminvorgänge usw.)

Sicherheit

Die *Betriebssicherheit* eines PC oder einer Workstation umfaßt

▷ elektrische Sicherheit nach VDE (VGB4),

▷ technische Ausfallsicherheit,

▷ Schutz des Systems vor unbefugter Nutzung,

▷ Schutz der Daten im System vor unbefugtem Zugriff,

▷ Schutz der Programme gegen Diebstahl und Verfälschung (Viren),

▷ Schutz des LAN gegen
  – Betriebsstörung,
  – unbefugten Zugang,
  – Abhören und Verfälschung von Nachrichten,

▷ Schutz der LAN-Server vor unbefugter Nutzung und Betriebsstörung

Die Sicherheit der behandelten Daten fällt dann unter das Bundesdatenschutzgesetz , wenn es sich um *Daten von Personen* handelt, deren Vertraulichkeit unter Umständen gefährdet sein könnte.

Ein anderer Aspekt liegt hier noch im Schutz unserer Daten vor unbefugten »Lauschern«. Gerade durch die Öffnung unserer Firmennetze ins Internet entstehen große Sicherheitsprobleme. Hier muß die Einrichtung von *Firewalls* in Betracht gezogen werden.

Auf der Übertragungsstrecke zu entfernten Partnern sollten wir die Nachrichten bedarfsabhängig verschlüsseln (z. B. nach PGP). Die *elektronische Unterschrift* schützt unsere Dokumente davor, daß ein Empfänger den Inhalt verändert und als unser Dokument weiterverteilt.

In Notebooks müssen alle Daten mit einem *Paßwort* und durch *Verschlüsselung* geschützt sein, da hier ja immer die Gefahr besteht, daß das Notebook einfach vergessen wird und der Finder alle Zeit der Welt hat, unsere Daten zu lesen.

Diese Aspekte zur Sicherheit sind in diversen Regelungen, Normen und Vorschriften definiert. Es gibt ein Orange Book, ein Green Book und ähnliche Spezialvorschriften, die zur Erteilung einer *Sicherheitsklasse* für die

▷ Hardware,

▷ Software,

▷ Programme und

▷ Daten

eines Verfahrens führen. Die Sicherheitsklasse für die eingesetzten Verfahren der Informationsverarbeitung (Dies gilt auch für PC-Verfahren!) ist z. B. im Großanlagenbau ein wesentlicher Teil der Abnahmegenehmigungen.

Zu diesem spezifischen Thema sollten wir unbedingt mit unserem *Sicherheitsbeauftragten* sprechen, da wir ohne Spezialwissen nur Schiffbruch erleiden können.

8.6 Ausblick

»Um 22 Uhr ruft eine Hausfrau aus Garmisch bei einem Versandhändler an und gibt eine Warenbestellung auf. Der Ruf wird von der deutschen Zentrale nach Dänemark umgeleitet, weil dort die Arbeit außerhalb der üblichen Zeiten billiger ist als in Deutschland. Die dänische Kollegin nimmt den Auftrag an und veranlaßt alle weiteren Schritte von ihrem Heimarbeitsplatz.«

»Auf einer Baustelle in der Nähe von Hanoi tritt ein Fehler auf, der nur von einem Spezialisten aus Madrid schnell und zuverlässig analysiert werden kann. Der Baustellenleiter schaltet eine Videokonferenz zu diesem Spezialisten, der aus geschäftlichen Gründen gerade nach Texas unterwegs ist. Der Spezialist nimmt die Videokonferenz mit seinem Notebook im Hotel an. Innerhalb weniger Minuten hat er das digitale Foto vom Materialbruch analysiert und gibt Tips zur Fehlerbehebung.«

Im *virtuellen Büro* sucht sich die Arbeit auf der ganzen Welt den Platz, an dem sie qualifiziert, schnell und kostengünstig gemacht wird. In unserem Selbstmanagement müssen wir auf derartige Entwicklungen vorbereitet sein.

Wir arbeiten immer enger in internationalen Teams, unsere Geschäftssprache wird Englisch und unsere Kollegen arbeiten und leben in anderen Zeitzonen (ein Zeitzonenkalender aus dem Internet könnte uns dabei z. B. helfen).

Die heutige starre Aufbauorganisation wird sich mit dieser Entwicklung auflösen.

Unsere Selbstmanagement-Methoden zur Zieldefinition und zur Planung müssen bis dahin auf die größer werdenden Verantwortungen und größeren Kompetenzen zugeschnitten werden. Insbesondere werden wir unsere Methoden und Tools zur Informationsgewinnung und -verarbeitung derart weiterentwickeln müssen, daß wir auch die internationalen Dokumente aus Wissensdatenbanken, dem Internet und Intranet zu unserem Fachgebiet kennen und beherrschen.

Ein wichtiges Werkzeug in dieser weltumspannenden Büroarbeit ist natürlich ein entsprechendes Adreßregister. Internationale Konzerne, wie z. B. Siemens, haben Corporate Directories aufgebaut, in denen alle Kommunikationsadressen aller Büromitarbeiter verwaltet werden.

183

Außerdem wandeln sich die Aufgaben im Büro ganz grundsätzlich mit der Entwicklung vom Industriestaat zur Dienstleistungsgesellschaft. Sie verlagern sich vom produktionsbegleitenden Dokumentieren hin zur eigenständigen Informationsverarbeitung, -produktion und -vermarktung.

Die Menschen im Büro wandeln sich von »Verwaltern« zu dynamischen, eigenverantwortlichen und kostenbewußten Geschäftsleuten.

Die Büros werden variabel oder virtuell. Büroarbeit findet an jedem Ort und zu jeder Zeit statt. Jeder ist (beinahe) immer erreichbar. Jeder ist immer Mitglied eines oder mehrerer zweckorientierter, temporärer (Projekt-)Teams und ohne Zusammenarbeit mit seinen Teampartnern nicht arbeitsfähig:

»Ein deutscher Ingenieur entwickelt von 9 bis 17 Uhr an einem Autoteil. Danach übergibt er die Arbeit seinem Kollegen in Amerika, der sie nach weiteren 8 Stunden Arbeit an den Kollegen in Japan weiterreicht. Wenn der deutsche Kollege um 9 Uhr »seine« Arbeit wieder aufnimmt, ist das Projekt um 2 Arbeitstage fortgeschritten. Dadurch reduziert sich die Entwicklungszeit für ein neues Auto fast auf ein Drittel.«

Obwohl solch ein Modell natürlich viele Tücken beinhaltet, wird es in Praxistests schon konkret versucht. Man kann erahnen, daß in diesem Szenario extreme Anforderungen an die Beteiligten gestellt werden, nämlich

▷ saubere und transparente Arbeitsweise,
▷ zuverlässige Dokumentation aller auftretenden Themen und jedes Arbeitschrittes,
▷ absolute Unterordnung unter die Forderungen der Groupware und des Workflow sowie
▷ persönliche Unterordnung unter die Aspekte des Teams.

Für unser Selbstmanagement heute ist die Beschäftigung mit dieser zukünftigen Entwicklung nur als generelle Ausrichtung interessant. Bedenken wir aber, daß wir zur Umstellung unserer Arbeitsweise

▷ Werkzeuge entwickeln,
▷ die Hantierung erlernen und
▷ uns selbst verändern

müssen, dann wird klar, daß jeder von uns Jahre braucht, bis sein Selbstmanagement den beschriebenen Zukunftsanforderungen gewachsen sein wird.

Selbstmanagement betrifft somit in Zukunft natürlich nicht nur technische Aspekte wie z. B. die Zeitplanung, sondern auch die Entwicklung der Persönlichkeit.

8.7 Situationsanalyse

Die aktuelle Situation läßt sich folgendermaßen darstellen:

1. Bewährte, herkömmliche Hilfsmittel wie *Checklisten* und *Formulare* sind Ergebnis unserer Erfahrung. Sie sind immer zur Hand, schnell einzusetzen, überallhin mitzunehmen und jederzeit ergänz- und änderbar. In ihnen ist unsere Abwicklungserfahrung festgeschrieben und steht uns selbst oder anderen immer zur Verfügung.

2. Der PC hilft uns bei der Bearbeitung jeder Art von Dokumenten oder Formularen. Seine »Intelligenz« erspart uns *Eingabeaufwand*, indem sie

   ▷ bekannte Inhalte (z. B. das Datum) vorblendet,
   ▷ inhaltliche Prüfungen durchführt (z. B. Dauer eines Vorganges länger als 1 Jahr) oder
   ▷ bestimmte Weiterleitungsinformationen aus dem Bearbeitungszustand ableitet.

3. Wir müssen in unserem Selbstmanagement untersuchen, wie wir unsere Tätigkeiten

   ▷ Eingangspostbearbeitung
   ▷ Schreiben, Diktieren, Unterschreiben
   ▷ Ablegen, Suchen, Wiederfinden
   ▷ Datenbanken aufbauen und nutzen
   ▷ Planen
   ▷ Kommunizieren
   ▷ Telefonieren
   ▷ Darstellen

   im Hinblick auf die Unterstützung durch den PC optimal gestalten und weiterentwickeln. So sind z. B. heute neuartige, schnellere Lösungen möglich für *Besprechungsorganisation* oder *Dienstreiseorganisation*.

4. Beim Optimieren unserer eigenen Arbeit müssen wir bedenken, daß sie Teil der Büroprozesse ist. Dadurch ergeben sich Rahmenbedin-

gungen, die die freie Gestaltung unserer Arbeit deutlich einschränken. Zum Beispiel wird ein Büroprozeß wesentlich nach dem Kriterium *Durchlaufzeit* beurteilt. Als Teil der Kette müssen wir unseren Beitrag zur Beschleunigung liefern und uns über die *Kosten* im Gesamtprozeß klar werden. Sonst besteht die Gefahr, daß wir unsere Arbeit optimieren, aber den gesamten Prozeß behindern.

5. Die ganzheitliche Betrachtung der Büroprozesse führt zum Einsatz von *Groupware Systems*, die auch den Mitarbeiter unterwegs und den Teleheimarbeiter in die Kommunikation einbeziehen. Letztlich entsteht ein »virtuelles Büro«, in dem Mitarbeiter an unterschiedlichen Orten zu unterschiedlichen Zeiten so zusammenarbeiten, als säßen sie in einem Raum.

Und was ist die Folge?

Ohne den PC können wir nicht mehr arbeiten oder kommunizieren.

Nur durch strenge Selbstdisziplin und vorausschauende Sicherungsmaßnahmen können wir unsere Funktionsfähigkeit sicherstellen.

Nur durch geschickte Nutzung aller Möglichkeiten der Informations- und Kommunikationstechnik können wir uns eine Arbeitsweise aufbauen, mit der wir auf Dauer wettbewerbsfähig sind.

In den vorangegangenen Abschnitten haben wir gezeigt, welche Hilfen uns der PC für das Erledigen der täglichen Arbeiten bietet. Sicher stellen auch Sie sich die Frage: »Paßt das auch für meinen Arbeitsplatz?«

Dafür sollten wir in regelmäßigen Abständen eine *Situationsanalyse* durchführen, um einerseits zu sehen, wo sich unsere Arbeit verändert hat und andererseits auch die Verbesserung unseres Selbstmanagements zu verfolgen. Methodisch gehen wir dabei nach unseren Arbeitsabläufen vor, deren Unterstützungsbedarf ja im Vordergrund steht.

Nachdem wir aufgelistet haben, an welchen Abläufen (siehe 8.4.1) wir beteiligt sind, können wir eine Analyse unserer Arbeitssituation durchführen (**A**). Wir sollten dann spezielle Punkte unserer persönlichen Arbeitssituation (**B**) und der Arbeitssituation in unserer Abteilung (**C**) genauer beleuchten und entsprechende Maßnahmenkataloge aufstellen.

A Situationsanalyse nach der Reihenfolge der vorangegangen Abschnitte des Kapitels 8

8.1   Welche papiergebundenen Hilfsmittel nutze ich?
        Setze ich teilweise Hilfsmittel in Papierform gemischt mit elektronischer Form ein?

8.2.1   Entspricht mein Arbeitsplatz den Vorschriften für Bildschirm-Arbeitsplätze?

8.3.1   Mit welchen Dokumenten arbeite ich regelmäßig?
        Benutze ich öfter Papierdokumente für elektronische Bearbeitung?
        Habe ich Kontakt zu einem Scan-Dienst?
        Reduziere ich meine Dateien vor dem Ablegen, Verteilen oder Versenden?
        Welche Regeln und Standards gibt es in meiner Firma für den Austausch von Dokumenten?
        Habe ich einen Viewer im Einsatz?
        Welche Formulare benutze ich regelmäßig?
        Sollte ich mir spezielle Formulare für meine Arbeit aufbauen?

8.3.2   Wieviel Eingangspost bekomme ich?
        Wie ist meine Eingangspost verteilt auf Papier, Fax, E-Mail?
        Habe ich Partner, die mir grundsätzlich Papierdokumente zusenden?

8.3.3   Kann ich längere Texte diktieren (Sekretärin, PC-System)?
        Habe ich meine Abstimm- und Unterschriftsprozesse organisiert?
        Bleiben bei mir Dokumente in Abstimm- oder Unterschriftsprozessen hängen?
        Habe ich schon Workflow-Systeme im Einsatz?
        Funktioniert meine Wiedervorlage von Vorgängen zu bestimmten Terminen?

8.3.4   Wie lege ich meine Tagesnotizen ab?
         Habe ich eine Ablage für Merkzettel mit Ideen ?
         Wie notiere und verteile ich Notizen aus der Fachliteratur?
         Wie lege ich meine Dokumente ab?
         Muß ich öfter lange suchen, um ein bestimmtes Dokument zu finden?
         Habe ich Dokumente, für die eine Ablagepflicht oder Nachweispflicht besteht?
         Habe ich oft Platzprobleme in meiner Ablage?

8.3.5   Wie verwalte ich Adressen von Freunden, Partnern, Kollegen?
         Sind meine Adressen oft veraltet oder fehlen mir öfter welche?

8.3.6   Habe ich meine Zieldefinition immer vor Augen?
         Habe ich ein Kontrollbuch für wichtige Termine?
         Welche Planungszyklen gibt es bei mir?
         Kann ich immer auf die letzten Versionen zugreifen?
         Habe ich einen elektronischen Terminkalender?
         Wer hat Zugriff zu meinem Terminkalender?
         Welche Projekte habe ich geplant, verfolge ich?
         Wie führe ich meine »Liste offener Punkte«?

8.3.7   Wie stark nutze ich das Telefon?
         Nutze ich die modernen Dienste der Telekom wie SKYPER, SCALL, usw.?
         Welche Hilfsmittel zur besseren Telefonanwendung nutze ich?
         Habe ich einen Anrufbeantworter im Einsatz?
         Zeigt mir mein Telefon die Anrufliste?
         Kann ich Anrufe für einen bestimmten Termin vorgeben?
         Kann ich aus der Adreßdatei heraus anwählen?
         Nutze ich die Weiterbildungsmöglichkeiten im Internet?
         Wieviele E-Mails bekomme ich, versende ich?
         Wie wehre ich mich gegen Werbe-Mails?
         Kann ich auch Faxe als E-Mail in den PC bekommen bzw. aus dem PC versenden?
         Habe ich meine Verteiler auf unnötige Adressaten überprüft?
         Nutze ich das Intranet gezielt für meine Aufgaben?
         Welche verbindlichen oder wichtigen Informationen im Intranet muß ich regelmäßig abfragen?
         Kann ich eine Search Engine für diese Abfragen einsetzen?
         Habe ich eine Surf-Kladde, in der ich meine Internet-Ausflüge festhalte?
         Nutze ich E-Mail so weit möglich?
         Nutze ich die Möglichkeiten der Videokonferenz um Reisezeit zu sparen?

8.3.8   Habe ich vorgefertigte Standard-Berichtsteile, die ich nur ergänzen muß?

8.3.9   Organisiere ich Besprechungen nach Checklisten oder mit Hilfe des PC?

8.3.10   Bereite ich Dienstreisen, Seminare mit dem PC vor?

8.3.11   Wie intensiv arbeite ich mit meinen Kollegen zusammen?
         Wäre unser Team für Groupware-Lösungen geeignet?

8.3.12   Habe ich auf Reisen ein Handy, ein Notebook?
         Kann ich von unterwegs auf meine Dokumente im LAN-Server zugreifen?
         Ist mein Notebook verschlüsselt?

8.3.13   Arbeite ich öfter zu Hause oder unterwegs?
         Könnte ich alternierend zu Hause arbeiten, wenn mein PC Zugriff zum LAN hätte?

8.4.1   Habe ich eine Analyse meiner Dokumente, Partner, Aufgaben zur Einordnung in Büropro-
         zesse?
         In welche Büroprozesse ist meine Arbeit integriert (Aufgaben, Partner, Dokumente)?

8.4.2   Gibt es häufig Probleme, weil Vorgänge zu lange liegen?
Habe ich einen festen Ablauf für die Erstellung von Protokollen, Reiseberichten, Folien, Statistiken?

8.5   Nutze ich die weltweite Kommunikation in unserer Firma?
Bin ich fit für die Büroarbeitswelt im Jahr 2010?

8.6   Welche Maßnahmen sichern mich gegen Ausfälle der Technik?
Habe ich ein Notfallkonzept?
Habe ich einen Systempaß?
Beachte ich die Vorschriften des Bundesdatenschutzgesetzes?

Nach dieser allgemeinen Sondierung sollten wir einige spezielle Punkte unserer Arbeitssituation vertieft beleuchten und entsprechende Maßnahmenpläne aufstellen:

B Die Situation an meinem Arbeitsplatz

1. Kommunikation

a) Nutze ich Groupware-Funktionen wie »gemeinsame Kalender« oder »gemeinsame Ablage«?

b) Welche Ablaufdefinitionen gibt es bei uns für
– Unterschriften?
– Abstimmung von Berichten?

c) Terminabstimmung

d) Habe ich Zugriff auf die Adreßdatei meines Verantwortungsbereiches?

e) Wie werden im Team Folien abgelegt und wiedergefunden?

2. Bearbeitung

a) Diktiere ich längere Notizen?

b) Schreibe ich kurze Notizen selbst?

c) Kann ich Folien elektronisch aussuchen und überarbeiten?

d) Kann ich Folienvorträge direkt aus dem PC heraus darstellen?

e) Kann ich ggf. die Texte und Bilder selbst noch kurz vor der Präsentation verändern?

f) Schließe ich mein Notebook an einen Projektor oder Beamer an?

g) Nutze ich Checklisten?

h) Wann nutze ich mein Notebook, wann mein Papier-Arbeitsbuch?

i) Wieweit bin ich arbeitsunfähig, wenn meine Sekretärin nicht greifbar ist?

j) Nutze ich Vordrucke oder Formulare zur besseren Ablauforganisation?

k) Welche Archivierungsregeln (Verfallzeit, Sicherung, Deskribierung) gibt es bei mir für
– allg. Ausgangsschreiben?
– Projektdokumentation?
– Eingangspost (auch elektronisch)?
– Folien?
– Berichte?

C Die Situation in der Abteilung

1. Sicherheit

a) Welche Vorschriften verhindern unbefugte Benutzung der Geräte, unbefugten Zugang?

b) Gibt es bei uns schützenswerte Daten (Firmeninteresse, Datenschutz)?

c) Wie ist unser Fax-Gerät aufgestellt; kann jeder Besucher die ankommenden Faxe mitlesen?

d) Welche Systeme sind am firmeninternen LAN und haben Verbindung nach außen?

e) Wie verfolgen wir die Kommunikationskosten (Gebühren der Telekom, Btx-Abrechnungen, insbes. Internet-Gebühren)?

f) Gab es schon erfolgreiche Eindringversuche in unser Netz/LAN?

2. Notfallkonzept

a) Vergessene Paßworte

b) Ausfallende PCs

c) Ausfallende Drucker

d) Ausfallende Telefone, Fax, Btx

e) Ausfallendes LAN

f) Ausfallende LAN-Services

g) Ausfallende Verfahren (auf PC, Workstation, Host)

3. Betreuungsbereich

Kommt es öfter vor, daß versprochene Ergebnisse wegen

▷ Softwarefehler

▷ Hardwarefehler

▷ veralteter Software

▷ veralteter Hardware

nicht rechtzeitig fertig oder gar verschleppt werden?

4. Ausstattung

a) Fallen Mitarbeiter durch besonders aufwendig gestaltete Dokumente auf (insbesondere im Intranet)?

b) Wer hat in der Abteilung die höchsten Kommunikationskosten (Internet)?

c) Wer druckt am meisten (farbig) aus?

d) Wer hat die größte elektronische Ablage?

e) Gibt es elektronische Dokumente, die älter als 2 Jahre sind?

f) Gibt es einen/mehrere Betreuer, die sich um die Systeme kümmern?

g) Wer verwaltet die gesicherten Schlüssel, Paßworte, Floppy Disks?

h) Wer verhindert, daß Software »raubkopiert« wird?

i) Wer verhindert das Einschleppen von Viren und Würmern vor allem in »Billigsoftware«?

j) Sind Netzbetrieb und Serverbetrieb auch außerhalb der Bürozeiten sichergestellt?

k) Welche Mitarbeiter benutzen Notebooks auf Reisen oder auch zu Hause?

l) Welche Mitarbeiter benutzen Funktelefone?

m) Welche Mitarbeiter fragen ihr Voice-Mail-Fach von Dienstreisen aus ab?

n) Welche Mitarbeiter brauchen einen besonders vertraulichen Fax-Eingang (z. B. per Eingang im PC)?

o) Gibt es Beratungsstellen mit besonders hohem Telefonaufkommen, die durch ein ausgeklügeltes Telefonsystem unterstützt werden sollten?

p) Gibt es »Vielkommunizierer«, die den PC mit dem Telefon verbinden sollten, um Unterstützung zu bekommen bei
  – Anwahl von vielen Nummern?
  – Rückruf nach Anrufer-Liste, falls besetzt?
  – automatischem Anrufen nach Terminvorgabe?

8.8 Verwendete Begriffe und empfohlene Tools

s. a. Internet http://www.zdfmsn.de/unterhaltung/netnite/knowhow/wortbuch.htm

Access	Datenbanksystem von Microsoft
Active-X	Internet-Format von Microsoft
AOL	Internet-Dienstleister
Applets	Internet-Anwendungen in einer Page
ARIS	Ablaufanalyse-Werkzeug
Barcode	Strich-Code z. B. auf Waren
Browser	Internet-Abfragesystem
Chats	Internet-Ausdruck für Diskussionsforen
Cityruf	Telekom-Rufdienst
Client	Programm auf dem PC zur Kommunikation mit einem »Server-Programm« auf einem zentralen Server
Compuserve	Internet-Dienstleister
Corporate Directory	Firmenweites Adressenverzeichnis
Customizing	Anpassung eines Programmes auf die speziellen Anforderungen des Nutzers
Cyber Office	Büro im virtuellen, elektronischen Raum des Internets
Decision Support System	Entscheidungsunterstützungssystem
Desktop	PC auf dem Schreibtisch
Docking Station	PC-Station auf dem Schreibtisch, die das Notebook mit dem Netz und zusätzlichen Geräten (großer Bildschirm, Drucker …) verbindet
Docs Open	Document Management System von Fa. PC Docs Inc.
Document Management System	Ablagesystem für Dokumente
Dragon Dictate	Spracheingabesystem von Fa. Dragon Systems Inc.
Electronic Mail	Elektronische Post
Excel	Tabellenkalkulation von Microsoft
FACETS	Ablaufanalysesystem von Fa. SNI
Fax-Gateway	Brücke zwischen LAN und Fax-Dienst
Firewall	Abschottung des internen LAN gegen das Internet
Fuzzy Logic	Mathematische Methode zur Behandlung von Unschärfen
Groß-DV-Lösung	Verfahren auf dem Großrechner (Datenverarbeitung)

Groupware System	PC-Programm zur Unterstützung gemeinsamer Bearbeitungsvorgänge im Team
Handheld	Klein-PC für die Tasche
Handy	Funktelefon
Host	Großrechner
html	Darstellungsnorm für Internet-Pages
Hyperlinks	Verbindungen (Zeiger) von einer Internet-Page zu einer anderen
Icon	Grafisches Symbol
INGRES	Datenbanksystem Fa. Computer Associates
Integrated Services Digital Network	Digitales Netz der Telekom
Intelligent Communication Agents	Nach persönlichem Informationsbedarf einstellbare Suchmaschinen
Intranet	Firmeninternes Internet
JAVA	Dokument-Format im Internet
KIT	»Kernsoftware für intelligente Terminals«: neuer Multimedia-Standard für T-Online und Internet (http://www.kit-show.t-online.de/)
Laptop	Kleiner PC für unterwegs
Local Area Network	Lokales PC-Netz (innerhalb des Geländes)
Mail-System	Elektronisches Postsystem
Mailbox	Elektronischer Briefkasten
MS-Exchange	Dokument-Verteilserver mit Groupware-Funktionen von Microsoft
MS-Paintbrush	Einfaches Malprogramm von Microsoft
MS-Project	Projektplanungssystem von Microsoft
MS-Schedule	Zeitplansystem von Microsoft
multimedial	Eine Bearbeitung oder ein Dokument, das mehrere Medien berücksichtigt (meist Text, Grafik, Sound, Video)
NetNanny	Überwachungssystem für den Zugang zum Internet
Notebook	Portabler PC mit kleinem Bildschirm, sonst gleichen Eigenschaften wie Desktop
OCR	Optical Character Recognition (Zeichenerkennung z. B. nach dem Scannen)
off line	Nicht am Netz (online = am Netz)
OLE-Schnittstelle	Standardisierte Daten-Übergabeschnittstelle zwischen Programmen von Microsoft
ORACLE	Datenbanksystem; Fa. Oracle
Outlook	Dokumentenhandlingsystem mit Terminplaner von Microsoft
Personal Computer	Kleincomputer für den Gebrauch durch einen Benutzer (im Gegensatz zum Host, dem Großcomputer für viele Nutzer)
Personal Home Pages	Persönliche Seite (Page) im Internet
PGP	Pretty Good Privacy (viel benutzte Verschlüsselungsmethode)
Point to Point Protocol	Internet-Protokoll von Microsoft zur Abschottung des firmeninternen Intranet vom allgemeinen Internet
Quality Award	Qualitätspreis nach ISO 9000
Retrieval	Wiederfinden, Suchen in Document Management Systems
SAFEGUARD	Sicherheitssystem von Fa. utimaco
Scall	Rufdienst der Telekom
Scannen	Ein Dokument zeilenweise elektronisch abtasten und alle schwarzen Punkte speichern
Search Engines	Suchmaschinen(-hilfen) im Internet
Server	Ein DB-System, das zentral im Netz für viele Anwender zur Verfügung steht

Skyper	Rufdienst der Telekom
Smart Assist	Werkzeug zur Verbindung mehrerer Ablaufschritte auf einem PC bzw. im kleinen Team
SQL	Datenbanksystem von Microsoft
T-online	Internet-Dienst der Telekom
Tower	PC in Form eines kleinen Turmes, der neben dem Schreibtisch steht und mehr Einbauplätze bietet als der Desktop
UNIX-Workstation	DV-System, das leistungsfähiger ist als ein PC und mit dem Betriebssystem UNIX betrieben wird
Viewer	Systeme, die in der Lage sind, Dokumente in diversen Speicherformaten zu lesen und darzustellen
Voice Mail	Anrufbeantworter in der ISDN-Telefonanlage mit zusätzlichen Funktionen
Wide Area Networks	Netzwerk über Standorte, Städte hinweg
Windows 95	Betriebssystem von Microsoft für einfachere Anwendungen, kompatibel zu wfw
Windows NT	Betriebssystem von Microsoft für komplexere Anwendungen, kaum kompatibel zu wfw
Winzip	Komprimierprogramm in Microsoft-Umgebung
Workflow Systems	System zur Steuerung und Überwachung von Büroabläufen
Workparty	System zur Steuerung und Überwachung von Büroabläufen von SNI
World Wide Web	Weltweites Netz = Internet
Yellow Pages	Gelbe Seiten: Adreßverzeichnis fürs Internet

9 Empfehlungen für die Umsetzung von Verbesserungen

Wie in den »Hinweisen für den Leser« zu Beginn des Buches beschrieben wurde, können Sie einerseits aus der »Schnellanalyse« gezielt die schwerwiegendsten Schwachstellen bei Ihren Tätigkeiten ermitteln. Andererseits haben Sie sicher beim Lesen bzw. bei der Durcharbeit der einzelnen Kapitel eine Fülle von Anregungen und Hinweisen bekommen, wie sich Aufgaben besser erledigen, Abläufe rationeller gestalten, die Zusammenarbeit verbessern und schließlich neue Ideen besser umsetzen lassen.

Um Ihnen die Inhalte der Kapitel noch einmal kurz ins Gedächtnis zu rufen, haben wir Ihnen im Abschnitt 9.1 eine Kurzfassung (checklistenartig) zusammengestellt.

Wer nun ungeübt in das schwierige Geschäft des Änderns von Verfahren und Verhalten einsteigen will, der wird meist erdrückt von der Menge an Aufgaben und Lösungsmöglichkeiten. In einer solchen Situation können Sie jetzt nach der »Silvester-Methode« pauschal viele gute Vorsätze fassen und sich geloben, ab sofort alles besser zu machen. Seien Sie sicher, daß Sie auf diese Weise nicht das erreichen werden, was Sie sich erhoffen!

Nicht nur die gewollten Veränderungen, sondern auch die Planung des Veränderns braucht einerseits persönliche Einsicht und andererseits systematisches Vorgehen. Sie müssen auswählen und konzipieren, *was* verändert werden soll (und bitte als Antwort nicht »Alles«!). Sie müssen planen, *wie* Sie verändern können. Und Sie müssen disponieren, *bis wann* Sie es verändern *wollen*.

Auch hier hilft die *klare* Zielorientierung und die übersichtliche Darstellung der Vorhaben (Beispiel s. Bild 9.2). Im Abschnitt 9.2 werden Ihnen Hinweise gegeben, wie man Veränderungsabsichten und -ansätze am besten zum Erfolg bringt.

9.1 Die Kapitel 2 bis 8 kurzgefaßt

Kapitel 2
Zielformulierung und Aufgabenanalyse

- »Ohne Ziel ist jedes Arbeitsergebnis richtig!«
- Ziele eindeutig und meßbar formulieren, den Zweck hinterfragen.
- Stellenziele schaffen unter anderem die Voraussetzung zur Ableitung von operativen Zielen.
- Aufgabenziele operational beschreiben, damit diese überprüfbar sind, und um eventuell auch weniger Zeitprobleme zu haben.
- Je einmal im Jahr die Schnellanalyse für die eigene Person und für eine ausgesuchte Aufgabe durchführen.
- Mit der systematischen Analyse das eigene Aufgabengebiet ganzheitlich überprüfen. Dadurch wird deutlich, wo es sinnvoll ist, den »Hebel« anzusetzen.
- Das Aufgabenprotokoll zur Analyse des IST-Zustandes verwenden.
- Nur einige wichtige Maßnahmen auf eine »Kontrolliste« schreiben.

Kapitel 3 Aufgabenplanung

- Erst Planen, dann Handeln!
- Durch Verbinden von praxisbezogenen und theoretischen Lösungsansätzen Planungsergebnisse optimieren.
- Systematisch vorgehen! D.h.: Vorbereiten, analysieren, Konzept erarbeiten, erst dann realisieren!
- Planunghilfsmittel einsetzen: Hierdurch wird strukturiertes und systematisches Vorgehen unterstützt!
- Bei komplexen Projekten Planungstransparenz schaffen; dies ermöglicht nicht nur gutes Projektmanagement, sondern auch regelmäßiges Projektcontrolling!

- Planen ist wirtschaftlich; denn der Mehraufwand für die Planung zahlt sich bei der Realisierung aus!

Kapitel 4 Persönliche Zeitplanung

- Bei der Arbeitsplanung die persönliche Leistungskurve berücksichtigen.
- Gleichartige Tätigkeiten blocken (Serienbildung).
- Klare Prioritäten setzen und den Tagesplan daran orientieren.
- Konsequent Störfaktoren abbauen und sinnvoll technische Hilfsmittel einsetzen (Sprachboxen!).
- Realistisch planen und die Erledigungen bei sich und den Mitarbeitern durch ein geordnetes Berichts- oder Wiedervorlagesystem kontrollieren.
- Unterstützende Zeitplanungshilfsmittel einsetzen.

Kapitel 5 Kommunikation und Zusammenarbeit

- »Sender« und »Empfänger« tragen gemeinsam Verantwortung für eine »wirksame« Kommunikation!
- Zielgerichtete Kommunikation muß sorgfältig geplant werden!
- Durch Wahrnehmung und Einbeziehung von non-verbalen Äußerungen Konsens in der Kommunikation herstellen!
- Mit »offenen« Fragen Rückkopplung sicherstellen!
- In der betrieblichen Zusammenarbeit auf formale Kommunikationsbeziehungen achten!
- Vorsicht bei informeller Kommunikation!
- Vor Beginn der Arbeit unbedingt prüfen, ob alle erforderlichen Informationen vorliegen (Holschuld)!
- Nach Abschluß der Arbeit immer prüfen, wer Ergebnisse und Informationen benötigt (Bringschuld)!
- Besprechungen rechtzeitig planen und vorbereiten. Teilnehmerkreis soweit wie möglich begrenzen!
- Beim Einsatz von Informations- und Kommunikationstechnik darauf achten, daß diese sich an den damit arbeitenden Menschen orientiert und nicht umgekehrt!

Kapitel 6 Ideenfindung

- Machen Sie sich von Vorurteilen frei und wagen Sie Neues!
- Bei der Vorbereitung das Problem einkreisen: Was wollen wir verbessern/lösen?
- Anschließend das Ziel exakt definieren: Was soll letztendlich erreicht werden?
- Kreativitätstechniken nutzen und deren Einsatz in Arbeitsgruppen unterstützen.
- Für sich und die Partner »Spielregeln« aufstellen und einhalten.
- Die Moderation bei Sitzungen fördern.
- *Bewußt* die richtige Technik für die Lösung des Problems wählen. (Auch Teillösungen helfen häufig weiter.)

Kapitel 7 Entscheidungstechniken

- Die Ziele für die Entscheidung definieren!
- Muß-Kriterien von Wunsch-Kriterien trennen. Wunschkriterien wichten.
- Alternativen suchen und entwickeln.
- Bewertungsmaßstäbe bzw. Wertkurven erarbeiten.
- Eigenschaften der Alternativen in Beschreibungsmatrix erfassen.
- Alternativen bewerten – Nutzwerte ermitteln. (Vorläufige Entscheidung).
- Risiken ermitteln und abschätzen; Erwartungswerte bilden.
- Parameter variieren, um Stabilität der Rangreihenfolge der Nutzwerte zu prüfen.
- Endgültige Entscheidung treffen.

Kapitel 8 Arbeitsplatzgestaltung und Arbeitshilfsmittel

- Den eigenen Arbeitsplatz und die eigenen Hilfsmittel an dem Bedarf ausrichten, der sich aus der Aufgabenstellung ergibt.
- Die eigenen Arbeitsabläufe und das eigene Verhalten laufend analysieren.
- Den eigenen Arbeitsplatz ergonomisch gestalten, um auch längere Zeit konzentriert arbeiten zu können.
- Auch einfache Hilfsmittel wie Hängeregister oder Kartei nutzen.
- Informationen über das breite Angebot elektronischer Hilfsmittel der Informationstechnik einholen.

• Hilfsmittel vermeiden, die nur Ballast bedeuten, ohne wirklich Nutzen zu bringen.

• Ein Vorgehen festlegen, wie die herkömmlichen Hilfsmittel gezielt auf den PC übernommen und dort beherrscht werden.

• Ein Schrittkonzept erarbeiten, wie die Arbeitsabläufe und das eigene Verhalten verbessert werden.

• Einen ordnungsgemäßen, sicheren Betrieb der elektronischen Hilfsmittel einrichten, der auch die Vertraulichkeit und Datenschutzaspekte mit berücksichtigt.

9.2 Vom guten Vorsatz zur praktischen Anwendung

Wie bringen wir die Ansätze zum Erfolg?

Veränderungen können einerseits durch Anweisungen oder »Zwänge« (z. B. Ablaufänderungen oder Kundenwünsche) von außen induziert werden. Die Bereitschaft dieses zu unterstützen ist in der Praxis meist nicht sehr groß. Der Nutzen – gerade auf dem persönlichen Sektor – ist viel größer, wenn die Einsicht in die Veränderung (insbesondere für die *Verhaltens*änderung) geweckt oder verstärkt wird.

Ein geflügeltes Wort lautet:

»Die Tür zur Erfahrung
läßt sich nur von innen öffnen.«

Die plakative Darstellung der Verhaltensmuster zeigt vereinfacht, daß erzwungene Veränderungen nur als Pflichtübung durchgehalten werden.

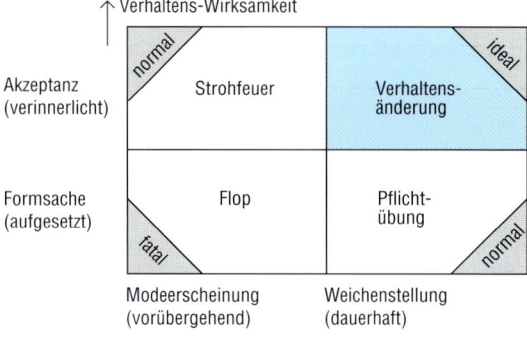

Bild 9.1
Verhaltensmuster in bezug auf Wirksamkeit und Nachhaltigkeit

Dies bedeutet, je größer die Einsicht für Verbesserungsaktionen bei uns bzw. Kollegen oder Teammitgliedern ist, um so leichter wird es sein Bereitschaft für Veränderungsmaßnahmen zu wecken.

In der Praxis gibt es verschiedene Möglichkeiten an solche Maßnahmen heranzugehen. Wir empfehlen Ihnen auch solche Themen – wie Aktionen – zu planen und für sich oder die Beteiligten ein Aktionsprogramm zu entwerfen (s. Bild 9.2).

Bei der Verwirklichung müssen wir beachten:

▷ *Zuerst dasjenige Vorhaben auswählen, von dem wir uns den größten Erfolg für unsere Arbeitssituation versprechen!*

Nach dem Leitsatz »Das Wichtigste zuerst« sollen wir versuchen, für uns den »größten Gewinn« zu realisieren. Wir greifen deshalb aus unserem Aktionsprogramm das Vorhaben auf, das in kurzer Zeit die besten Chancen für einen spürbaren Erfolg verspricht.

Dies kann z. B. eine Maßnahme sein, mit der wir eine der Ursachen für unbefriedigende Arbeitssituationen beseitigen wollen, die wir mit Hilfe der Schnellanalyse gefunden haben.

▷ *Vorhaben und Maßnahmen mit Kollegen und Vorgesetzten absprechen!*

Jeder hat bei sich schon bemerkt, daß plötzliche, einschneidende Änderungen des Verhaltens, der Arbeitsweise usw. zu Unverständnis oder sogar Ablehnung bei anderen führen können. Um jedoch andererseits die Hilfe der Kollegen und Mitarbeiter in Anspruch nehmen zu können, müssen wir vorher im Gespräch versuchen, die eigenen Vorstellungen zur Veränderung der persönlichen Arbeitssituation darzustellen und auch die Verbesserungen für die Gruppe aufzeigen. Gerade, wenn Störfaktoren abgebaut oder das Kommunikationsverhalten verbessert werden soll, sind wir in hohem Maße auf das Mitwirken anderer angewiesen.

Wir sollten uns aufgrund des Aktionsprogrammes auf diese Gespräche vorbereiten und versuchen, auch die Vorteile für die Gesprächspartner herauszustellen.

▷ *In kleinen Schritten vorgehen!*

Zu große oder zu rasche Änderungen des Verhaltens am Arbeitsplatz können zu Schwierigkeiten führen. Wir sollten daher versuchen, uns über-

Was will ich ändern oder verbessern?	Wie will ich vorgehen?	Was muß ich absprechen oder wen muß ich informieren?	Bis wann will ich welches Ergebnis erreicht haben?
Zeitplanung *→ Tagesplan* *einführen*	*Zeitplanbuch anschaffen* *jeden Abend Plan für* *kommenden Tag aufstellen*	*Sekretärin informieren-* *jeden Morgen Tagesablauf* *durchsprechen*	*regelmäßige Arbeit* *mit Plan bis Ende* *2. Quartal*
Querinformation i.d. *Projektgruppe verbessern* *→ jede Woche* *Besprechung*	*für drei Monate im voraus* *Termine festlegen,* *Sammelmappe für* *Besprechungspunkte* *anlegen*	*Mitarbeiter über* *Einführung informieren*	*ab der 14. Woche* *montags 8 bis 10 Uhr* *Besprechung* *Koordinator:* *Projektleiter Billstein*
Beim Diktieren *Diktiergerät benützen*	*Von Organisationsabtlg.* *Gerät empfehlen lassen;* *sofort anschaffen*	*Sekretärin informieren,* *Informationsmaterial /* *Anleitung besorgen* *lassen*	*ab sofort keine* *Steno-Diktate mehr*

Bild 9.2
Beispiel eines Aktionsprogramms zum Verwirklichen
von persönlichen Vorhaben

Vorhaben, Maßnahmen	1. Woche					2. Woche				
	Mo	Di	Mi	Do	Fr	Mo	Di	Mi	Do	Fr
1. Einführen einer systematischen Tagesplanung	ja	ja	ja	nein	ja	nein	ja	ja	ja	ja
2. Zusammenfassen von Diktiervorgängen (Serienbildung) und Benutzen des Diktiergerätes	nein	ja	nein	nein	ja	ja	ja	nein	ja	ja

Bild 9.3 Beispiel für Kontrolliste

195

schaubare und realistische Ziele zu setzen, deren Erreichen uns dann in kurzer Zeit Erfolgserlebnisse verschafft. Es ist wichtig, aufgrund positiver Erfahrungen das Gefühl dafür zu bekommen, daß die Neuerungen einen persönlichen Erfolg bringen.

▷ *Weitere Aktionen im Regelfall erst beginnen, wenn ein Vorhaben erfolgreich abgeschlossen ist!*

Die Erfahrung hat gezeigt, daß es i.allg. nicht sinnvoll ist, auf vielen Gebieten gleichzeitig Aktionen zu beginnen; wir können leicht in Gefahr geraten, uns zu verzetteln oder in der täglichen Hektik des betrieblichen Alltags zu vergessen.

Bei der Realisierung dieser »persönlichen Vorhaben« sollten wir auch die Möglichkeit der Kontrolle – respektive der Selbstkontrolle – vorsehen.

Dies kann durch Merk- oder Wiedervorlagezettel geschehen, oder aber durch eine PC gestützte »Liste der offenen Punkte« geführt werden.

Als eine einfache Anregung kann auch eine Kontrolliste dienen (Bild 9.3).

Wichtig dabei ist, daß, der Beobachtungszeitraum so lang gewählt wird, bis nach unserer Erfahrung sichergestellt ist, daß die Maßnahmen wirkungsvoll in die tägliche Routine eingegangen sind.

Aus Erfahrung wissen wir, daß man »alte Gewohnheiten« nur schwer los wird. Deshalb erfordert es viel Energie und konsequentes Bemühen, die Arbeitsweise auch tatsächlich zu verändern.

Bei der Umsetzung Ihrer Vorhaben mit Unterstützung aus der »Praxis des Selbstmanagements« wünschen wir Ihnen viel Erfolg!

Literatur

Kapitel 1

Wißkirchen, P.: Informationstechnik und Bürosysteme, Kapitel 1.4, Seite 15 ff, Einige Charakteristika der Büroarbeit. Stuttgart: Teubner (1983)

VDI-Richtlinien, Management der Bürokommunikation. Berlin: VDI 5001, Beuth-Verlag GmbH (1990).

Kapitel 2

[1] Freimuth, J.: Analytische Arbeitsplatzbeschreibungen, Teil 2 künftige Anforderungen. In: PERSONAL, Heft 5/1992, Seite 204 ff.

Dr. Knebel, H.; Prof. Dr. Schneider, H.: Die Stellenbeschreibung, mit Speziallexikon. Heidelberg: I.H. Sauer-Verlag GmbH (1993)

Berger, R.: Stellenbeschreibungen. München: Wilhelm Heyne Verlag GmbH (1989)

Siemens ZP-ZSF: Mehr Erfolg durch Zielvereinbarungen. Siemens H43-L3339

Kapitel 3

Bendixen, P.; Kemmler, H.W.: Planung. Organisation und Methodik innovativer Entscheidungsprozesse. Berlin, New York: de Gruyter (1972)

Blum, Egon: Betriebsorganisation: Methoden und Techniken, 3. erw. Auflage. Wiesbaden: Gabler (1991)

Deckert, K.: Organisationen organisieren. Bonn/Erfurt (1991)

Deutscher Normen-Ausschuß (DNA): DIN 69900 Netzplantechnik (1970/71)

REFA: Methodenlehre der Planung und Steuerung. Teil 1 Grundlagen. München (1974/75) S. 113 bis 194

REFA: Methodenlehre der Organisation für Verwaltung und Dienstleistung, Teil 2, Ablauforganisation. München (1985)

Siemens AG (Hrsg): Organisationsplanung, Planung durch Kooperation. Berlin, München (1984)

Wöhe, G.; Einführung in die Allgemeine Betriebswirtschaftslehre, 16. Auflage. München (1990)

Kapitel 4

[1] Taschenbuch Mensch und Arbeit, 1977. Hrsg. vom Institut Mensch und Arbeit. München (1977)

[2] Mackenzie, R.A.: Die Zeitfalle, 5. Aufl. Heidelberg (1981), S. 209–213
Mehr Zeit für das Wesentliche, 12. Aufl. Landsberg 1991
Die neuen Zeitplanbücher. Management Wissen (1984), Heft 12, S. 46–53

Geffroy, E.K.; Seiwert, L.J.: Zeitmanagement für Verkäufer. Landsberg: Verlag Moderne Industrie (1993)

Zeitplanungssysteme und Zeitplanungs-Taschenbücher werden von unterschiedlichen Verlagen angeboten.

Kapitel 5

Bormann, E.G. von; Howell, W.S; Nichols, R.G.; Shapiro, G.L.; Die neuen Techniken der Kommunikation. München: Verlag Moderne Industrie, Wolfgang Dummer (1974)

Budde, R.; Management by Communication in io Management-Zeitschrift 54 (1985) Nr. 12

Cohn, Ruth C.:
a) Das Thema als Mittelpunkt interaktioneller Gruppen … (Artikel von 1966, S. 11 ff.)
b) Zur Grundlage des themenzentrierten interaktionellen Systems: Axiome, Postulate, Hilfsregeln (Artikel von 1974, S. 120 ff.) in: Von der Psychoanalyse zur themenzentrierten Interaktion. Stuttgart (1975/88), 8. Aufl. (Klett)

Erbesdobler, R.; Heinemann, J.; Mey, P.: Entscheidungstabellen-Technik. Berlin–Heidelberg–New York: Springer-Verlag (1976)

Jokuthy, B.; Schupp, W. von: Anwendung der Entscheidungstabellen-Technik (PU). Siemens AG: Berlin, München (1976)

Neuberg, Oswald: Miteinander arbeiten – miteinander reden! Vom Gespräch in unserer Arbeitswelt. Hrsg.: Bayer. Staatsministerium für Arbeit und Sozialordnung. München (1981)

Saul, Siegmar: Das Gespräch als Führungsinstrument, Besprechungen, Mitarbeitergespräche. Hrsg.: Bundesarbeitgeberverband (Chemie e.V.). Wiesbaden (1989)

Schulz von Thun, Friedemann: Miteinander reden: Störungen und Klärungen – Psychologie der zwischenmenschlichen Kommunikation. Reinbek bei Hamburg (1989), rororo 7489

Siemens AG (Hrsg.): Organisationsplanung. 8. Auflage. Berlin, München (1992)

Watzlawick, P.; Beavin, J. H.; Jackson, D. D.: Menschliche Kommunikation. Bern, Stuttgart, Toronto: Verlag Hans Huber (1985)

Weizenbaum, J.: Die Macht der Computer und die Ohnmacht der Vernunft. Frankfurt/Main: Suhrkamp (1978)

Wittkämper, G. W.: Vortragsmanuskript »Gesellschafts- und arbeitsmarktpolitische Konsequenzen der Weiterentwicklung der Informations- und Kommunikationstechniken«. Münster (1986)

Kapitel 6

[1] Ulman, G.: Kreativität. Weinheim–Berlin–Basel: Julius Beltz Verlag (S. 68)

[2] Bono, E. de: Laterales Denken. Reinbeck bei Hamburg: Rowohlt Verlag (1971), S. 8 f.

[3] Bono, E. de: Laterales Denken, ein Kursus zur Erschließung Ihrer Kreativitätsreserven. Akut 4/5, S. 43–58 (Mai 1972)

[4] Poincarè H.: The Foundations of Science. New York: Science Press (1913)

[5] Sikora, J.: Die neuen Kreativitäts-Techniken. München: König Verlag (1972)

[6] Alter, U.; Geschka, H.; Schaude, G. R.; Schlicksupp, H.: Methoden und Organisation der Ideenfindung. Frankfurt/Main: Battelle Institut e. V. (1972)

[7] Adams, James L: Ich hab, wie man Denkblockaden mit Phantasie überwindet. Braunschweig/Wiesbaden: Friedr. Vieweg & Sohn (1984)

[8] McGregor zitiert in: Krech, D.; Crutchfield, R.; Ballachey, E.: Individual in Society – A Textbook of Social Psychology. New York: McGraw-Hill (1962)

[9] Nimmergut, J.: Kreativitätsschule. München: Wilhelm Heyne Verlag (1972), Taschenbuch aus der Reihe Kompaktwissen (Nr. 4)

[10] Zwicky, F.: Entdecken, Erfinden, Forschen im Morphologischen Weltbild. München–Zürich: Droemer-Knaur-Verlag, Taschenbuchausgabe Mai 1971

Schlicksupp, H.: Innovation, Kreativität & Ideenfindung. Würzburg: Vogel-Verlag (1983)

VDI-Handbuch Konstruktion, Blatt VDI 2212: Systematisches Suchen und Optimieren konstruktiver Lösungen (10/1981)

VDI-Handbuch Konstruktion, Blatt VDI 2222: Konstruktionsmethodik; Konzipieren technischer Produkte (2/1982)

Kapitel 7

Kepner, C. H.; Tregoe, B. B.: Management-Entscheidungen vorbereiten und richtig treffen. Verlag Moderne Industrie, 6. Auflage (1992)

Pokras, S.: Systematische Problemlösung und Entscheidungsfindung. München–Wien: Überreuter Verlag (1991)

Zimmermann, W.: Operations Research – Quantitative Methoden zur Entscheidungsvorbereitung. München–Wien: R. Oldenbourg Verlag, 6. Auflage (1992)

Zimmermann, H.-J.: Operations Research – Methoden und Modelle für Ingenieure, Ökonomen und Informatiker. Braunschweig/Wiesbaden: Friedr. Vieweg & Sohn (1987)

Kapitel 8

Einführende Schriften

Zangl, H.: Durchlaufzeiten im Büro (Hrsg. Marr; Reichwald). München/Berlin: Erich Schmidt Verlag (1985)

Schwetz, R.: Kürzere Durchlaufzeiten bei der Büroarbeit. In: Office management 4/90

Höring, Klaus: Theoretische und konzeptionelle Grundlagen der Bürosystem-Planung. Reihe: BIFOA-Monografien Bd. 31. Köln: Verlag Josef Eul (1990)

Schmidt-Prestin, Barbara: »Neue Techniken in Büro und Verwaltung: rationell einsetzen – sozial gestalten!«. Schriftenreihe für Arbeitsschutz und Sicherheitstechnik des Bayerischen Staatsministeriums für Arbeit und Sozialordnung

Koch, H.; Mertens, P.; Schuhmann, M.; Zeitler, P.: Quantitativer Nutzen beim Einsatz der Büroautomation. In: online 11/87

Krunes, Monika: Dokumentenmanagement im Marketing. Eine Fallstudie am Beispiel der Siemens AG KWU. Diplomarbeit, Fernuniversität Hagen (1997)

Börnecke, D.: Handbuch Telearbeit. Erlangen/München. Publicis MCD (1998)

Selbstlernprogramme

Der Funktionsumfang unseres PC nimmt immer schneller zu. Die häufigen Versionswechsel, die immer neuen Möglichkeiten verwirren uns Anwender mehr, als sie uns – ohne entsprechende Schulung – wirklich nutzen. Diese Schere zwischen dem Leistungsangebot des PC und unserer Unfähigkeit, dieses Angebot zu nutzen, geht immer weiter auf. Im Arbeitsalltag können wir nicht zu zeitaufwendigen Schulungen gehen, um Dinge zu lernen, die wir vielleicht nie brauchen. Wir brauchen Hilfe dann, wenn wir verzweifelt vor dem PC sitzen. Die im System eingebauten Hilfeprogramme sind meist viel zu breit angelegt und ein Anruf bei der Hotline endet oft mit einer nervtötenden Ansage »Bitte warten, bitte warten, …«.

Der Ausweg liegt darin, daß wir das Schulungs- und Beratungsangebot im richtigen Mix nutzen:

Intranet und *Internet* bieten ungeahnte Möglichkeiten der Weiterbildung. Nicht nur die virtuellen Universitäten mit ihrem Bildungsanspruch, sondern auch einfache Hilfen zur Nutzung von speziellen Programmen sind dort zu finden. Hier können wir uns in Ruhe in neue Programme einarbeiten.

Ähnlich zu nutzen sind auch die CD-ROM-gestützten *Lernprogramme*, die aber meist nur verständlich sind, wenn wir vorher einen entsprechenden Grundlagenkurs besucht haben, auf dem wir nun aufbauen können.

PC-Schulungen bieten neben Grundlagenkursen oft auch sehr interessante »Delta«-*Kurse*, die uns gezielt nur die Neuigkeiten der neuen Version aufzeigen. Leider kommen solche kurzfristig auf das Erscheinen der neuen Version hin abgestellten Lerneinheiten auf CD-ROM oder als Lernprogramm im Internet oft zu spät, so daß wir uns anders behelfen müssen.

Und letztendlich ist es (noch) oft am zeit- und kostengünstigsten, zum Nachschlagen ein Benutzerhandbuch oder ein von einem Verlag erstelltes Buch zu verwenden. Wichtig ist, daß es ein hervorragendes Stichwortverzeichnis hat und sorgfältig erstellt wurde. Deshalb sind »die ersten Bücher auf dem Markt« nicht unbedingt die besten.

Stichwortverzeichnis

Sichern Sie Ihren Erfolg
... mit Siemens-Managementliteratur

Burghardt, Manfred
Projektmanagement
Leitfaden für die Planung, Überwachung und Steuerung von Entwicklungsprojekten

4., wesentlich überarbeitete Auflage
1997. 596 Seiten plus 48 Seiten Beiheft,
340 Abbildungen, 77 Tabellen. Hardcover.
DM 240,00 / öS 1752,00 / sFr 213,00
ISBN 3-89578-069-3

Das Buch ist ein umfassendes, anerkanntes Standardwerk für alle, die als Projektleiter, Projektplaner oder Projektmitarbeiter mit Projektmanagement in Berührung kommen. In verständlicher Form bringt es ihnen die Methoden und Vorgehensweisen im Projektmanagement nahe. Außerdem dient es als Nachschlagewerk für alle diejenigen, die bereits längere Zeit mit PM-Aufgaben betraut sind.

Für die 4. Auflage wurde das Buch gründlich aktualisiert. Außerdem beschreibt es neue PM-Standardverfahren (u. a. PC-Verfahren und SAP Projektsystem) und enthält deutlich erweiterte Kapitel zu Produktdefinition, Qualitätsmanagement und Konfigurationsmanagement.

Neben der ausführlichen und gut strukturierten Darstellung des Themas bietet »Projektmanagement« einen Fragenkatalog für PM-Untersuchungen sowie ein Beiheft mit PM-Merkblättern für das Erstellen projektspezifischer Checklisten.

Professionell schreiben
**Praktische Tip(p)s für alle, die Texte verfassen:
Stilmittel, Layout, Rechtschreibung, Arbeitstechniken und vieles mehr**

1997. 136 Seiten, 4 Abbildungen, 2 Tabellen.
Softcover. DM 24,00 / öS 175,00 / sFr 22,00
ISBN 3-89578-064-2

Gute Texte sind die Visitenkarte jedes Unternehmens. »Professionell schreiben« gibt Ihnen eine Menge Tips, die Sie nutzen können, wenn Sie Texte verfassen, egal ob Fachartikel, Dokumentationen, Angebote, Präsentationen oder Vertriebsunterlagen.

Inhalt:
Die neue Rechtschreibung · Wörterliste der geänderten Schreibungen · Die Korrekturzeichen · Word-Shortcuts · Vom Manuskript zum Produkt · Seitengestaltung und Typographie · Tips für Autoren: Textstrukturierung, Schreibstil, Schreibweisen, Zitate, Stichwortverzeichnis, Bild- und Tabellengestaltung · Der Urheber und seine Rechte · Arbeitstechniken: Brainstorming, Inhaltsstrukturierung, 6-Hüte-Methode, Zeitplanung.

Alteneder, Andreas

Der erfolgreiche Fachvortrag

Didaktik
Visualisierung
Rhetorik

1996. 99 Seiten mit 60 Abbildungen und
6 Tabellen. Softcover.
DM 29,00 / öS 212,00 / sFr 26,00
ISBN 3-89578-028-6

Dieses beliebte, praxisorientierte Buch zeigt Ihnen, wie Sie einen Vortrag vorbereiten und gliedern, wie Sie Text und Grafiken aufbereiten und welche klassischen und modernen Medien Sie dafür einsetzen können. Außerdem gibt das Buch wertvolle Tips zur Vortragstechnik und zur Diskussion.

Ein Buch für alle, die lernen möchten, wie man gekonnt Fachvorträge hält, oder ihren Vortragsstil verbessern wollen!

Börnecke, Dirk

Handbuch Telearbeit

Leitfaden für Mitarbeiter, Führungskräfte
und Personalfachkräfte.
Mit Checklisten und Mustervereinbarungen

Ca. 200 Seiten. Softcover.
Ca. DM 49,00 / öS 358,00 / sFr 46,00
ISBN 3-89578-091-X

Geplanter Erscheinungstermin: 1.4.1998

Telearbeit – möglich durch moderne Telekommunikation und fortschrittliche Betriebspartner – gilt als die innovative Arbeitsform der Jahrtausendwende. Aber für wen ist Telearbeit sinnvoll? Was kostet und was bringt sie Mitarbeitern und Unternehmen?

Das Handbuch Telearbeit informiert umfassend über alle Formen der Telearbeit, gibt Hinweise für die Gestaltung von Arbeitsplätzen und die notwendige technische Ausstattung im Büro und zu Hause und erläutert die rechtlichen und sozialen Aspekte. Es beleuchtet die Vor- und Nachteile für alle Betroffenen, macht auf mögliche Hindernisse aufmerksam und zeigt, wie man sie beseitigen kann. Praktische Beispiele machen deutlich, wann der Einsatz von Telearbeit empfehlenswert ist.

Die Checklisten und Mustervereinbarungen dienen Mitarbeitern, Führungskräften und Personalfachkräften zur Entscheidungsfindung, ob und wie Telearbeit in ihrer Situation bzw. ihrem Betrieb möglich und umsetzbar ist und wo für jeden Betroffenen die Vor- und Nachteile liegen.

Gerstner, Angela

Fachwörterbuch der Logistik, Mikroelektronik und Datenverarbeitung

Dictionary of Logistics, Microelectronics and
Data Processing
Deutsch-Englisch
Englisch-Deutsch

1996. 437 Seiten. Softcover.
DM 79,00 / öS 577,00 / sFr 72,00
ISBN 3-89578-054-5

Mit seinen annähernd 18 000 Einträgen in jeder der beiden Richtungen (ca. 6000 Logistik, 7000 Mikroelektronik, 3500 DV und 1200 allgemeines Geschäftsenglisch) wendet sich das Buch an Mitarbeiter der Bereiche Beschaffung, Produktion, Auftragsbearbeitung, Vertrieb/Marketing und Distribution, an Kaufleute, DV-Verfahrensbetreuer und Unternehmensberater, an Fachkräfte aus allen Bereichen der Mikroelektronikindustrie sowie an Fachübersetzer!

Winkelmann, Rolf

Softwareentwicklung

8., wesentlich überarbeitete Auflage
1996. 422 Seiten plus 48 Seiten Beiheft »Checkpunkte für Entwickler und Entscheider« und Faltblatt »Prozeßschritte« mit 125 Abbildungen und 45 Tabellen. Hardcover.
DM 98,00 / öS 715,00 / sFr 90,00
ISBN 3-89578-020-0

Das Beherrschen von Prozessen und Informationen und die Fähigkeit, diese schnell und effizient neuen Anforderungen anzupassen, werden immer wichtiger. Das Buch enthält dazu notwendige Methoden aus Arbeitswirtschaft, Projektmanagement, Qualitätsmanagement und Softwareentwicklung.

Arbeiten Sie effizient
… mit Siemens-Publikationen für Ausbilder

Klotzbücher, Roland
Ausbilderwissen für Praxis und Prüfung
Eine kompakte Darstellung zum Lernen und Nachschlagen

1997. 320 Seiten mit 126 Abbildungen.
Hardcover. DM 89,00 / öS 650,00 / sFr 80,00
ISBN 3-89578-066-9

Durch seine knappe und übersichtliche Darstellung, an vielen Stellen durch einprägsame Grafiken veranschaulicht, ermöglicht es den künftigen Ausbildern, aber auch ihren Trainern die zügige Vorbereitung auf die Ausbilder-Eignungsprüfung.

Das dargestellte Wissen, das zunächst für die Ausbilder-Eignungsprüfung vor der IHK gebraucht wird, ist auch während der betrieblichen Ausbildertätigkeit von Nutzen, z.B. wenn Fragen zur Didaktik und Methodik der Ausbildung, zu rechtlichen Aspekten, zum Bildungssystem oder zur speziellen Situation der Jugendlichen auftreten.

Klein, Ulrich (Hrsg.)
PETRA
Projekt- und transferorientierte Ausbildung
Grundlagen
Beispiele
Planungs- und Arbeitsunterlagen

2., wesentlich überarbeitete und ergänzte Auflage

1990. 152 Seiten plus 13 Arbeitsblätter
mit 28 Abbildungen. Hardcover.
DM 90,00 / öS 657,00 / sFr 85,00
ISBN 3-8009-1558-8

Dekena, Knud; Friedinger, Alfred;
Katern, Anton; Mahrla, Wolfgang
Speicherprogrammierbare Steuerungen S5-100U (CD-ROM)
SITRAIN-Ausbildungsunterlagen für die Spezialfachausbildung (Elektro)

Systemvoraussetzungen
Microsoft® Windows™ 3.x oder höher, Microsoft Word 6.0 zur Textbearbeitung und zum Ausdrukken, Autosketch 2.0 zur Grafikbearbeitung, mind. 386er Mikroprozessor und 4 MB RAM

1997. DM 198,00 / öS 1445,00 / sFr 176,00
ISBN 3-89578-096-0

Dieses umfangreiche Werk enthält einen Einführungslehrgang in Speicherprogrammierbare Steuerungen am Beispiel der SIMATIC S5-100U.

Qualitätsmanagement in der Ausbildung (CD-ROM)
Leitfaden zur Selbstbewertung nach dem EFQM-Modell

Systemvoraussetzungen
Microsoft® Windows™ 3.x oder höher, Microsoft Word 6.0 zur Textbearbeitung und zum Ausdrukken, mind. 386er Mikroprozessor und 4 MB RAM

Regelmäßig und periodisch angewendet, ist der Leitfaden ein gutes Werkzeug für den kontinuierlichen Verbesserungsprozeß.